普通高等教育机电类系列教材

电 工 学

(下册:电子技术)

主　编　张继和
副主编　付维胜　李葆红
参　编　付艳萍　张丽芳　黄艳玲　刘　洋

机械工业出版社

本书介绍了二极管、稳压二极管、晶体管、绝缘栅场效应晶体管和光电器件的基础知识;详细分析了各种交流电压放大电路、差动放大电路和集成运算放大器;介绍了直流稳压电源和电力电子技术的相关知识;介绍了数字电路的基础知识;详细分析了组合逻辑电路和时序逻辑电路;介绍了模拟量与数字量的转换;最后介绍了存储器与可编程逻辑器件。

本书适合高等学校机械类和近机械类本科相关专业选用。根据具体专业人才培养目标及对电子技术知识的需求,教学内容可以进行适当取舍,建议课程授课学时为 48~56 学时,另外建议设 16 学时的独立实验课程。

图书在版编目(CIP)数据

电工学.下册,电子技术 / 张继和主编. —北京:机械工业出版社,2022.7(2024.2 重印)
普通高等教育机电类系列教材
ISBN 978-7-111-71201-5

Ⅰ.①电… Ⅱ.①张… Ⅲ.①电工-高等学校-教材 ②电子技术-高等学校-教材 Ⅳ.①TM ②TN

中国版本图书馆 CIP 数据核字(2022)第 122696 号

机械工业出版社(北京市百万庄大街 22 号　邮政编码 100037)
策划编辑:王玉鑫　　　　　责任编辑:王玉鑫　郭　维
责任校对:樊钟英　贾立萍　封面设计:张　静
责任印制:张　博
北京雁林吉兆印刷有限公司印刷
2024 年 2 月第 1 版第 2 次印刷
184mm×260mm・14 印张・346 千字
标准书号:ISBN 978-7-111-71201-5
定价:39.80 元

电话服务　　　　　　　　　　网络服务
客服电话:010-88361066　　　机　工　官　网:www.cmpbook.com
　　　　　010-88379833　　　机　工　官　博:weibo.com/cmp1952
　　　　　010-68326294　　　金　书　网:www.golden-book.com
封底无防伪标均为盗版　　机工教育服务网:www.cmpedu.com

前　　言

根据国家经济社会发展对各类专业人才需求的变化，"十三五"期间教育部各专业教学指导委员会结合本专业教学改革实际情况，以及相关行业对本专业人才知识和能力结构的要求，重新研究制定了各专业的培养目标、培养规格和课程体系设计规范。根据教育部《普通高等学校本科专业目录和专业介绍》中机械类专业和近机械类专业人才培养要求的标准，针对相应专业对电工、电子技术知识的不同需求确定的本书编写的指导原则为：面向培养应用型人才的一般高等学校，适应其各专业的教学要求，理论知识力求简化，以需要为原则，突出实践知识和应用技术。

电气信息工程学覆盖的知识面很宽，主要由电路理论、电工技术和电子技术三大部分组成。电路理论是电工技术和电子技术的基础，知识内容是经典不变的。电工技术是处理强电问题的知识和方法，虽然比较成熟，但近年来发展了许多应用技术。因此，本书上册加强了可编程序控制器和电工技术的内容。电子技术知识还处在不断发展的时期，技术应用发展较快，生产实际应用面很广。因此，在编写本书下册时，考虑了不同专业对电子技术的不同要求，内容进行了适当的扩展。

在保证知识体系连贯性的前提下，淡化了知识的理论性，强调了知识的应用性。叙述知识时尽量与实际应用相结合，从有效使用出发，以对电工、电子技术知识的需要为依据进行编写。本书整体上体现了知识的系统连贯性和教材的实用性，有利于教师的教学和学生的课后学习。本书中加"※"的内容为理论上加深的内容，可以选学；加"△"的内容可以根据不同专业的需要选学。本书选设了较多的典型例题，精心设计了习题，既设计了基本概念题，又有综合分析计算题，努力通过习题引导学生学习理论知识。

本书配有整套多媒体课件，以方便教师备课；对主要知识点和典型例题制作微课120个，为学生课后自主学习提供了丰富的线上教学课程资源。

本书由大连交通大学张继和任主编，付维胜和李葆红任副主编。第11章由付艳萍编写；第12、13章由付维胜编写；第14章由张继和编写；第15章由李葆红编写；第16、19章由黄艳玲编写；第17、18章由张丽芳编写；第20章由刘洋编写；课件视频由刘洋整理制作。

由于编者水平有限，本书一定还存在不足之处，恳请读者提出宝贵意见，以便修订完善。

编　者

目 录

前 言

第11章 二极管与晶体管 …………………… 1

11.1 半导体的基本知识 …………………… 1
   11.1.1 本征半导体 ………………………… 1
   11.1.2 N型半导体和P型半导体 ……… 2
11.2 PN结及其单向导电性 ………………… 3
   11.2.1 PN结的形成 ……………………… 3
   11.2.2 PN结的单向导电性 ……………… 3
11.3 二极管 …………………………………… 4
   11.3.1 二极管的结构 …………………… 4
   11.3.2 二极管的伏安特性 ……………… 4
   11.3.3 二极管的主要参数 ……………… 5
   11.3.4 二极管电路的分析方法 ………… 5
   11.3.5 二极管的应用 …………………… 6
11.4 稳压二极管 ……………………………… 7
   11.4.1 稳压二极管的伏安特性曲线 …… 7
   11.4.2 稳压二极管的主要参数 ………… 8
   11.4.3 稳压电路 ………………………… 8
11.5 晶体管 …………………………………… 9
   11.5.1 晶体管的结构 …………………… 9
   11.5.2 电流分配与放大原理 …………… 10
   11.5.3 晶体管的特性曲线 ……………… 10
   11.5.4 晶体管的主要参数 ……………… 11
※11.6 绝缘栅场效应晶体管 ………………… 12
   11.6.1 N型沟道增强型绝缘栅场效应
        晶体管 …………………………… 12
   11.6.2 P型沟道增强型绝缘栅场效应
        晶体管 …………………………… 14
   11.6.3 N型沟道耗尽型绝缘栅场效应
        晶体管 …………………………… 15
※11.7 光电器件 ……………………………… 15
   11.7.1 发光二极管 ……………………… 15
   11.7.2 光电二极管 ……………………… 16
   11.7.3 光电晶体管 ……………………… 16
   11.7.4 光电耦合器 ……………………… 16
习题 …………………………………………… 17

第12章 基本放大电路 ……………………… 20

12.1 固定偏置放大电路 ……………………… 20
   12.1.1 放大电路的组成 ………………… 20
   12.1.2 放大电路的静态分析 …………… 21
   12.1.3 放大电路的动态分析 …………… 22
   12.1.4 用图解法分析放大过程 ………… 25
12.2 分压式偏置放大电路 …………………… 26
   12.2.1 静态工作点的设置 ……………… 26
   12.2.2 分压式偏置放大电路的特性 …… 28
12.3 射极输出放大电路 ……………………… 29
   12.3.1 射极输出器静态分析 …………… 30
   12.3.2 射极输出器动态分析 …………… 30
   12.3.3 射极输出器的应用 ……………… 32
※12.4 差动放大电路 ………………………… 33
   12.4.1 差动放大电路的静态分析 ……… 33
   12.4.2 差动放大电路的动态分析 ……… 34
   12.4.3 差动放大电路的输入输出方式 … 36
※12.5 互补对称功率放大电路 ……………… 37
   12.5.1 放大电路的三种工作状态 ……… 38
   12.5.2 互补对称功率放大电路 ………… 38
习题 …………………………………………… 39

第13章 集成运算放大器 …………………… 42

13.1 集成运算放大器的概述 ………………… 42
   13.1.1 集成运算放大器的组成 ………… 42
   13.1.2 集成运算放大器的图形符号、电压
        传输特性和线性区等效电路 …… 43
   13.1.3 理想集成运算放大器及其线性
        特性 ……………………………… 44
   13.1.4 集成运算放大器的主要参数 …… 45
13.2 放大电路中的反馈 ……………………… 46
   13.2.1 反馈的基本概念 ………………… 46
   13.2.2 反馈的类型 ……………………… 47
   13.2.3 负反馈对放大电路性能的影响 … 48
13.3 集成运算放大器的线性应用 …………… 51

13.3.1 反相比例运算电路 … 51
13.3.2 反相加法运算电路 … 52
13.3.3 同相比例运算电路 … 52
13.3.4 同相加法运算电路 … 53
13.3.5 差动输入运算电路 … 53
13.3.6 积分和微分运算电路 … 54
13.4 电压比较器 … 55
13.4.1 零电压比较器 … 56
13.4.2 任意电压比较器 … 57
13.4.3 滞回电压比较器 … 57
习题 … 58

第 14 章 直流稳压电源 … 62

14.1 整流电路 … 62
14.1.1 单相半波整流电路 … 62
14.1.2 单相桥式整流电路 … 63
14.2 滤波电路 … 65
14.2.1 电容滤波电路 … 65
14.2.2 电感电容滤波电路 … 66
14.2.3 π 形滤波电路 … 67
14.3 直流稳压电源 … 67
14.3.1 稳压二极管稳压电路 … 67
14.3.2 串联型稳压电路 … 68
14.3.3 集成稳压器 … 68
习题 … 71

△第 15 章 电力电子技术 … 74

15.1 电力电子器件 … 74
15.1.1 功率二极管 … 74
15.1.2 晶闸管 … 74
15.1.3 全控器件 … 76
15.2 可控整流电路 … 79
15.2.1 单相半波可控整流电路 … 80
15.2.2 单相桥式半控整流电路 … 81
15.2.3 单相桥式可控整流电路 … 81
15.2.4 三相半波可控整流电路 … 85
15.2.5 三相桥式可控整流电路 … 88
15.3 逆变电路 … 91
15.3.1 逆变电路工作过程 … 91
15.3.2 电压型逆变电路 … 92
15.4 斩波电路 … 96
15.4.1 降压斩波电路 … 96
15.4.2 升压斩波电路 … 97

15.5 变频电路 … 98
15.5.1 单相变频电路 … 98
15.5.2 三相变频电路 … 99
习题 … 101

第 16 章 数字电路基础 … 104

16.1 数制与编码 … 104
16.1.1 数制 … 104
16.1.2 数制转换 … 105
16.1.3 二进制编码与 BCD 编码 … 107
16.2 逻辑代数 … 108
16.2.1 基本逻辑运算 … 108
16.2.2 逻辑代数运算规律 … 111
16.2.3 逻辑代数的基本规则 … 112
16.3 逻辑函数的表示法 … 113
16.3.1 真值表 … 114
16.3.2 逻辑函数表达式 … 114
16.3.3 逻辑图 … 117
16.4 逻辑函数的化简 … 117
16.4.1 逻辑函数的代数化简法 … 118
16.4.2 逻辑函数的卡诺图化简法 … 119
※16.5 TTL 门电路 … 125
16.5.1 TTL 与非门电路结构 … 125
16.5.2 TTL 与非门电路工作原理 … 126
16.5.3 TTL 与非门电路电压传输特性 … 127
16.5.4 TTL 与非门主要参数 … 127
16.5.5 集电极开路与非门（OC 门）… 129
16.5.6 三态与非门（TSL 门）… 131
※16.6 NMOS 和 CMOS 门电路 … 132
16.6.1 NMOS 门电路 … 132
16.6.2 CMOS 门电路 … 134
习题 … 135

第 17 章 组合逻辑电路 … 140

17.1 组合逻辑电路的特点 … 140
17.2 组合逻辑电路的分析与设计 … 140
17.2.1 组合逻辑电路的分析 … 140
17.2.2 组合逻辑电路的设计 … 141
17.3 加法器 … 142
17.3.1 半加器 … 142
17.3.2 全加器 … 143
17.3.3 串行进位加法器 … 144

17.4 编码器 ································· 145
　17.4.1 二进制编码器 ···················· 145
　17.4.2 二-十进制编码器 ················ 146
　17.4.3 优先编码器 ······················· 148
17.5 译码器 ································· 148
　17.5.1 二进制译码器 ···················· 148
　17.5.2 BCD 七段显示译码器 ········· 151
　17.5.3 数码显示器件 ···················· 152
17.6 数值比较器 ·························· 153
　17.6.1 1 位数值比较器 ·················· 154
　17.6.2 4 位数值比较器 ·················· 154
17.7 数据选择器（多路转换器） ···· 155
习题 ·· 156

第 18 章 时序逻辑电路 ············· 160

18.1 双稳态触发器 ······················· 160
　18.1.1 基本 RS 触发器 ················· 160
　18.1.2 可控 RS 触发器 ················· 162
　18.1.3 主从 JK 触发器 ················· 163
　18.1.4 维持阻塞型 D 触发器 ········· 165
　18.1.5 触发器的相互转换 ············· 166
18.2 寄存器 ································· 167
　18.2.1 数码寄存器 ······················· 167
　18.2.2 移位寄存器 ······················· 167
18.3 计数器 ································· 170
　18.3.1 二进制计数器 ···················· 170
　18.3.2 十进制计数器 ···················· 173
　18.3.3 集成计数器及其应用 ·········· 176
※18.4 555 集成定时器应用电路 ····· 177
　18.4.1 555 集成定时器 ················· 178
　18.4.2 单稳态触发器 ···················· 179
　18.4.3 多谐振荡器 ······················· 180
　18.4.4 应用举例 ·························· 182
习题 ·· 183

△第 19 章 模拟量与数字量转换 ········ 190

19.1 数/模、模/数转换概述 ·········· 190
19.2 数/模转换器（DAC） ··········· 190
　19.2.1 二进制权电阻网络 DAC ···· 191
　19.2.2 倒 T 形电阻网络 DAC ······· 193
　19.2.3 权电流型 DAC ·················· 194
　19.2.4 DAC 的技术参数 ·············· 195
　19.2.5 DAC0832 工作原理 ··········· 196
19.3 模/数转换器（ADC） ··········· 197
　19.3.1 A/D 转换的一般过程 ········· 197
　19.3.2 逐次逼近式 ADC 原理 ······· 198
　19.3.3 双积分式 ADC 原理 ·········· 199
　19.3.4 ADC 的技术指标 ·············· 200
　19.3.5 ADC0809 工作原理及应用 ··· 201
习题 ·· 204

△第 20 章 存储器与可编程逻辑器件 ······
·· 205
20.1 只读存储器 ·························· 205
　20.1.1 ROM 的结构 ···················· 205
　20.1.2 ROM 的工作原理 ············· 206
　20.1.3 ROM 的应用 ···················· 207
20.2 随机存取存储器 ···················· 208
　20.2.1 RAM 的结构与工作原理 ···· 208
　20.2.2 RAM 存储容量的扩展 ······· 209
20.3 可编程逻辑器件（PLD） ······ 211
　20.3.1 可编程逻辑器件概述 ········· 211
　20.3.2 可编程只读存储器 ············ 212
　20.3.3 可编程逻辑阵列（PLA） ··· 214
　20.3.4 通用阵列逻辑 ··················· 214
　20.3.5 CPLD 与 FPGA 介绍 ········· 215
习题 ·· 216

参考文献 ································· 218

第11章

二极管与晶体管

二极管和晶体管是电子技术最常用的半导体器件。它们的基本结构、工作原理、特性和参数等知识是学习电子技术的基础。本章首先介绍半导体的基本知识和PN结的单向导电特性，然后介绍二极管、稳压二极管、晶体管，最后介绍绝缘栅场效应晶体管和光电器件。

11.1 半导体的基本知识

自然界的各种物质，根据其导电性能的不同，可以分为导体、绝缘体和半导体三大类。金、银、铜、铁和铝等金属材料都是良好的导体（conductor）。橡胶、陶瓷、塑料等都是绝缘体（insulator）。锗、硅、硒、砷化镓及许多金属氧化物和金属硫化物等，它们的导电能力介于导体和绝缘体之间，称为半导体（semiconductor）。现代电子技术的发展，在很大程度上依赖半导体技术发展与应用。

半导体的导电性能具有两个显著的特点：

（1）具有光敏性和热敏性 在不同的环境条件下，很多半导体的导电能力差别很大。特别是受到光照或热辐射时，其电导率会显著提高，导电能力明显增强。利用这一特性可制造光电器件和热电器件。但制造二极管和晶体管等器件时，这一特性却变成了缺点，降低了器件的性能。

（2）具有掺杂特性 在纯净的半导体中掺入微量的其他元素，半导体的导电能力将显著增强。利用这种特性可制造二极管和晶体管等电子器件。

11.1.1 本征半导体

天然半导体（natural semiconductor）由于含有杂质、结构复杂等缺陷，是不能直接用来制作电子器件的，必须经过特殊工艺，生产出完全纯净的、具有完整晶体结构的半导体才行，该半导体称为本征半导体（intrinsic semiconductor）。

大多数半导体器件所用的材料是硅（Si）或锗（Ge）。硅原子结构示意图如图11.1所示。

硅和锗都是四价元素，最外层电子轨道上具有4个电子，原子呈电中性。由于本征半导体具有晶体结构（crystal texture），它们的原子排列有规律，相邻原子之间由共价键连接，如图11.2所示。每个原子最外层4个电子与相邻的4个原子各自的1个电子形成4个共价键。

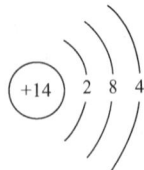
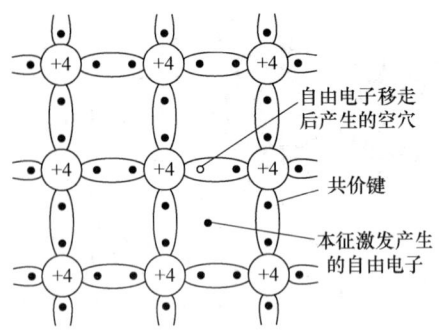

图 11.1 硅（Si）原子结构示意图　　　　图 11.2 本征半导体的晶体结构

本征半导体在绝对零度，且无外加能量（如光照等）时是不导电的。但当温度升高或接受光照时，一些共价键中的价电子，由于获得了一定的能量，运动加剧，会摆脱原子核的束缚成为自由电子（free electron），这种现象称为本征激发。原子核因失去电子，在共价键中出现了一个空位，这个空位称为空穴（hole）。

本征半导体中的自由电子和空穴是成对出现的，称为自由电子空穴对。

当半导体两端有外加电压时，自由电子将向电源正极定向运动形成电子电流。空穴不能移动，但它能吸引相邻原子中的价电子来填补，这样相邻原子共价键处又形成了新的空穴，在半导体内不断递补空位而间接产生空穴的定向移动，从而形成空穴电流。自由电子和空穴都能运载电荷，所以它们都称为载流子（charge carrier）。

11.1.2 N 型半导体和 P 型半导体

本征半导体中，载流子的浓度很低，导电性能很差。若掺入某种特定的杂质，其导电能力会大大增强。因掺入的杂质元素的结构不同，会形成两种不同类型的半导体。

N型半导体和P型半导体

1. N 型半导体

在硅（或锗）半导体中掺入五价元素，如磷、锑、砷等，即利用特殊的掺杂工艺（以掺入磷为例），将原来晶格中的某些硅原子用磷原子代替。磷原子的最外层有 5 个价电子，因此，它与周围 4 个硅原子组成共价键时多余一个电子。这个电子不受共价键的束缚，而只受自身原子核的吸引。这种电子受束缚力比较微弱，在室温下即可成为自由电子，如图 11.3 所示。在这种杂质半导体（impurity semiconductor）中，自由电子的浓度将大大高于空穴的浓度，称为多数载流子（简称多子），而空穴则称为少数载流子（简称少子）。因这种半导体主要靠自由电子导电，故称为电子型半导体或 N（negative）型半导体。

2. P 型半导体

在硅（或锗）半导体中掺入三价元素，如硼、镓、铟等，即利用特殊的掺杂工艺（以掺入硼为例），将原来晶格中的某些硅原子用硼原子代替。硼原子的最外层有 3 个价电子，因此，它与周围 4 个硅原子组成共价键时，由于缺少一个电子而形成空穴，如图 11.4 所示。在这种杂质半导体中，空穴的浓度将大大高于自由电子的浓度，主要靠空穴导电，故称为空穴型半导体或 P(positive) 型半导体。

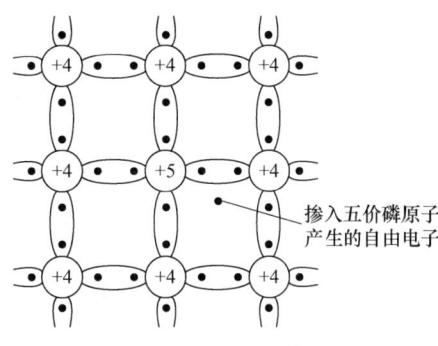
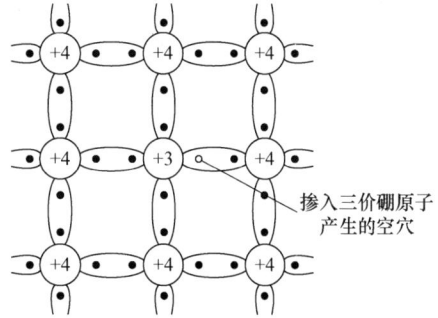

图 11.3 N 型半导体结构　　　　　图 11.4 P 型半导体结构

在杂质半导体中，多数载流子的浓度主要取决于掺入的杂质浓度，而少数载流子的浓度主要取决于温度或光照。无论是 N 型还是 P 型半导体，它们都有一种载流子占多数，但它们对外仍然保持电中性。

11.2　PN 结及其单向导电性

PN结单向导电性

11.2.1　PN 结的形成

在一块半导体母体上（Si 或 Ge），一侧制成 P 型半导体，另一侧制成 N 型半导体，则在二者的交界处将形成一个特殊的薄层，称为 PN 结。

N 型半导体中自由电子多，空穴少；P 型半导体中空穴多，自由电子少。所以在它们的交界面两侧，自由电子和空穴的浓度相差悬殊，产生扩散（diffusion）运动，即 N 型区中自由电子向 P 型区扩散，同时 P 型区中空穴也向 N 型区扩散。当自由电子和空穴相遇时，将发生复合而消失。于是，在交界面两侧形成一个由不能移动的正、负离子组成的空间电荷区（space-charge layer），如图 11.5 所示。

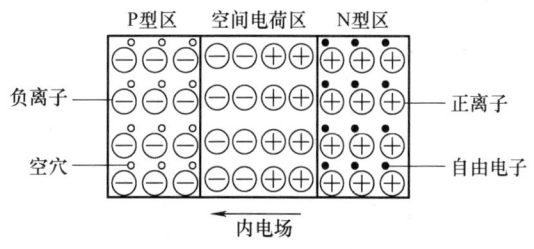

图 11.5 PN 结的结构

随着空间电荷区的出现，在正、负离子（电荷）的作用下，将在 P 型区和 N 型区之间产生一个内电场，方向是由 N 型区指向 P 型区。它会阻止多数载流子的继续扩散，但它却促进少数载流子的漂移（drift），即有利于 P 型区的自由电子向 N 型区运动、N 型区的空穴向 P 型区运动。

扩散运动加大空间电荷区的厚度，增强内电场；漂移运动减小空间电荷区的厚度，减弱内电场。最后扩散运动与漂移运动达到动态平衡，空间电荷区的厚度不再改变，PN 结形成。

11.2.2　PN 结的单向导电性

如图 11.6 所示，在 PN 结上加一个正向电压（也称正偏），即电源的正极接 P 型区、负极接 N 型区，R 是限流电阻。外加电场与 PN 结内电场方向相反，外加电场削弱内电场的作用，使空间电荷区变薄，有利于多数载流子的扩散运动，形成较大的正向电流。此时 PN 结呈现低阻状态，即为导通状态。

如图 11.7 所示，在 PN 结上加一个反向电压（也称反偏），即电源的正极接 N 型区、负极接 P 型区。外加电场与 PN 结内电场方向相同，使 PN 结的厚度增大，抑制了多数载流子的扩散，有利于少数载流子的漂移。因为漂移的是少数载流子，所以仅形成极小的反向电流，几乎等于零。此时 PN 结呈现高阻状态，即为截止状态。

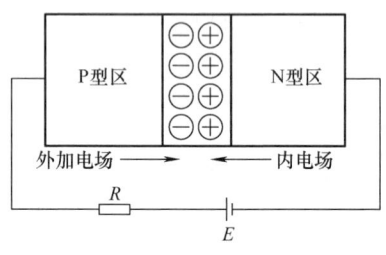 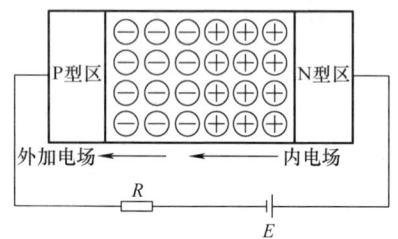

图 11.6　PN 结加正向电压　　　　图 11.7　PN 结加反向电压

可见 PN 结具有单向导电特性：加正向电压时，PN 结呈低阻状态，导通；加反向电压时，PN 结呈高阻状态，截止。

11.3　二极管

11.3.1　二极管的结构

在 PN 结的 P 型区和 N 型区分别引出两个引线，再封装起来就可以做成二极管（diode）。图 11.8 是二极管的符号，它有两个极，从 P 型区引出的是阳极、从 N 型区引出是阴极。

图 11.8　二极管的符号

二极管的类型很多，按结构来分，主要有点接触型和面接触型。点接触型二极管的结面积小，不允许通过较大的电流。但它的结电容小，高频性能好，故可在高频、小功率场合下工作。面接触型二极管的结面积大，允许通过较大的电流。但结电容大，工作频率低。按半导体母体材料来分，有硅二极管和锗二极管。

11.3.2　二极管的伏安特性

通过二极管的电流随外加电压的变化规律称为二极管的伏安特性（volt-ampere characteristics）。图 11.9 所示为二极管伏安特性曲线。

1. 正向特性

二极管加正向电压比较小时，外加电场不能完全克服内电场的作用，正向电流很小，几乎等于零。只有当外加正向电压超过某特定值时，外加电场完全克服内电场的作用，正向电流才明显增大。使正向电流明显增加时的正向电压临界值称为"死区电压"。硅二极管的死区电压为 0.5V 左右，锗二极管的死区电压为 0.1V 左右。当正向电压超过死区电压以后，随着电压的升高，正向电流将迅速增大，这时二极管才真正导通（其两端的电压几乎恒定）。硅二极管完全导通时的正向压降为 0.6～0.7V，锗二极管完全导通时的正向压降为

0.2～0.3V。

2. 反向特性

二极管加反向电压时，反向电流很小，几乎为零。但是加反向电压高过某值时，反向电流将突然增大，此时 PN 结被击穿，可能损坏二极管。

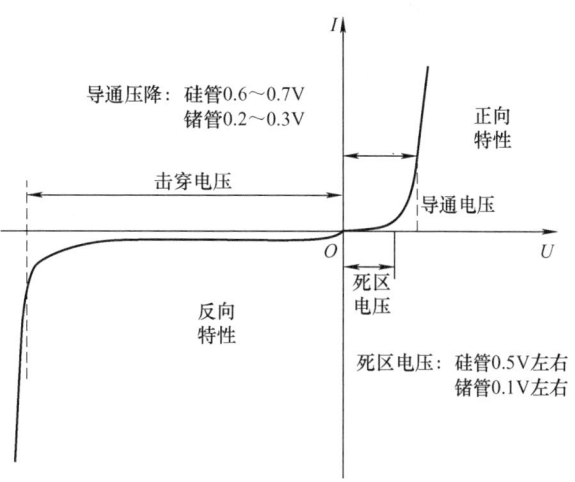

图 11.9　二极管的伏安特性曲线

11.3.3　二极管的主要参数

（1）最大整流电流 I_{OM}　二极管长期工作在正向导通情况下，允许通过的最大正向平均电流称为最大整流电流 I_{OM}。使用时，二极管的平均电流不得超过此值，否则将因 PN 结过热而烧毁二极管。

（2）最大反向工作电压 U_{DRM}　二极管加反向电压时，在不被击穿条件下所允许的最大反向电压称为 U_{DRM}。通常将最大反向工作电压 U_{DRM} 取为击穿电压的 1/2 或 1/3。

（3）最大反向电流 I_{RM}　在规定的环境条件下，二极管加上最大反向工作电压时，流过二极管的反向电流称为最大反向电流 I_{RM}。通常希望 I_{RM} 值越小越好。最大反向电流越小，说明二极管的单向导电性越好。

（4）最高工作频率 f_M　最高工作频率主要决定于 PN 结的结电容的大小。结电容越大，则二极管允许的最高工作频率越低。

11.3.4　二极管电路的分析方法

分析二极管电路，关键是判断二极管的工作状态是导通还是截止。若二极管是理想的，正向导通时，二极管管压降为零，二极管相当于短路；反向截止时，二极管相当于断路。实际的二极管，正向导通时，硅管管压降为 0.6～0.7V、锗管管压降为 0.2～0.3V，二极管近似短路；反向截止时，有很小的反向电流，二极管近似断路。

分析方法：将二极管断开（假设不导通），分析二极管两端电位的高低（选择参考点）或所加电压 U_{VD} 的正负。若 $V_阳 > V_阴$ 或 $U_{VD} > 0$，二极管导通；若 $V_阳 < V_阴$ 或 $U_{VD} < 0$，二极管截止。

【例 11.1】二极管电路如图 11.10 所示。已知二极管是理想的，试判断图中的二极管是导通还是截止，并求出 U_{BO}。

【解】取 A 点为参考点，则 $V_A = 0V$。设二极管 VD_1 和 VD_2 都不导通，则

$$V_{1阳} = 0V、V_{2阳} = 9V、V_{1阴} = V_{2阴} = -5V$$

两个二极管同时承受正向电压，$U_{VD1} = 5V$、$U_{VD2} = 14V$。当两个以上二极管同时承受正向电压，正向电压最大的导通得快，因此二极管 VD_2 优先通，将 B 点钳位在 9V，

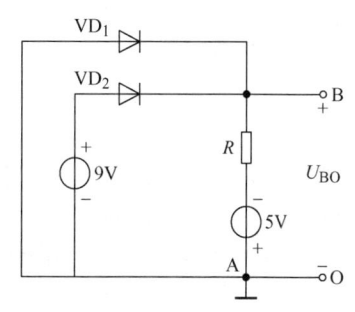

图 11.10　例 11.1 电路

使二极管 VD_1 处于反向偏置，VD_1 截止，则 $U_{BO}=9V$。

11.3.5 二极管的应用

二极管应用范围广泛，利用其单向导电性，可用于整流、限幅、续流、检波等。

整流：整流二极管主要用于整流电路，即把交流电变换成脉动的直流电的电路。

限幅：用二极管可以构成限幅电路来限制输出电压的幅度。

续流：二极管在开关电源的电感中和继电器等感性负载中起续流保护作用。

检波：检波二极管的主要作用是把高频信号中的低频信号检出。

1. 限幅作用

【例11.2】 电路如图11.11所示，已知 $u_i=10\sin\omega t\,V$、$E=5V$，画出 u_o 的波形（设VD为理想二极管）。

【解】 取A点为参考点，则 $V_A=0V$，假设二极管VD断开。

当 $u_i>5V$ 时，二极管VD的 $V_{阳}=5V$、$V_{阴}>5V$，故 $V_{阴}>V_{阳}$，二极管VD截止，$u_o=E=5V$；

当 $u_i\leq 5V$ 时，二极管VD的 $V_{阳}=5V$、$V_{阴}\leq 5V$，故 $V_{阳}>V_{阴}$，二极管VD导通，所以 $u_o=u_i$。

画出输出电压 u_o 的波形，如图11.12所示。

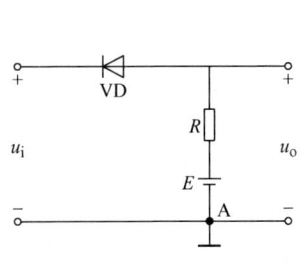

图11.11 例11.2电路

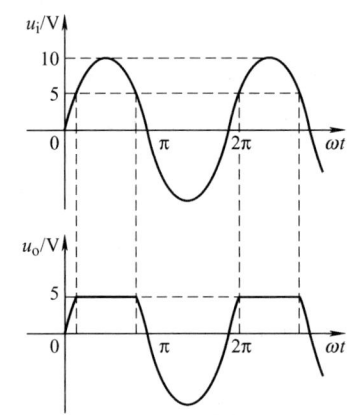

图11.12 例11.2的 u_i 和 u_o 电压波形

该电路起正限幅作用。限幅电路还有负限幅电路、正负双向限幅电路（需要两个二极管）和带偏移电压的限幅电路等多种形式。

2. 续流保护作用

绝大多数实际设备中，都含有电感，如继电器、电磁铁和电动机等。电感对电流的变化很敏感。特别是当电路从通路变为断路时。电流突然消失，会在电感上产生很大的感应电压，容易造成设备的损坏。在电感元件两端反向并联一个二极管是直流电路常用的保护措施，如图11.13所示。当开关断开时，由于电流 I 立即减小并将消失，电感两端会产生一个下正上负的高电压 u（远远大于电源电

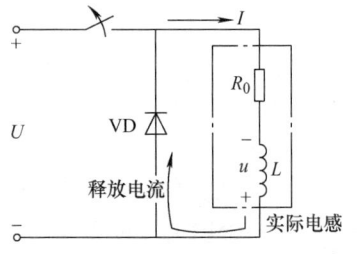

图11.13 二极管续流保护电路

压 U），若不采取措施，该高电压会造成设备的损坏。电路中二极管起续流作用，用它释放掉电感元件上储存的能量，从而保护了用电设备。

3. 电热电器限流恒温作用

日常使用的电烙铁、电熨斗等一些电热电器，由于需要长时间使用，不仅大量消耗电能，而且经常发生烧坏电热芯的问题。如果在此类电器的电路中串联二极管，这样当电器间歇停止工作时，供电电源即由二极管进行半波整流处理，进而限制了电流，使电器处于预热状态，如图 11.14 所示，使用时把开关 S 闭合，恢复满负载正常供电（该电路仅能用于纯电阻负载）。

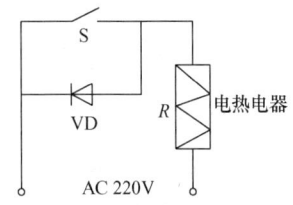

图 11.14 电热电器限流恒温电路

11.4 稳压二极管

稳压二极管（voltage-regulator diode），又称齐纳二极管（zener diode），它是一种用特殊工艺制造出来的面接触型硅二极管。稳压二极管的符号如图 11.15a 所示，它在电路中与适当的电阻配合，能起到稳定电压的作用。

11.4.1 稳压二极管的伏安特性曲线

稳压二极管的伏安特性与普通二极管类似，只是反向伏安特性曲线比较陡，如图 11.15b 所示。

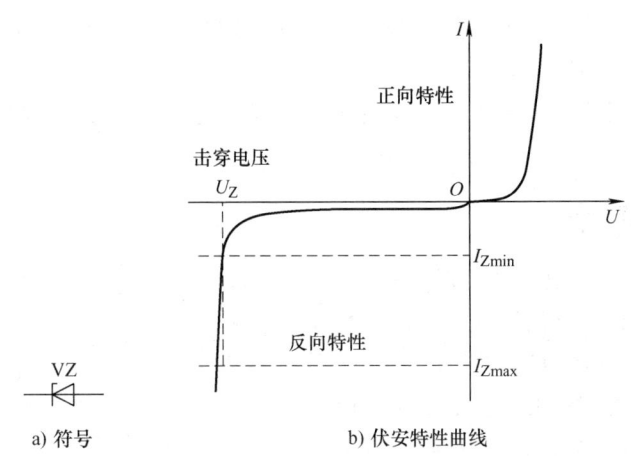

a) 符号　　　　　b) 伏安特性曲线

图 11.15 稳压二极管的符号与伏安特性曲线

稳压二极管工作在反向击穿区。从反向伏安特性曲线上可以看出，反向电压小于其击穿电压时，反向电流很小，稳压二极管处于截止状态。当反向电压增高到击穿电压 U_Z 时，稳压二极管反向击穿，反向电流急剧增大。此后电流虽然在很大的范围内变化，但稳压二极管两端的电压变化很小。

稳压二极管与一般二极管的不同之处在于，它的反向击穿是可逆的。当去掉反向电压后，稳压二极管又恢复截止状态。但是，如果反向电流超过允许范围，稳压二极管也会发生热击穿而损坏。

因此，想让稳压二极管在电路中起稳压作用，必须加反向电压，且电压值应大于U_Z。从稳压二极管的正向伏安特性曲线可知，若给稳压二极管加正向电压，它就与一般二极管加正向电压时一样。

11.4.2 稳压二极管的主要参数

1. 稳定电压 U_Z

稳定电压是稳压二极管在正常工作时，加反向电压被击穿后，稳压二极管两端的输出电压。

使用同一型号的稳压二极管时，由于生产工艺原因，稳定电压会存在一定的分散性，如 2CW13 稳压二极管的稳定电压为 5～6.5V。所以使用前，即便是同一型号的稳压二极管，也必须进行筛选。

2. 稳定电流 I_Z

稳定电流是指稳压二极管工作电压等于稳定电压时的反向电流。最小稳定电流 I_{Zmin} 指为了使稳压二极管具有较好的稳压特性，需流过的最小反向电流值；最大稳定电流 I_{Zmax} 指稳压二极管工作在正常稳压状态下，允许通过的最大反向电流。

稳定电流 I_Z 是稳压二极管工作时的参考电流值，它应保证控制在 I_{Zmin}～I_{Zmax} 范围内。使用稳压二极管时，工作电流不能超过 I_{Zmax}，否则稳压二极管可能损坏。

3. 动态电阻 r_Z

动态电阻是指稳压二极管端电压的变化量与相应的电流变化量的比值，即

$$r_Z = \frac{\Delta U_Z}{\Delta I_Z}$$

稳压二极管的反向伏安特性曲线越陡，则动态电阻越小，稳压性能越好。

4. 最大允许耗散功率 P_{ZM}

最大允许耗散功率是保证稳压二极管不致发生热击穿的最大功率损耗，即

$$P_{ZM} = U_Z I_{ZM}$$

11.4.3 稳压电路

图 11.16 是最简单的稳压二极管稳压电路，由限流电阻 R 和稳压二极管 VZ 组成。U_i 是输入电压，U_o 是输出电压，即稳压二极管两端的电压 U_Z（电路是并联的）。当电网电压波动或负载 R_L 变化时，电路可自动调节，使直流输出电压稳定。该电路既可以作为基准电压源，也可以单独作为输出电压固定、负载电流较小的稳压电路使用，实用性较强。

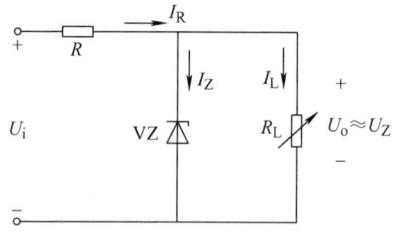

图 11.16 稳压二极管稳压电路

稳压原理如下：负载电阻 R_L 不变、输入电压 U_i 增大（或者输入电压不变，负载电阻 R_L 增加）时，输出电压 U_o 将上升，使稳压二极管 VZ 的反向电压略有增加，随之流过稳压管 VZ 的电流增加，限流电阻 R 上的压降将变大，使得 U_i 增量的大部分压降在 R 上被消耗，从而使输出电压 U_o 基本维持不变。反之，当负载电阻不变、输入电压 U_i 下降（或者输入电压不变，负载电阻 R_L 减小）时，电压 U_o 同样能够基本维持不变。总之，不管电压/电阻增加还是减少，都只会引起限流电阻 R 压降的变化，从而维持输出电压稳定。

除稳压二极管外，限流电阻 R 的选取也是稳压电路的关键。限流电阻 R 的选取方法是要保证 $I_{Zmin} \leq I_Z \leq I_{Zmax}$，因此有：

1）当输入电压 U_i 最小且负载电流 I_L 最大时，稳压二极管的电流 I_Z 最小，即

$$I_Z = \frac{U_{imin} - U_Z}{R} - I_{Lmax} \geq I_{Zmin}$$

有

$$R \leq \frac{U_{imin} - U_Z}{I_{Zmin} + I_{Lmax}}$$

2）当输入电压 U_i 最大且负载电流 I_L 最小时，稳压二极管的电流 I_Z 最大，即

$$I_Z = \frac{U_{imax} - U_Z}{R} - I_{Lmin} \leq I_{Zmax}$$

有

$$R \leq \frac{U_{imax} - U_Z}{I_{Zmax} + I_{Lmin}}$$

所以得到限流电阻 R 的选取公式为

$$\frac{U_{imax} - U_Z}{I_{Zmax} + I_{Lmin}} \leq R \leq \frac{U_{imin} - U_Z}{I_{Zmin} + I_{Lmax}}$$

11.5 晶体管

晶体管（transistor）是最重要的一种半导体器件，正是它的放大作用和开关性能，使其成为模拟电路和数字电路的重要组成部分，促进了现代电子技术的飞速发展。

11.5.1 晶体管的结构

晶体管由两个 PN 结构成，因此存在 NPN 型和 PNP 型两种结构，如图 11.17 所示。

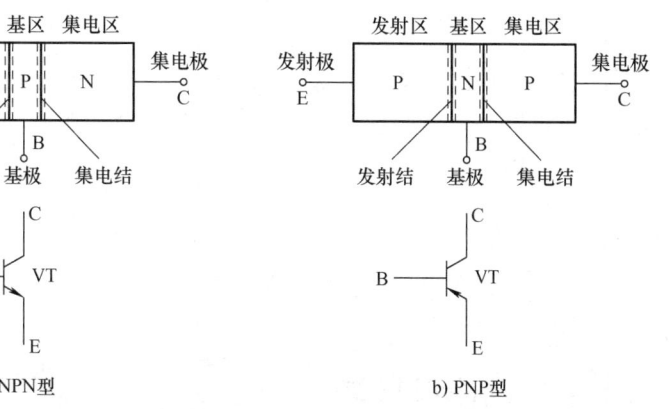

图 11.17 晶体管的结构和符号

晶体管有三个导电区域：发射区、基区和集电区，从三个导电区引出三个电极，分别是

发射极 E（emitter）、基极 B（base）和集电极 C（collector）。三个导电区之间形成两个 PN 结：发射区与基区间形成的发射结（emitter junction）、基区与集电区间形成的集电结（collector junction）。其结构的特点是：发射区比集电区的掺杂浓度高，集电区的面积比发射区大，而基区做得很薄且掺杂浓度最低。

NPN 型晶体管和 PNP 型晶体管的工作原理类似，不同之处是各电极的电压极性和电流流向相反。下面主要以 NPN 型晶体管为例进行介绍。

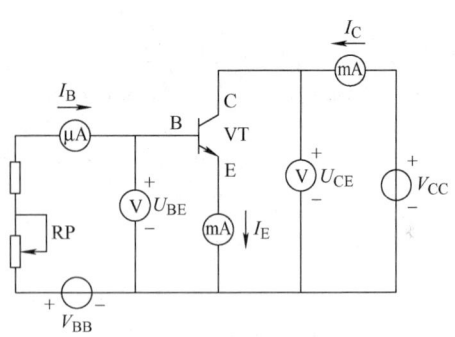

图 11.18　晶体管电流放大原理实验电路

11.5.2　电流分配与放大原理

可以通过一个实验，来定量地研究晶体管的电流分配和放大作用。图 11.18 所示为实验电路，通过改变电阻 RP，测得多组 I_B、I_C、I_E 的值，其测量结果见表 11.1。

电流放大原理

表 11.1　晶体管电流测量数据

I_B/mA	0.02	0.04	0.06	0.08	0.10
I_C/mA	0.70	1.50	2.30	3.10	3.95
I_E/mA	0.72	1.54	2.36	3.18	4.05
$\bar{\beta} = \dfrac{I_C}{I_B}$	35	37.5	38.3	38.8	39.5

从表 11.1 中的测量数据可得如下结论：
1）晶体管的三个电流之间有

$$I_E = I_C + I_B,\ I_C \gg I_B \tag{11.1}$$

2）I_C 和 I_E 比 I_B 大得多，反映出 I_B 对 I_C 的控制作用，设直流电流放大系数

$$\bar{\beta} = \frac{I_C}{I_B} \tag{11.2}$$

则 $\bar{\beta}$ 反映了晶体管的直流电流放大作用。值得注意的是，基极电流 I_B 有一个较小的变化（如从 0.04mA 变到 0.06mA），则相应的集电极电流 I_C 有一个较大的变化（即从 1.50mA 变到 2.30mA）。变化的比值为

$$\beta = \frac{\Delta I_C}{\Delta I_B} = \frac{2.30 - 1.50}{0.06 - 0.04} = \frac{0.80}{0.02} = 40 \tag{11.3}$$

可见 ΔI_C 的大小是 ΔI_B 的 40 倍，这更加说明晶体管有电流放大作用。

3）当 $I_B = 0$ 时，$I_C \approx 0$。

11.5.3　晶体管的特性曲线

晶体管的特性曲线是描述晶体管极间电压与电流关系的曲线，是分析晶体管电路的重要依据。晶体管有两个 PN 结，一个在输入回路，另一个在输

晶体管输入输出特性

出回路，因此，特性曲线也分为输入特性曲线和输出特性曲线。

1. 输入特性曲线

晶体管输入特性曲线是指当集-射极电压 U_{CE} 不变时，输入回路中的电流 I_B 与基-射极电压 U_{BE} 之间的关系曲线 $I_B = f(U_{BE})$，如图 11.19 所示。当 $U_{CE} \geqslant 1V$ 时，发射结正向偏置、集电结反向偏置，这时在晶体管中，从发射区扩散到基区的载流子中的绝大部分被拉入集电区，因此，在相同的 U_{BE} 下，由于从发射区发射到基区的电子数是相同的，即使继续增大 U_{CE}，对 I_B 的影响也不大。所以 $U_{CE} \geqslant 1V$ 后的晶体管输入特性曲线基本上是重合的。

晶体管输入特性曲线与二极管伏安特性曲线相似，正向也存在一段死区，在死区内晶体管工作在截止状态。只有当外加电压大于死区电压时，基极才有电流 I_B，晶体管才能进入放大状态。硅管的死区电压约为 0.5V，锗管约为 0.1V。在发射结完全导通后，NPN 型硅管的发射结电压 U_{BE} 为 0.6～0.7V，PNP 型锗管的 U_{BE} 为 -0.3～-0.2V。

2. 输出特性曲线

晶体管输出特性曲线是指当基极电流 I_B 不变时，输出回路中的电流 I_C 与集-射极电压 U_{CE} 之间的关系曲线 $I_C = f(U_{CE})$，如图 11.20 所示。

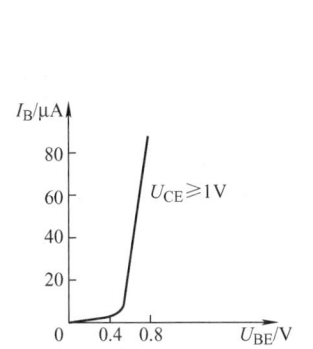

图 11.19　晶体管输入特性曲线

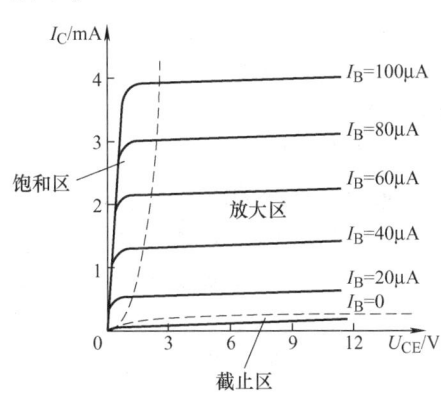

图 11.20　晶体管输出特性曲线

在输出特性曲线上可以划分出三个区域：放大区、截止区和饱和区。

（1）放大区　放大区的输出特性曲线比较平坦，近于水平，此时晶体管处于放大状态，满足 $I_C = \beta I_B$。在放大区，晶体管的发射结正向偏置、集电结反向偏置。

（2）截止区　一般将 $I_B \leqslant 0$ 的区域称为截止区，在图 11.20 中为 $I_B = 0$ 的输出特性曲线及以下的部分。该部分的 I_C 也近似为零，所以晶体管处于截止状态。此时晶体管的发射结反向偏置、集电结反向偏置。

（3）饱和区　在图 11.20 中，靠近纵坐标的附近区域为饱和区。在饱和区，晶体管失去了放大作用，此时 $I_C \neq \beta I_B$。晶体管工作在饱和区时，发射结和集电结都为正向偏置。

11.5.4　晶体管的主要参数

1. 电流放大系数

集电极电流 I_C 与基极电流 I_B 的比值，称为晶体管的直流电流放大系数（DC current amplification coefficient），用 $\bar{\beta}$ 表示，有

$$\bar{\beta} = \frac{I_C}{I_B}$$

集电极电流的变化量 ΔI_C 与基极电流的变化量 ΔI_B 的比值，称为晶体管的交流电流放大系数（AC current amplification coefficient），用 β 表示，有

$$\beta = \frac{\Delta I_C}{\Delta I_B}$$

实际分析计算时可认为 $\beta \approx \bar{\beta}$。常用的小功率晶体管 β 值为几十到上百。β 值小则放大作用差，但 β 值太大，管子的热性能较差。通常小功率晶体管 β 值以 100 左右为宜。

2. 集-基极反向饱和电流 I_{CBO} 和集-射极反向电流 I_{CEO}

I_{CBO} 是当发射极开路时，由于集电结反向偏置，集电区和基区中的少数载流子向对方运动所形成的电流。I_{CBO} 受温度的影响，温度升高则 I_{CBO} 变大，从而降低晶体管的稳定性。

I_{CEO} 是当基极开路，集电结反向偏置、发射结正向偏置时的集电极电流，有

$$I_{CEO} = (1 + \bar{\beta}) I_{CBO}$$

实际工作中，要求 I_{CBO} 和 I_{CEO} 尽可能小一些。这两个反向电流的值越小，表明晶体管的质量越高。因此，在选晶体管时，要求 I_{CBO} 和 I_{CEO} 尽可能小，β 也不能过大。

3. 集电极最大允许电流 I_{CM}

集电极电流过大时，晶体管的 β 值就会减小。当晶体管 β 值下降到正常值的 2/3 时的集电极电流，称为集电极最大允许电流 I_{CM}。

4. 集电极最大允许耗散功率 P_{CM}

当晶体管因受热而引起的参数变化不超过允许值时，集电极所消耗的最大功率，称为集电极最大允许耗散功率 P_{CM}。晶体管工作时，集-射极压降为 U_{CE}，集电极流过的电流为 I_C，因此 $P_{CM} = I_C U_{CE}$。集电结消耗的电能将转化为热能，使晶体管温度升高，从而引起晶体管参数变化。

5. 极间反向击穿电压

极间反向击穿电压是指外加在晶体管各电极之间的最大允许反向电压，如果超过这个限度，则晶体管的反向电流急剧增大，甚至可能被击穿而损坏。

1）$U_{BR,CEO}$：基极开路时，集电极和发射极之间的反向击穿电压。

2）$U_{BR,CBO}$：发射极开路时，集电极和基极之间的反向击穿电压。

※11.6　绝缘栅场效应晶体管

绝缘栅场效应晶体管（insulated gate field-effect transistor）俗称 MOS（metal oxide semiconductor）管，它是由特殊工艺制成的高输入电阻的晶体管。根据其工作状态，绝缘栅场效应管可分为增强型（enhancement type）和耗尽型（depletion type）两类，每类又分 N 型沟道（N channel）和 P 型沟道（P channel）两种。这里主要介绍 N 型沟道增强型绝缘栅场效应晶体管。

11.6.1　N 型沟道增强型绝缘栅场效应晶体管

1. 基本结构

N 型沟道增强型绝缘栅场效应晶体管（NMOS 管）的结构如图 11.21 所示。用掺杂浓度较低的 P 型薄硅片作为衬底，在其上扩散两个相距很近的掺杂浓度高的 N^+ 型区，并在硅片

表面上生成一层薄薄的二氧化硅（SiO_2）绝缘层。在两个 N^+ 型区表面分别引出源极 S(source) 和漏极 D(drain)，在两个 N^+ 型区之间的二氧化硅绝缘层上安置栅极 G(grid)。栅极和其他电极及硅片之间是绝缘的，因此称为绝缘栅场效应晶体管。由于栅极是绝缘的，栅极电流几乎为零，栅极电阻 R_{GS}（输入电阻）很高，最高可达 $10^{14}\Omega$。

从图 11.21 可知，N^+ 型漏极区和 N^+ 型源极区之间被 P 型衬底隔开，漏极与源极之间是两个背靠背的 PN 结。当栅–源电压 $U_{GS}=0$ 时，不管漏极和源极之间所加电压的极性如何，总有一个 PN 结反向偏置，其电阻很高，漏–源电流（简称漏极电流 I_D）近似等于零。

2. 工作原理

如果在栅极和源极之间加正向电压 U_{GS}，情况就大不一样了。在 U_{GS} 的作用下，产生了垂直于绝缘层的电场。由于二氧化硅绝缘层很薄，即使加上几伏电压就会产生很强的电场。在强电场的作用下，P 型衬底中的少数载流子（电子）就会向表面聚集，填补了空穴后形成了耗尽层。当 $0<U_{GS}<U_{ON}$（U_{ON} 为开启电压，即在一定的漏–源电压 U_{DS} 下，使场效应晶体管由不导通变为导通的临界栅–源电压），此时还没有形成导电沟道，漏–源极间不能导通，如图 11.22 所示。

当 U_{GS} 略大于开启电压 U_{ON}（$U_{DS}>0$）时，在强电场的作用下，更多的电子到达表面，在表面下面形成了 N 型薄层，形成了初始的 N 型导电沟道。N 型导电沟道使原有的两个 N^+ 型区有了良好的接触，在 U_{DS} 的作用下，电子从源极 S 流向漏极 D，形成了漏极电流 I_D，场效应晶体管处于导通状态，如图 11.23 所示。随着栅极电位的升高，电场继续加强，吸引更多的电子到达表面，使 N 型导电沟道加深（见图 11.24），导电能力加强，漏极电流 I_D 增大。这就是栅极的控制作用。

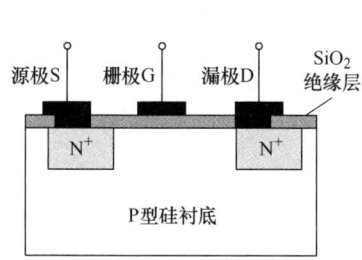

图 11.21　N 型沟道增强型绝缘栅场效应晶体管结构

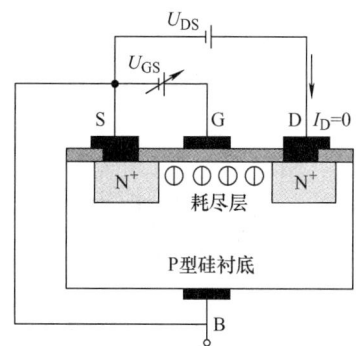

图 11.22　$0<U_{GS}<U_{ON}$

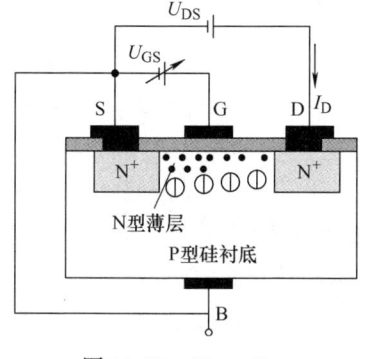

图 11.23　$U_{GS}\approx U_{ON}$

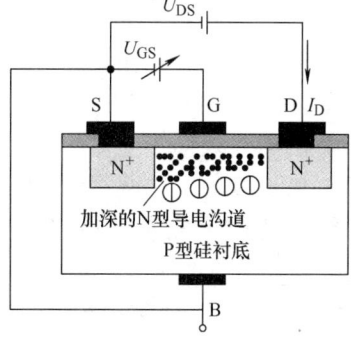

图 11.24　$U_{GS}>U_{ON}$

N型沟道增强型绝缘栅场效应晶体管的图形符号如图11.25所示。三个电极分别为D(漏极)、S(源极)、G(栅极)。漏极与源极之间是断开的,表明N型沟道增强型绝缘栅场效应晶体管在不加栅-源电压时,导电沟道没有形成。箭头是从P型衬底指向N型沟道(P区指向N区)。

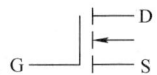

图11.25　N型沟道增强型绝缘栅场效应晶体管的图形符号

3. 转移特性与输出特性

N型沟道增强型绝缘栅场效应晶体管的转移特性（transfer characteristic）曲线如图11.26所示,它描述了栅极电压对漏极电流的控制作用。它不像晶体管那样,由输入电压U_{BE}产生I_B,再由I_B控制I_C,达到控制U_{CE}的目的。而是由U_{GS}直接控制电场的变化,以改变导电沟道的宽窄（深浅）,达到控制漏极电流的目的。即输入信号通过电场控制输出信号,所以称为转移特性。

N型沟道增强型绝缘栅场效应晶的输出特性（drain characteristic）曲线如图11.27所示,它描述了漏极电流I_D与漏-源电压U_{DS}的关系。这个输出特性与前面介绍的晶体管输出特性类似,也有截止区（无导电沟道）、饱和区和放大区,只是没有晶体管输出特性线性度好。正是因为其输出特性线性度相对差,因此多用于开关控制电路和数字逻辑电路。

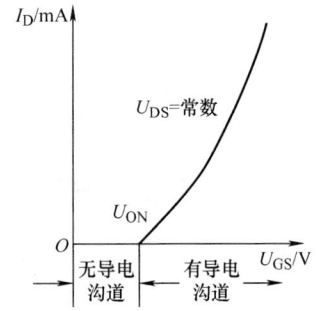

图11.26　N型沟道增强型绝缘栅场效应晶体管转移特性

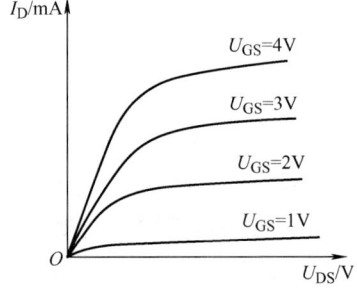

图11.27　N型沟道增强型绝缘栅场效应晶体管输出特性

11.6.2　P型沟道增强型绝缘栅场效应晶体管

P型沟道增强型绝缘栅场效应晶体管（PMOS管）的结构如图11.28所示。用掺杂浓度较低的N型薄硅片作为衬底,在其上扩散两个相距很近的掺杂浓度高的P^+型区,并在硅片表面上生成一层薄薄的二氧化硅绝缘层。在两个P^+型区表面分别引出源极S和漏极D,在两个P^+型区之间的二氧化硅绝缘层上安置栅极G。这种场效应晶体管在结构上完全与N型沟道增强型绝缘栅场效应晶体管类似,只是电源极性相反。

P型沟道增强型绝缘栅场效应晶体管的图形符号如图11.29所示。

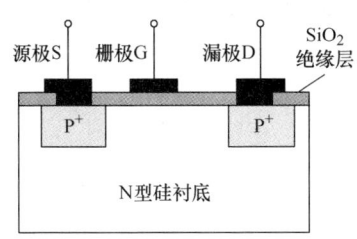

图 11.28　P 型沟道增强型绝缘栅场　　　图11.29　P 型沟道增强型绝缘栅场效应
效应晶体管的结构　　　　　　　　　　　　晶体管的图形符号

11.6.3　N 型沟道耗尽型绝缘栅场效应晶体管

除了增强型 NMOS 管外，还有耗尽型的 NMOS 管，即 N 型沟道耗尽型绝缘栅场效应晶体管。这种采取特殊工艺制造的场效应晶体管，制造时在二氧化硅绝缘层中掺入了大量的正离子。正离子会把电子吸引到表面，形成原始的导电沟道（N 沟道），如图 11.30 所示。这样在 $U_{GS}=0$ 时，场效应晶体管就能在 U_{DS} 的作用下，产生漏极电流 I_D。当加上 U_{GS} 后，若 $U_{GS}<0$，则削弱了正离子的作用，使 I_D 减小；当 U_{GS} 继续降低，导电沟道会消失，$I_D \approx 0$，场效应晶体管截止。所以称其为耗尽型绝缘栅场效应晶体管。其图形符号如图 11.31 所示。

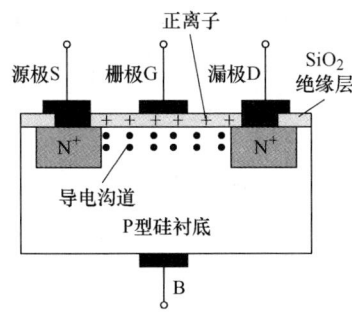
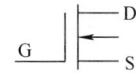

图 11.30　N 型沟道耗尽型绝缘　　　　　图 11.31　N 型沟道耗尽型绝缘
栅场效应晶体管结构　　　　　　　　　　　栅场效应晶体管图形符号

※11.7　光电器件

随着现代电子技术的快速发展，由于半导体光电器件能够高效地实现光电信号、光电能量的转换，并具有很好的电隔离作用，在电子电路中应用十分广泛。

11.7.1　发光二极管

发光二极管（light-emitting diode，LED）是一种能将电能转换为光能的特殊二极管。在发光二极管两端加正向电压并有足够大的正向电流时，半导体内的电子和空穴大量复合，并能够辐射出清晰的光。光的颜色与制成 PN 结的材料的性质和材料的浓度有关。砷化镓发光二极管发红光，磷化镓发光二极管发绿光，碳化硅发光二极管发黄光，氮化镓发光二极管发蓝光。

发光二极管的工作电压为1.5~3V,工作电流为几毫安到十几毫安,寿命很长。早期多用于数字仪表和音响设备的显示器,后来彩色发光二极管广泛用于大屏幕显示。随着白光发光二极管的出现,如今大功率的发光二极管被广泛用于照明。发光二极管工作电路如图11.32所示。

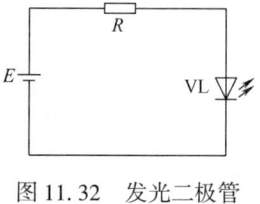

图11.32 发光二极管工作电路

11.7.2 光电二极管

光电二极管(photodiode)是能将光信号变成电信号的半导体器件。它的核心部分也是一个PN结,与普通二极管相比,为了便于接受入射光照,光电二极管的PN结面积会尽量做得大一些,电极面积尽量小些,而且PN结的结深很浅,一般小于$1\mu m$。

光电二极管是在反向电压作用之下工作的,如图11.33所示。没有光照时,反向电流很小(一般小于$0.1\mu A$),称为暗电流。当有光照时,携带能量的光子进入PN结后,把能量传给共价键上的束缚电子,使部分电子挣脱共价键,从而产生电子-空穴对,称为光生载流子。

光生载流子在反向电压作用下参加漂移运动,使反向电流明显变大。光照强度越大,反向电流也越大。这种特性称为"光电导"。光电二极管在一般照度的光线照射下,所产生的电流叫光电流。如果在外电路上接上负载,负载上就获得了电信号,而且这个电信号随着光的变化而相应变化。

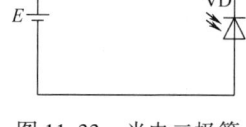

图11.33 光电二极管工作电路

11.7.3 光电晶体管

光电晶体管(phototriode)和普通晶体管类似,也有电流放大作用,只是它的集电极电流受光的控制。

目前的光电晶体管多采用硅材料。硅光电晶体管是用单晶硅制成NPN结构的。管芯基区面积做得较大,发射区面积却做得较小,入射光线主要被基区吸收。与光电二极管一样,入射光在基区中激发出电子与空穴。在基区漂移电场的作用下,电子被拉向集电区,而空穴被积聚在靠近发射区的一边。由于空穴的积累,引起发射区势垒的降低,其结果相当于在发射区两端加上一个正向电压,从而引起了电流放大系数为$\beta+1$(相当于晶体管共发射极电路中的电流增益)的电子注入,这就是硅光电晶体管的工作原理,如图11.34所示。

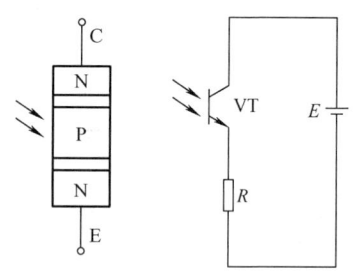

图11.34 硅光电晶体管

由于光电晶体管线性度差,因此很少用于放大电路,主要应用于开关控制电路及逻辑电路。

11.7.4 光电耦合器

光电耦合器(optical coupler,OC)亦称光隔离器,简称光耦。光电耦合器以光为媒介传输电信号。它对输入、输出电信号有良好的隔离作用,所以在各种电路中得到广泛的应用。光电耦合器一般由三部分组成：光的发射部分、光的接收部分和信号放大部分。光电耦合放大电路如图 11.35 所示。外来电信号（u_i）驱动发光二极管（LED），发光二极管放出的光使光电晶体管 VT_1 导通，再经过 VT_2 进一步放大后输出，这就完成了电-光-电的转换，从而起到输入与输出的隔离放大作用。

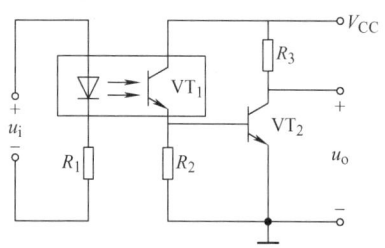

图 11.35 光电耦合放大电路

由于光电耦合器输入、输出间互相隔离，电信号传输具有单向性，因而具有良好的电绝缘能力和抗干扰能力。光电耦合器的种类较多，常见有光电二极管型、光电晶体管型、光敏电阻型、光控晶闸管型等。

习 题

填空题

11-1 在 N 型杂质半导体中，少数载流子是_____，其浓度与_____有关。

11-2 在 P 型杂质半导体中，多数载流子是_____，其浓度与_____有关。

11-3 当 PN 结外加反向电压时，PN 结将变_____，抑制了载流子的_____运动。

11-4 PN 结的基本特性是_____；当 PN 结加正向电压时，PN 结处于_____状态。

11-5 稳压二极管工作在_____区，其工作时必须串联一个合适的_____。

11-6 晶体管有两个 PN 结和三个区，N 区少的是_____型晶体管、P 区少的是_____型晶体管。

11-7 晶体管的电流放大原理是_____电流的微小变化控制_____电流的较大变化。

11-8 晶体管输出特性曲线上有三个区，分别是_____、_____、_____；处于放大区时，两个 PN 结的偏置状态是_____、_____。

选择题

11-9 对于杂质半导体而言，下列说法正确的是（　　）。
A. P 型半导体中由于多数载流子是空穴，所以它带正电
B. N 型半导体中由于多数载流子是自由电子，所以它带负电
C. P 型半导体和 N 型半导体本身都不带电
D. P 型半导体中的正电比 N 型半导体中的正电多

11-10 二极管两端加上正向电压时（　　）。
A. 超过死区电压才能导通　　　B. 超过 0.7V 才能导通
C. 一定导通　　　　　　　　　D. A 和 B 的表述都对

11-11 电路如图 11.36 所示，稳压二极管 VZ_1 和 VZ_2 的稳定电压分别为 5V 和 7V，其正向压降为 0.7V，则 U_o 为（　　）。

A. 5.7V	B. 7.7V	C. 12V	D. 2V

11-12 电路如图 11.37 所示，稳压二极管 VZ_1 和 VZ_2 的稳定电压分别为 5V 和 7V，其正向压降为 0.7V，则 U_o 为（ ）。

A. 5V	B. 7V	C. 12V	D. 2V

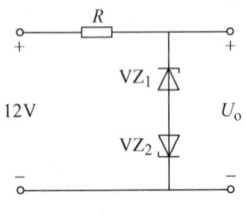 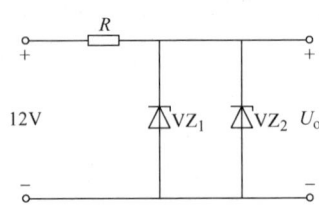

图 11.36　题 11-11 图　　　　　图 11.37　题 11-12 图

11-13 在电压放大电路中，若测得某晶体管的三个电极电位分别为 9V、2.5V 和 3.2V，由此可以判断这三个电极分别为（ ）。

A. C、B、E　　B. C、E、B　　C. E、C、B　　D. E、B、C

11-14 测得某晶体管的电压 $U_{BE}=0.7V$，$U_{CE}=0.3V$，则该晶体管工作状态为（ ）。

A. 放大状态　　B. 截止状态　　C. 饱和状态　　D. 击穿状态

11-15 绝缘栅场效应晶体管的优点和控制方式是（ ）。

A. 输入电阻小，输入电流控制输出电流　　B. 输入电阻小，输入电流控制输出电压
C. 输入电阻大，输入电压控制输出电流　　D. 输入电阻大，输入电压控制输出电压

11-16 目前在电工与电子技术领域广泛应用的光电器件有发光二极管、光电二极管、光电晶体管和光电耦合器等。那么下列表述正确的是（ ）。

A. 发光二极管既可以照明也可以发电　　B. 光电二极管既可以发电也可以显示
C. 光电晶体管既可以发电也可以隔离电信号　　D. 发光二极管既可显示也可以照明

分析计算题

11-17 电路如图 11.38 所示，已知 $u_i=10\sin\omega t\,V$、$E=5V$，画出 u_o 的波形（设 VD 为理想二极管）。

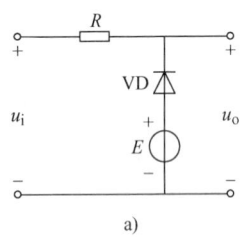 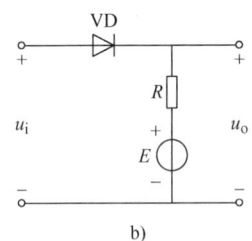 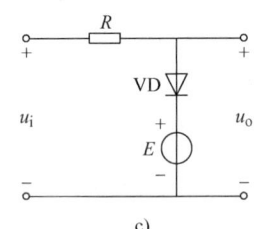

a)　　　　　　　　b)　　　　　　　　c)

图 11.38　题 11-17 图

11-18 电路如图 11.39 所示，二极管为理想器件。试求在下面几种情况下，输出端 P 的电位 V_P 及 R、VD_1、VD_2 中通过的电流。（1）$V_A=V_B=0V$；（2）$V_A=6V$，$V_B=0V$；（3）$V_A=V_B=6V$。

11-19 电路如图 11.40 所示，二极管为理想器件。判断电路中的二极管是导通还是截止，并求出 BO 两端的电压 U_{BO}。

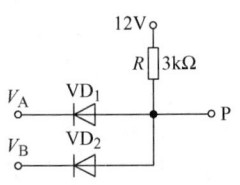

图 11.39　题 11-18 图

第11章 二极管与晶体管

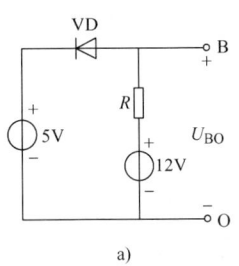 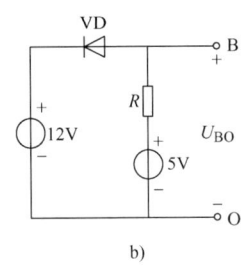 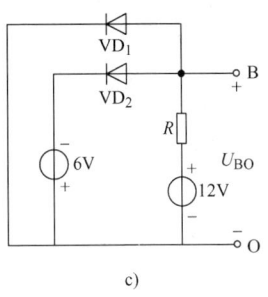

图 11.40　题 11-19 图

11-20　许多直流负载不允许接错电源极性，试分析如图 11.41 所示的电路中二极管 VD_1 和 VD_2 如何工作，各起什么作用。

11-21　如图 11.42 所示的电路，VD_1、VD_2 和 VD_3 是三个相同的二极管，A、B 和 C 是三个相同的白炽灯。当加入正弦交流电压 u_i 时，画出三个白炽灯上的电压波形，并根据波形图说明各灯的亮度如何（设二极管为理想二极管）。

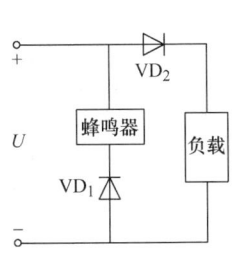 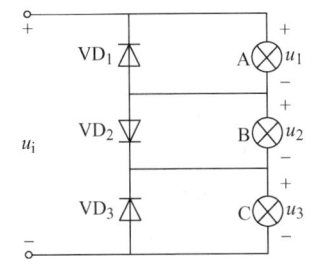

图 11.41　题 11-20 图　　　　图 11.42　题 11-21 图

11-22　已知硅稳压二极管 VZ_1 和 VZ_2 的正向压降为 0.7V，稳定电压分别为 6V、10V。如果要得到 6V、10V、16V、4V、1.4V、6.7V、10.7V、5.3V 和 9.3V 几种稳定电压，这两个稳压二极管（还有限流电阻）应该如何连接？画出各个电路。

11-23　试问在图 11.43 所示各电路中，晶体管工作于什么状态？它们的 I_B、I_C 和 U_{CE} 各是多少？

11-24　一个周期为 2s 的方波如图 11.44a 所示，作为图 11.44b 所示电路的输入信号，分析 VL 发光的规律。

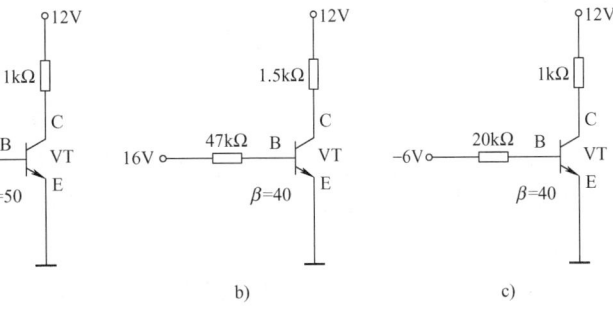

图 11.43　题 11-23 图

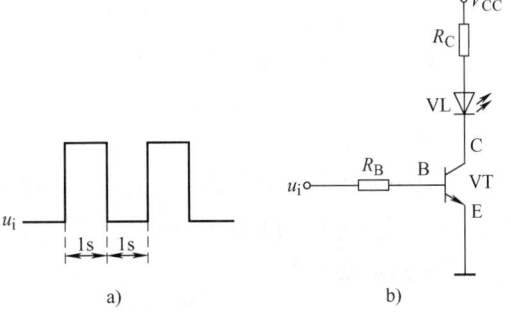

图 11.44　题 11-24 图

第12章

基本放大电路

晶体管的主要用途就是利用其电流放大作用，组成各种放大电路。基本放大电路是组成各种复杂放大电路的基本单元。本章主要分析由晶体管组成的几种常见的基本放大电路。

12.1 固定偏置放大电路

放大电路的静态工作点

放大（amplify）就是将微弱的电信号增大到所需的幅度，以推动负载工作或便于测量、利用。表面看是信号幅度被放大，但信号放大的本质是实现能量的控制。由于输入信号（从天线或传感器得到）的能量过于微弱，不足以推动负载（扬声器或执行机构），因此需要在放大电路中另外提供一个直流电源，在输入信号的控制下，通过放大器件将直流电源的能量按输入信号的变化规律转送到负载上。放大的实质是以小能量来控制大能量。

12.1.1 放大电路的组成

共发射极放大电路如图 12.1 所示。此放大电路因输入回路与输出回路的公共端为晶体管的发射极，所以称为共发射极放大电路（common emitter amplifier）。

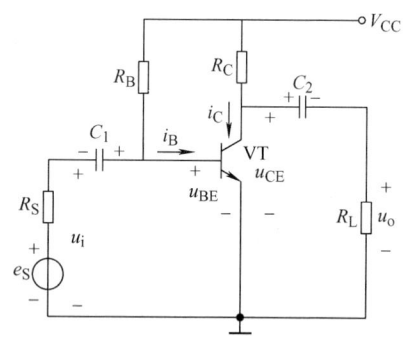

图 12.1 共发射极放大电路

1. 晶体管 VT

晶体管 VT 是放大电路的核心器件。利用晶体管的电流放大作用，即在 u_i 的作用下，基极产生一个小的电流 i_B，控制集电极产生一个大的电流 i_C，且 $i_C = \beta i_B$。从能量方面来看，输入信号的能量较小，而输出信号的能量较大（来自直流电源 V_{CC}）。

2. 直流电源 V_{CC}

直流电源除为输出信号提供能量外，还要保证晶体管发射结正偏和集电结反偏，使其处在放大状态。V_{CC} 一般为几伏到几十伏。

3. 集电极负载电阻 R_C

集电极负载电阻的作用是将集电极电流的变化转换为电压的变化，实现电压放大。R_C

的阻值一般为几千欧到几十千欧。

4. 偏置电阻 R_B

偏置电阻的作用是为晶体管的发射结提供正向偏置电压,并为晶体管提供合适的基极电流。

5. 耦合电容 C_1 和 C_2

耦合电容 C_1 和 C_2 起"隔直通交"的作用,隔离信号源、负载与放大电路的直流联系,同时保证交流信号通过。C_1 和 C_2 的电容值一般为几微法到几十微法。

12.1.2 放大电路的静态分析

图 12.1 所示的放大电路中有两个电源,一个是直流电源 V_{CC},而另一个是待放大的交流信号源 e_S。所以可分静态和动态两种情况来分析放大电路。静态(statics)是当放大电路没有输入信号(仅考虑直流电源)时的工作状态;动态(dynamics)则是仅有输入信号时的工作状态。

静态分析是要确定放大电路的静态值 I_B、I_C 和 U_{CE}(也称静态工作点,quiescent point)。想让放大电路正常工作,必须有合适的静态值。为了便于讨论,本书对放大电路中各变量的使用符号给出如下规定:

1)静态分量用大写字母加大写下角标来表示,如 U_{BE}、U_{CE}、I_B、I_C 和 I_E。
2)动态分量用小写字母加小写下角标来表示,如 u_{be}、u_{ce}、i_b、i_c 和 i_e。
3)总的电量用小写字母加大写下角标来表示,如 u_{BE}、u_{CE}、i_B、i_C 和 i_E。

1. 用直流通路计算静态值

静态分析仅考虑直流电源 V_{CC} 的作用,而交流信号源不作用,故可用交流放大电路的直流通路(direct current path)来分析。画直流通路时,电容 C_1 和 C_2 视为断路,如图 12.2 所示。

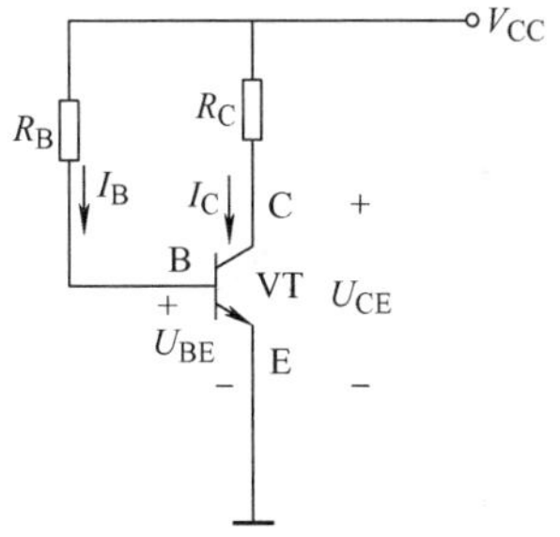

应用基尔霍夫电压定律(KVL)可得

$$V_{CC} = U_{BE} + I_B R_B$$

静态基极电流为

$$I_B = \frac{V_{CC} - U_{BE}}{R_B} \tag{12.1}$$

图 12.2 图 12.1 所示放大电路的直流通路

由于 U_{BE}(硅管约为 0.6V)比 V_{CC} 小得多,故可忽略不计,静态基极电流估算式为

$$I_B = \frac{V_{CC} - U_{BE}}{R_B} \approx \frac{V_{CC}}{R_B} \tag{12.2}$$

静态集电极电流为

$$I_C = \beta I_B \tag{12.3}$$

静态集-射极电压 U_{CE} 为

$$U_{CE} = V_{CC} - I_C R_C \tag{12.4}$$

【**例 12.1**】 在图 12.2 中,已知 $V_{CC} = 12V$、$R_C = 2k\Omega$、$R_B = 280k\Omega$、$\beta = 50$,试求放大电路的静态值。

【解】

$$I_B = \frac{V_{CC} - 0.6}{R_B} = \frac{12 - 0.6}{280 \times 10^3} A = 41 \mu A$$

$$I_C = \beta I_B = 50 \times 41 \mu A \approx 2.1 mA$$

$$U_{CE} = V_{CC} - I_C R_C = (12 - 2 \times 10^3 \times 2.1 \times 10^{-3}) V = 7.8 V$$

2. 用图解法计算静态值

图解法是分析非线性电路的通用的方法，特别是用它确定晶体管的静态值（静态工作点）要更直观明了。根据式(12.4)可得

$$I_C = 0、U_{CE} = V_{CC} \text{和} I_C = \frac{V_{CC}}{R_C}、U_{CE} = 0$$

即可以在图12.3所示的晶体管输出特性曲线上画出一条直线，它被称为直流负载线。直流负载线与晶体管的某条输出特性曲线的交点Q，称为放大电路的静态工作点。静态工作点由放大电路的静态值确定。

由图12.3可见，基极电流I_B的大小不同，静态工作点在直流负载线上的位置就不同。对于特定的放大电路，要确定一个合适的静态工作点，可以通过调整I_B来确定。I_B是决定放大电路工作状态的关键参数，通常称其为偏置电流。产生偏置电流的电路称为偏置电路。在图12.1所示的放大电路中，改变偏置电阻R_B就可以改变I_B，从而改变静态工作点。

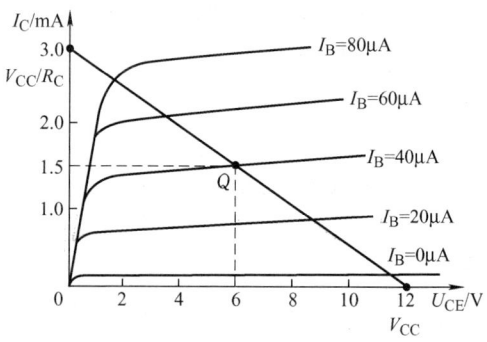

图12.3 图解法确定静态工作点

【例12.2】 在图12.1所示的放大电路中，已知$V_{CC} = 12V$、$R_C = 4k\Omega$、$R_B = 300k\Omega$。晶体管的输出特性曲线如图12.3所示，画出直流负载线，试求放大电路的静态值。

【解】 由点$I_C = 0A$、$U_{CE} = V_{CC} = 12V$ 和 $U_{CE} = 0$、$I_C = \frac{V_{CC}}{R_C} = \frac{12}{4 \times 10^3} A = 3mA$，可画出直流负载线。

由 $I_B \approx \frac{V_{CC}}{R_B} = \frac{12}{300 \times 10^3} A = 40 \mu A$ 得出静态工作点Q如图12.3所示。

静态值为 $I_B = 40\mu A$、$I_C = 1.5mA$、$U_{CE} = 6V$。

12.1.3 放大电路的动态分析

动态分析的目的是要确定放大电路的电压放大倍数A_u、输入电阻r_i、输出电阻r_o。动态分析仅考虑交流输入信号在晶体管中产生的各个交流电压和电流。所以将图12.1中的V_{CC}对地短路（即不作用），耦合电容C_1和C_2视为短路，可以得到放大电路的交流通路（alternating current path），如图12.4所示。

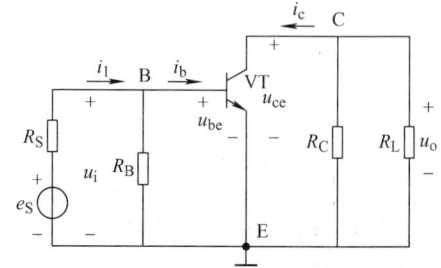

图12.4 图12.1所示放大电路的交流通路

1. 晶体管的微变等效电路

晶体管是非线性器件，若要采用线性电路的计算方法来分析计算放大电路，就必须先对晶体管进行线性化等效。实际上可用微变等效电路法，把非线性的晶体管等效为线性器件。线性化的条件是输入信号很小，仅在静态工作点附近一个微小范围内变化，因而可用一小段直线近似代替静态工作点附近的这一段曲线。

图 12.5 所示为晶体管输入特性曲线线性化的示意图。在输入特性曲线上，将静态工作点 Q 附近的曲线近似地用直线代替，当 U_{CE} 为常数时，ΔU_{BE} 与 ΔI_B 之比为

$$r_{be} = \frac{\Delta U_{BE}}{\Delta I_B}\bigg|_{U_{CE}} = \frac{u_{ce}}{i_b}\bigg|_{U_{CE}}$$

r_{be} 称为晶体管输入电阻（input resistance of transistor），由它可以确定 u_{be} 和 i_b 之间的关系。小信号情况下 r_{be} 是一个常数。

图 12.6 所示为晶体管输出特性曲线线性化的示意图。晶体管输出特性曲线是一族近似距离相等的曲线。当 U_{CE} 为常数，ΔI_C 与 ΔI_B 之比为

$$\beta = \frac{\Delta I_C}{\Delta I_B}\bigg|_{U_{CE}} = \frac{i_c}{i_b}\bigg|_{U_{CE}}$$

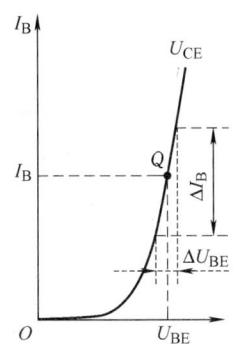 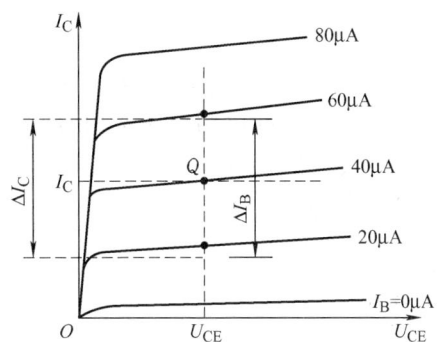

图 12.5　晶体管输入特性曲线线性化　　　图 12.6　晶体管输出特性曲线线性化

在小信号情况下，β 是一个常数，它确定了 i_c 受 i_b 控制的关系。因此，可以用一个受控电流源 $i_c = \beta i_b$ 来等效代替。又因输出特性曲线不完全与横轴平行，当 i_b 为常数时，ΔU_{CE} 与 ΔI_C 之比为

$$r_{ce} = \frac{\Delta U_{CE}}{\Delta I_C}\bigg|_{I_B} = \frac{u_{ce}}{i_c}\bigg|_{I_B}$$

r_{ce} 称为晶体管输出电阻（output resistance of transistor），在等效电路中与受控电流源 βi_b 并联。由于输出特性曲线很平，即 u_{ce} 变化很大而 i_c 变化很小，所以 r_{ce} 阻值很高，可以看成开路。

通过上述对微变区域内晶体管线性化的分析可见，图 12.7a 所示的晶体管电路可以用图 12.7b 所示的晶体管微变等效电路来代替。低频小功率晶体管的输入电阻常用的估算式为

$$r_{be} \approx 200\Omega + (1+\beta)\frac{26\text{mV}}{I_E \text{mA}} \tag{12.5}$$

式中，I_E 为发射极电流的静态值；r_{be} 一般为几百欧到上千欧。

2. 放大电路的微变等效电路

将图 12.4 所示电路中的晶体管用其微变等效电路代替，就得到了放大电路的微变等效电路（micro-variable equivalent circuit），如图 12.8 所示。

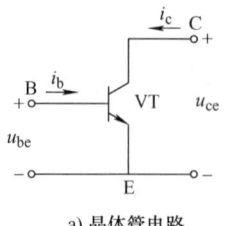
a) 晶体管电路

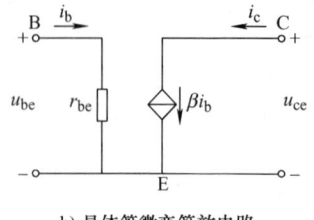
b) 晶体管微变等效电路

图 12.7　晶体管及其微变等效电路

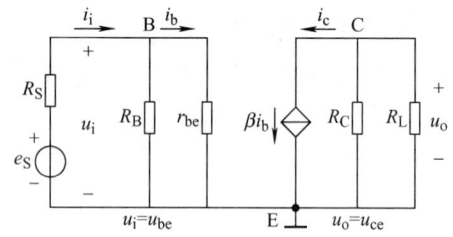

图 12.8　放大电路的微变等效电路

3. 电压放大系数的计算

在图 12.8 中，设输入信号源 e_S 为正弦交流信号，则可用相量来分析，如图 12.9 所示。

根据图 12.9 列出

$$\dot{U}_i = r_{be} \dot{I}_b$$

$$\dot{U}_o = -R'_L \dot{I}_c = -\beta R'_L \dot{I}_b$$

式中，R'_L 为等效负载电阻（equivalent load resistance），$R'_L = R_C /\!/ R_L$。

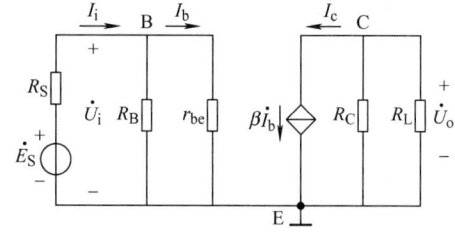

图 12.9　放大电路的微变等效电路
（用相量表示）

电压放大系数（voltage gain）为

$$A_u = \frac{\dot{U}_o}{\dot{U}_i} = \frac{-\beta R'_L \dot{I}_b}{r_{be} \dot{I}_b} = -\beta \frac{R'_L}{r_{be}} \tag{12.6}$$

式中的负号表示输出电压与输入电压的相位相反。

4. 放大电路输入电阻的计算

放大电路对信号源（或前级放大电路）来说，是一个负载，可以用一个电阻等效代替。这个电阻称为放大电路的输入电阻 r_i（input resistance），即从放大电路的输入端看进去的等效电阻（交流动态电阻），如图 12.10 所示，显然有

$$r_i = \frac{\dot{U}_i}{\dot{I}_i} \tag{12.7}$$

以图 12.1 所示的放大电路为例，其输入电阻可根据它的微变等效电路（见图 12.9）来获得，即

$$r_i = \frac{\dot{U}_i}{\dot{I}_i} = R_B /\!/ r_{be} \approx r_{be}$$

通常希望放大电路的输入电阻越高越好。如果输入电阻 r_i 太小会引起以下后果：一是

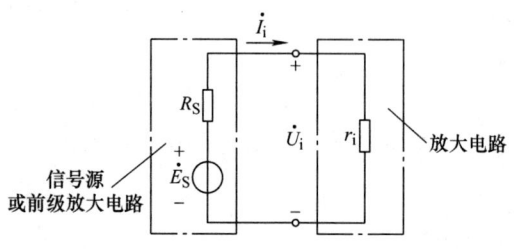

图 12.10　放大电路输入回路的等效电路

信号源（或前级放大电路）输出的电流 I_i 较大，增加信号源的负担；二是当信号源（或前级放大电路）存在内阻 R_S 时，r_i 上的分压较小，导致输出电压 u_o 较小；三是在多级放大时，后级放大电路的输入电阻就是前级放大电路的负载电阻，r_i 太小将使前级放大电路的电压放大系数降低。

5. 放大电路输出电阻的计算

放大电路对负载 R_L（或对后级放大电路）来讲，可以视为一个信号源，如图 12.11 所示。该信号源的内阻定义为放大电路的输出电阻 r_o。

输出电阻（output resistance）影响放大电路带负载的能力。输出电阻较大（信号源的内阻较大），当负载变化时，输出电压的变化也较大，放大电路带负载能力较差。因此，通常希望放大电路的输出电阻越小越好。

放大电路的输出电阻可在信号源短路（$\dot{E}_S = 0$）、负载开路（$R_L = \infty$）的条件下求得。以图 12.1 所示的放大电路为例，其输出电阻可根据它的微变等效电路（见图 12.9）来获得。将信号源短路，负载开路。由于 $\dot{I}_b = 0$、$\dot{I}_c = 0$，则受控源断路，如图 12.12 所示。

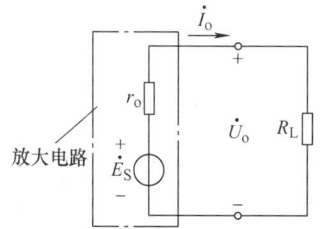
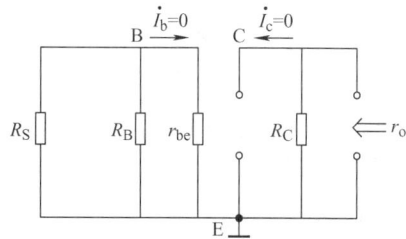

图 12.11 放大电路输出回路的等效电路　　图 12.12 求输出电阻的等效电路

从放大电路的输出端看进去的等效电阻就是输出电阻。故

$$r_o = R_C \tag{12.8}$$

【**例 12.3**】 在图 12.1 所示的放大电路中，已知 $V_{CC} = 12\text{V}$、$R_C = 2\text{k}\Omega$、$R_B = 280\text{k}\Omega$、$R_L = 2\text{k}\Omega$、$\beta = 50$，试求电压放大系数 A_u、输入电阻 r_i 和输出电阻 r_o。

【**解**】 例 12.1 中已经求出

$$I_C \approx I_E = 2.1\text{mA}$$

$$r_{be} \approx \left[200 + (1+50) \times \frac{26}{2.1}\right]\Omega = 0.831\text{k}\Omega$$

$$R'_L = R_C /\!/ R_L = 1\text{k}\Omega$$

故

$$A_u = -\beta \frac{R'_L}{r_{be}} = -50 \times \frac{1}{0.831} = -60.1$$

$$r_i = R_B /\!/ r_{be} \approx r_{be} = 0.831\text{k}\Omega$$

$$r_o = R_C = 2\text{k}\Omega$$

12.1.4　用图解法分析放大过程

在 12.1.2 节和 12.1.3 节中已经用叠加的思想分析了图 12.1 所示放大电路的直流分量

和交流分量。下面用图解法来分析放大电路的放大全过程。通过图 12.13 所示的放大电路的输入回路工作波形和输出回路工作波形，可以清楚地看到交流信号是如何在静态工作点的平台（静态值）上被放大的。

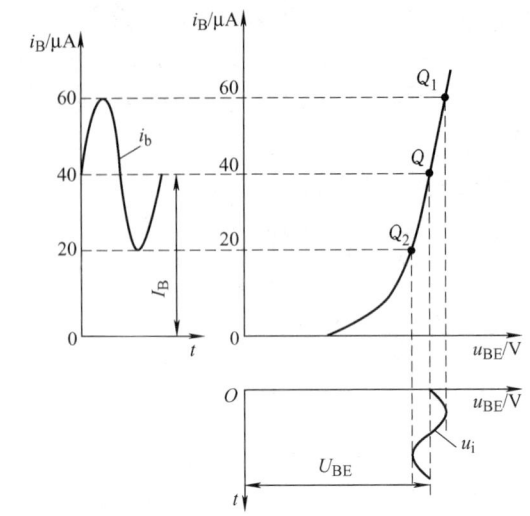

1）输入的交流信号 u_i 在 U_{BE} 这个直流平台上变化，实际加在发射结上的电压为 $u_{BE} = U_{BE} + u_i$，应保证输入信号是在晶体管输入特性曲线上的静态工作点 Q 附近变化（工作在近线性段）。通过加在发射结上电压的变化，形成了基极电流 i_B。由于输入特性曲线的近线性段斜率是正的，因此 i_B 随着 u_{BE} 的增加而增加、反之亦然。i_B 也是静态值和交流量的叠加，即 $i_B = I_B + i_b$，输入回路工作波形如图 12.13a 所示。

2）变化的基极电流 i_B 控制集电极电流 i_C 的变化，且在线性范围内 $i_C = \beta i_B$，i_C 必然也是静态值和交流量的叠加，即 $i_C = I_C + i_c$。这样变化的信号就从输入回路传递到了输出回路。

3）在输出回路里，集电极电流 i_C 的变化会引起晶体管集-射极间电压 u_{CE} 的变化。同理，

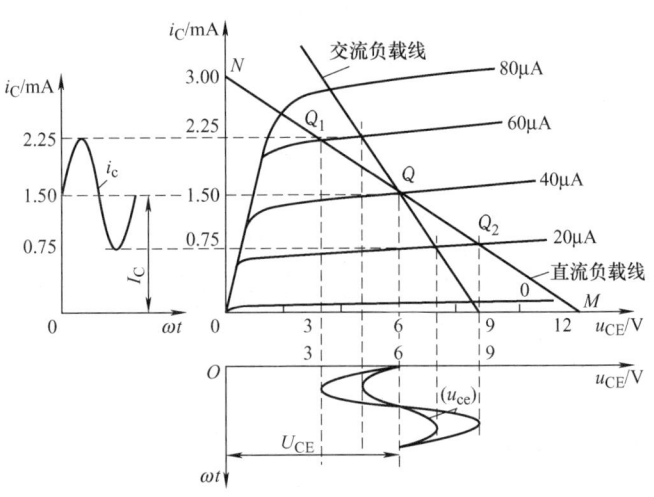

a) 输入回路工作波形

b) 输出回路工作波形

图 12.13 放大电路工作波形

u_{CE} 也是静态值和交流量的叠加，$u_{CE} = U_{CE} + u_{ce}$，但与输入回路不同的是，i_C 与 u_{CE} 相位相反，因为 $u_{CE} = V_{CC} - i_C R_C$，无论交流负载线还是直流负载线的斜率都是负值，$u_{CE}$ 随着 i_C 的增加而减小。因此，图 12.1 所示放大电路的 u_{ce} 及输出信号 u_o 与输入信号 u_i 的相位永远是相反的，如图 12.13b 所示，这是共发射极放大电路固有的特征。

12.2 分压式偏置放大电路

12.2.1 静态工作点的设置

合理设置静态工作点是保证放大电路正常工作的先决条件。12.1 节已

工作点稳定电路

经提到,由 I_B、I_C 和 U_{CE} 在晶体管的输出特性曲线上确定的点,称为静态工作点 Q(quiescent point),这里重新画在图 12.14 中。

静态工作点选择得是否合适,会影响放大电路的动态性能,关系到输出信号的波形是否失真。所谓失真,是指输出信号的波形不像输入信号的波形,通常称为非线性失真(nonlinear distortion)。引起失真的原因有多种,其中最主要的原因是静态工作点不合适。

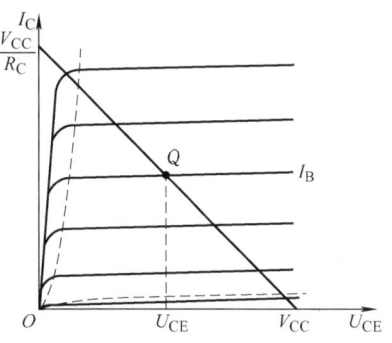

图 12.14 放大电路的静态工作点

静态工作点 Q 太低,若输入信号是正弦电压,在负半周时,晶体管就会截止,输出电压正半周被削平。由于这是信号进入晶体管的截止区引起的,故称为截止失真(cut-off distortion),如图 12.15a 所示。

静态工作点 Q 太高,在输入信号的正半周,晶体管会饱和,输出电压负半周就不是正弦波了。由于这是信号进入晶体管的饱和区引起的,故称为饱和失真(satturation distortion),如图 12.15b 所示。

即使静态工作点合适,也可能因为输入信号幅值过大,而引起饱和失真和截止失真同时出现。

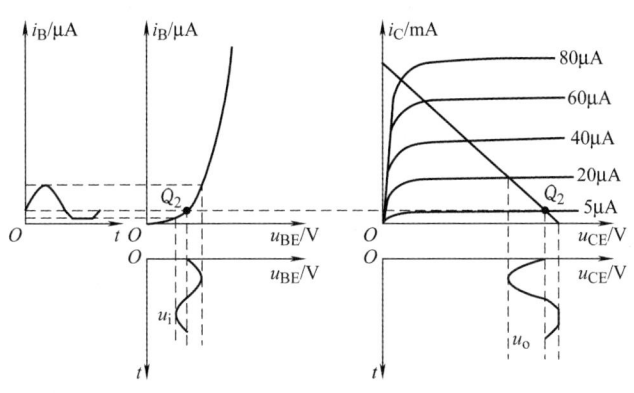

a) 截止失真

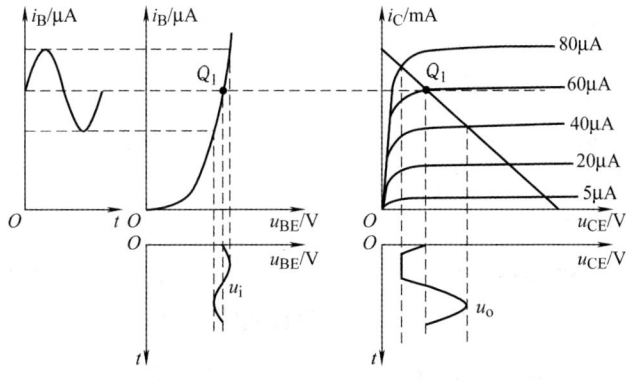

b) 饱和失真

图 12.15 截止失真和饱和失真

晶体管对温度也十分敏感。温度变化对晶体管的 U_{BE}、β 和 I_{CBO} 影响很大，最终会引起静态电流 I_C 的变化，I_C 又会引起 U_{CE} 变化，导致静态工作点 Q 发生变化。严重时可能导致晶体管进入饱和区或截止区，使输出电压产生失真。由此可知，稳定静态工作点的实质就是稳定 I_C。

12.2.2 分压式偏置放大电路的特性

放大电路应设有合适的静态工作点，以保证即有很好的放大效果，又要尽可能减小失真。在图 12.1 所示的放大电路中，偏置电流为

$$I_B = \frac{V_{CC} - U_{BE}}{R_B}$$

R_B 一经选定，I_B 就固定不变。所以称这种电路为固定偏置放大电路。合理地选择 R_B 则可使放大电路有合适的静态工作点。但当温度变化时，β 和 I_{CBO} 随之变化，致使 I_C 和 U_{CE} 发生变化，引起静态工作点的变动。

图 12.16a 所示为另一种工作点稳定的放大电路，因为通过 R_{B1} 和 R_{B2} 分压构成偏置电路，所以称为分压式偏置放大电路。根据图 12.16b 可列出

$$I_{B1} = I_{B2} + I_B$$

通常对硅管取 $I_{B2} \geq (5 \sim 10) I_B$，对锗管取 $I_{B2} \geq (10 \sim 20) I_B$，则基极电位 V_B 由 R_{B1} 和 R_{B2} 分压决定。

由于

$$I_{B1} \approx I_{B2} = \frac{V_{CC}}{R_{B1} + R_{B2}}$$

则

$$V_B = R_{B2} I_{B2} \approx \frac{R_{B2}}{R_{B1} + R_{B2}} V_{CC} \tag{12.9}$$

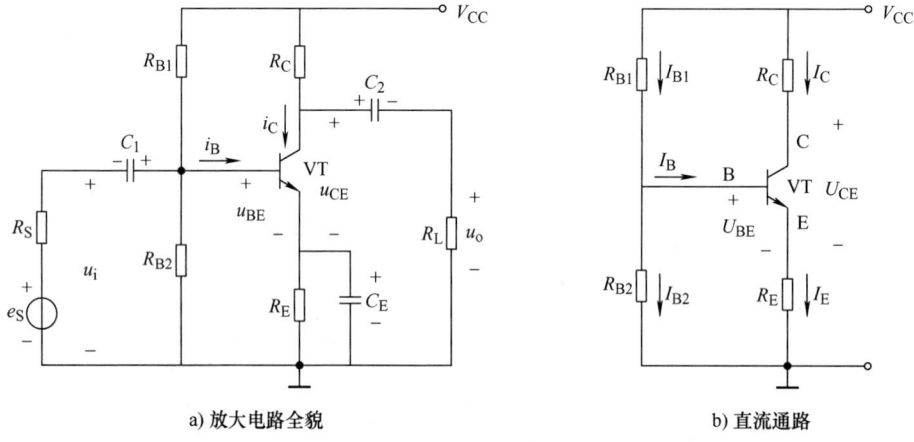

a) 放大电路全貌　　　　　　　b) 直流通路

图 12.16　分压式偏置放大电路

式（12.9）表明 V_B 与晶体管的特性参数如 β、U_{BE} 等无关，不受温度的影响。
由于 $V_B \gg U_{BE}$，则

$$I_C \approx I_E = \frac{V_B - U_{BE}}{R_E} \approx \frac{V_B}{R_E} \qquad (12.10)$$

式(12.10)表明 I_C 与晶体管的特性参数无关，基本不受温度的影响，达到稳定了静态工作点 Q 的目的。其稳定静态工作点的过程如下：

环境温度 $T\uparrow \rightarrow I_C\uparrow \rightarrow I_E\uparrow \rightarrow V_E\uparrow \rightarrow U_{BE}\downarrow (V_B 不变) \rightarrow I_B\downarrow$
$\rightarrow I_C\downarrow \leftarrow$

在电路中，R_E 越大，静态工作点的稳定性越好。但 R_E 不能太大，否则将使发射极电位 V_E 增高，U_{CE} 减小，晶体管的线性工作范围变窄，容易引起失真。

R_E 的接入，会降低放大电路的电压放大系数。为此，可在 R_E 两端并联电容 C_E，只要 C_E 电容量足够大，对交流信号可视为短路，就不会影响电压放大系数。同时，C_E 对直流分量无影响，起到稳定静态工作点的作用。

分压电路动态分析

【例 12.4】 在图 12.16a 所示的分压式偏置放大电路中，已知 $V_{CC}=12V$、$R_C=2k\Omega$、$R_E=2k\Omega$、$R_{B1}=20k\Omega$、$R_{B2}=10k\Omega$、$R_L=6k\Omega$、$\beta=37.5$。试求（1）静态工作点；（2）画出微变等效电路；（3）电压放大系数 A_u、输入电阻 r_i 和输出电阻 r_o。

【解】 （1）根据图 12.16b，分压式偏置放大电路的直流通路有

$$V_B = R_{B2}I_2 \approx \frac{R_{B2}}{R_{B1}+R_{B2}}V_{CC} = \frac{10}{20+10}\times 12V = 4V$$

$$I_C \approx I_E = \frac{V_B - U_{BE}}{R_E} \approx \frac{V_B}{R_E} = \frac{4}{2000}A = 2mA$$

$$I_B \approx \frac{I_C}{\beta} = \frac{2}{37.5}mA = 0.053mA$$

$$U_{CE} \approx V_{CC} - (R_C + R_E)I_C = [12 - (2+2)\times 10^3 \times 2\times 10^{-3}]V = 4V$$

（2）微变等效电路如图 12.17 所示。

$$r_{be} \approx \left[200 + (1+37.5)\times \frac{26}{2}\right]\Omega = 0.701k\Omega$$

（3）电压放大系数为

$$A_u = -\beta \frac{R_L'}{r_{be}} = -37.5 \times \frac{2//6}{0.701} = -80.2$$

输入电阻为

$$r_i = R_{B1}//R_{B2}//r_{be} \approx r_{be} = 0.701k\Omega$$

输出电阻为

$$r_o = R_C = 2k\Omega$$

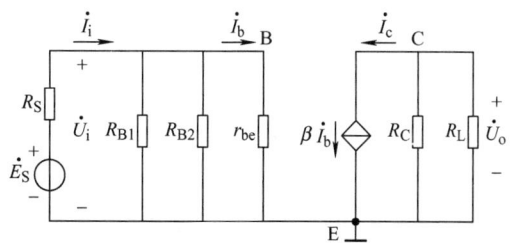

图 12.17 图 12.16a 所示电路的微变等效电路

12.3 射极输出放大电路

射极输出放大电路又称射极输出器（emitter follower），它在交流放大电路中得到了广泛应用，其电路如图 12.18 所示。电路的交流信号由晶体管的

射极输出器

发射极经耦合电容 C_2 输出，所以称为射极输出器。由于这种电路的输入端和输出端是以集电极作为公共端的，所以是共集电极放大电路（common collector amplifier）。

12.3.1 射极输出器静态分析

由图 12.19 所示的射极输出器的直流通路计算其静态工作点，有

$$V_{CC} = R_B I_B + U_{BE} + R_E I_E = R_B I_B + U_{BE} + (1+\beta) I_B R_E \tag{12.11}$$

$$I_B = \frac{V_{CC} - U_{BE}}{R_B + (1+\beta) R_E}$$

$$I_C \approx I_E = \beta I_B$$

$$U_{CE} = V_{CC} - R_E I_E \tag{12.12}$$

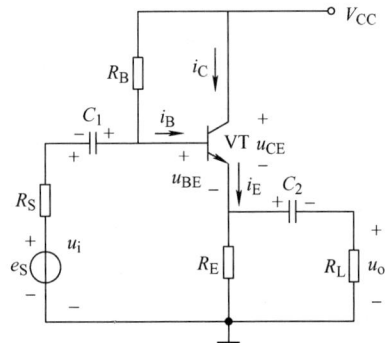

图 12.18　射极输出器

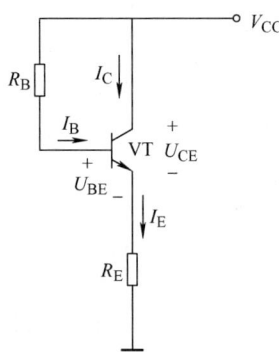

图 12.19　射极输出器的直流通路

12.3.2 射极输出器动态分析

由图 12.20 所示的射极输出器的交流通路，可得到图 12.21 所示的射极输出器的微变等效电路，用来分析电压放大系数 A_u、输入电阻 r_i 和输出电阻 r_o。

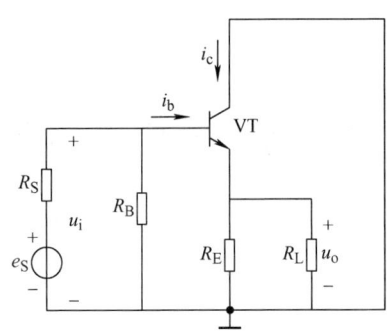

图 12.20　射极输出器的交流通路

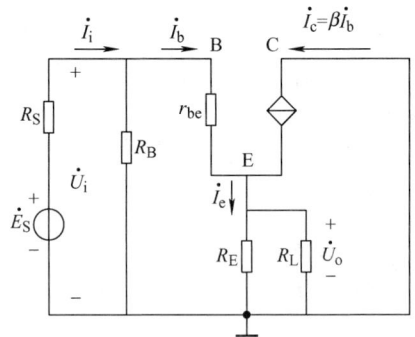

图 12.21　射极输出器的微变等效电路

对于电压放大系数，将各交流量用相量表示，有

$$\dot{U}_o = \dot{I}_e R'_L = (1+\beta) \dot{I}_b R'_L$$

$$R'_L = R_L /\!/ R_E$$

$$\dot{U}_\text{i} = r_\text{be} \dot{I}_\text{b} + (1+\beta) \dot{I}_\text{b} R'_\text{L}$$

则

$$A_\text{u} = \frac{\dot{U}_\text{o}}{\dot{U}_\text{i}} = \frac{(1+\beta) \dot{I}_\text{b} R'_\text{L}}{r_\text{be} \dot{I}_\text{b} + (1+\beta) \dot{I}_\text{b} R'_\text{L}} = \frac{(1+\beta) R'_\text{L}}{r_\text{be} + (1+\beta) R'_\text{L}} \quad (12.13)$$

通常 $(1+\beta) R'_\text{L} \gg r_\text{be}$,所以

$$A_\text{u} = \frac{\dot{U}_\text{o}}{\dot{U}_\text{i}} \approx 1 \quad (12.14)$$

对于输入电阻,有

$$r_\text{i} = \frac{\dot{U}_\text{i}}{\dot{I}_\text{i}} = R_\text{B} /\!/ [r_\text{be} + (1+\beta) R'_\text{L}] \quad (12.15)$$

通常 R_B 阻值很大,$[r_\text{be} + (1+\beta) R'_\text{L}]$ 也较大,所以射极输出器的输入电阻很高,可达到几十千欧乃至上百千欧。

用外加电压源法求输出电阻。将图 12.21 所示电路的信号源短路(保留内阻 R_S),将 R_L 除去,在输出端加一个交流电压源,其电压为 $\dot{U}$,产生电流 $\dot{I}$,如图 12.22 所示。

根据基尔霍夫电流定律,有

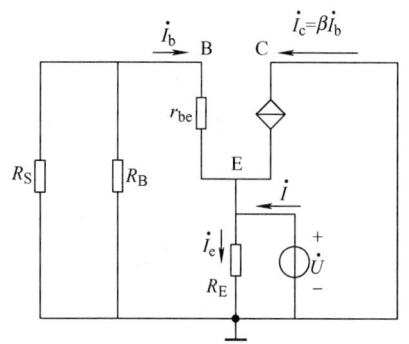

图 12.22 计算输出电阻所用电路

$$\dot{I} = \dot{I}_\text{e} - \dot{I}_\text{b} - \dot{I}_\text{c} = \frac{\dot{U}}{R_\text{E}} - (1+\beta) \dot{I}_\text{b} = \frac{\dot{U}}{R_\text{E}} - (1+\beta) \frac{-\dot{U}}{r_\text{be} + R_\text{B} /\!/ R_\text{S}}$$

$$r_\text{o} = \frac{\dot{U}}{\dot{I}} = \frac{1}{\frac{1}{R_\text{E}} + \frac{(1+\beta)}{r_\text{be} + R_\text{B} /\!/ R_\text{S}}} = \frac{R_\text{E}(r_\text{be} + R_\text{B} /\!/ R_\text{S})}{(r_\text{be} + R_\text{B} /\!/ R_\text{S}) + (1+\beta) R_\text{E}}$$

由于 $(1+\beta) R_\text{E} \gg (r_\text{be} + R_\text{B} /\!/ R_\text{S})$,则输出电阻为

$$r_\text{o} \approx \frac{r_\text{be} + R_\text{B} /\!/ R_\text{S}}{1+\beta} \quad (12.16)$$

r_be 和 R_S 值都较小,而 $\beta \gg 1$,因此射极输出器的输出电阻很小。

射极输出器与前面所讨论的共发射极放大电路相比,有如下特点:

1) 电压放大系数接近 1,但小于 1。所以输出电压与输入电压大小近似相等,相位相同。输出端电压跟随着输入端电压的变化而变化,故又称为电压跟随器。

2) 输入电阻高,可达到几十千欧乃至上百千欧。因为射极输出器输入电阻高(比共发射极放大电路的输入电阻高得多),常被用于多级放大电路的输入级,以减轻信号源的负担,并获得较大的信号电压。

3) 输出电阻低,一般为几十欧到几百欧(比共发射极放大电路小得多),因此射极输出器也常被用于多级放大电路的输出级。因为它具有近乎理想电压源的特性,所以当负载变化时,输出电压的变化较小,具有较强的带负载能力。

12.3.3 射极输出器的应用

虽然射极输出器的电压放大系数近似等于1,但是它还有电流放大作用,而且在12.3.2节已经提到,由于其输入电阻高,因此可以作为多级放大电路的输入级,从信号源获得更高的电压信号;由于其输出电阻低,因此可以作为多级放大电路的输出级,提高放大电路的带负载能力。

两级放大电路

【例12.5】 现将图12.18所示的射极输出器作为前置级,与图12.16a所示的分压式偏置放大电路组成两级放大电路,如图12.23所示。已知:$V_{CC}=12V$、$R_{B1}=200k\Omega$、$R_{E1}=2k\Omega$、$\beta_1=50$;$R'_{B1}=20k\Omega$、$R'_{B2}=10k\Omega$、$R_{C2}=2k\Omega$、$R_{E2}=2k\Omega$、$R_L=6k\Omega$、$\beta_2=40$。试求(1)前后两级放大器的静态工作点;(2)画出微变等效电路;(3)输入电阻r_i;(4)电压放大系数A_u。

【解】 (1)前一级的静态工作点为

$$I_{B1}=\frac{V_{CC}-U_{BE1}}{R_{B1}+(1+\beta_1)R_{E1}}=\frac{12-0.7}{200\times 10^3+(1+50)\times 2\times 10^3}A\approx 0.0374mA$$

$$I_{C1}\approx I_{E1}=\beta_1 I_{B1}=50\times 0.0374mA=1.87mA$$

$$U_{CE1}=V_{CC}-R_{E1}I_{E1}=(12-2\times 10^3\times 1.87\times 10^{-3})V=8.26V$$

后一级的静态工作点为

$$V_{B2}=\frac{V_{CC}R'_{B2}}{R'_{B1}+R'_{B2}}=\frac{12\times 10\times 10^3}{20\times 10^3+10\times 10^3}V=4V$$

$$I_{C2}\approx I_{E2}=\frac{V_{B2}-U_{BE2}}{R_{E2}}\approx \frac{V_{B2}}{R_{E2}}=\frac{4}{2000}A=2mA$$

$$U_{CE2}=V_{CC}-(R_{C2}+R_{E2})I_{E2}=[12-(2\times 10^3+2\times 10^3)\times 2\times 10^{-3}]V=4V$$

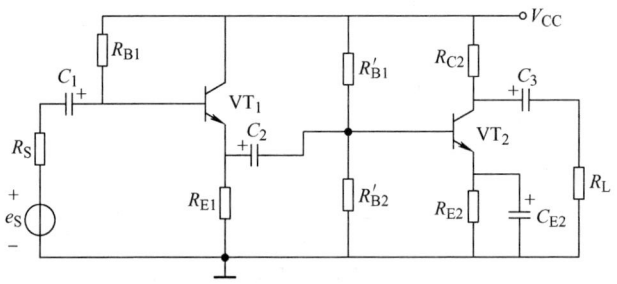

图12.23 两级放大电路

(2)两级放大电路的微变等效电路如图12.24所示。

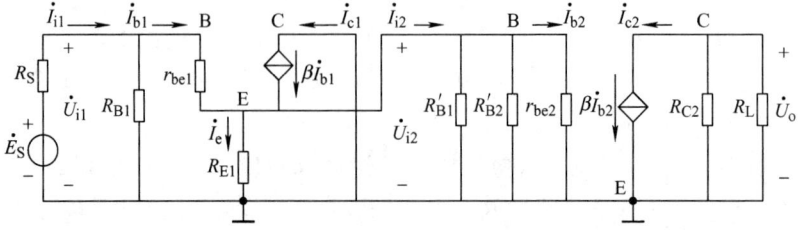

图12.24 两级放大电路的微变等效电路

(3) 输入电阻 r_i 为

$$r_i = r_{i1} = R_{B1} /\!/ [r_{be1} + (1+\beta_1)R'_{L1}]$$

$$r_{be1} \approx \left[200 + (1+50) \times \frac{26}{1.87}\right]\Omega = 0.909\text{k}\Omega$$

$$r_{be2} \approx \left[200 + (1+40) \times \frac{26}{2}\right]\Omega = 0.733\text{k}\Omega$$

$$r_{i2} = R'_{B1} /\!/ R'_{B2} /\!/ r_{be2} \approx r_{be2} = 0.733\text{k}\Omega$$

$$R'_{L1} = R_{E1} /\!/ r_{i2} = 2\times 10^3 /\!/ 733\Omega = 536\Omega$$

$$r_i = r_{i1} = R_{B1} /\!/ [r_{be1} + (1+\beta_1)R'_{L1}] = 300\times 10^3 /\!/ (909 + 51\times 536)\Omega = 25.82\text{k}\Omega$$

(4) 电压放大系数为

$$R'_L = R_{C2} /\!/ R_L = 2\times 10^3 /\!/ 6\times 10^3 \Omega = 1.5\text{k}\Omega$$

$$\dot{A}_u = \frac{\dot{U}_o}{\dot{U}_i} = A_{u1}A_{u2} = \frac{(1+\beta_1)R'_{L1}}{r_{be1}+(1+\beta_1)R'_{L1}} \cdot \frac{-\beta_2 R'_L}{r_{be2}}$$

$$= \frac{(1+50)\times 536}{909+(1+50)\times 536} \times \frac{-40\times 1.5\times 10^3}{733} = -0.97\times 81.86 = -79.4$$

※12.4 差动放大电路

12.3.3 节介绍的两级交流放大电路之间是用电容连接的,也称阻容耦合。但是用于放大超低频的交流信号或缓慢变化的直流信号的多级放大电路,就不能采用阻容耦合,必须采用直接耦合。在直接耦合的多级放大电路中,由于温度变化引起的静态工作点漂移,称为零点漂移。特别是第一级的静态工作点的微小变化,将会被逐级放大,让输出级的电压远远偏离静态工作点,使放大电路不能正常工作。

抑制零点漂移是提升直接耦合放大电路性能的关键问题,而抑制零点漂移最有效的措施就是采用差动放大电路。由于差动放大电路能很好地抑制零点漂移,所以它也被用在集成运算放大器的输入级。

研究差动放大电路是如何抑制零点漂移的,要从它的结构特点开始。

差动放大电路(differential amplification circuit)如图 12.25 所示,它由两个晶体管参数和电路参数完全一致的单管共发射极放大电路组合而成,电路结构完全对称。输入信号加在两个晶体管的基极上,输出信号从两个晶体管的集电极取出。

图 12.25 差动放大电路

12.4.1 差动放大电路的静态分析

没有输入信号时,$u_{i1} = u_{i2} = 0$,由于电路的对称性,两个晶体管的集电

差动放大电路直流分析

极电流相等（$I_{C1} = I_{C2}$），集电极电位也必然相等（$V_{C1} = V_{C2}$），因此输出电压为

$$u_o = V_{C1} - V_{C2} = 0$$

差动放大电路之所以能够很好地抑制零点漂移，就在于它的对称性。因为电路对称，当温度升高时，集电极电流同时增加，集电极电位同时下降，并且幅度相等，即

$$\Delta I_{C1} = \Delta I_{C2}, \Delta V_{C1} = \Delta V_{C2}$$

虽然每个晶体管都产生了零点偏移，但是两个集电极电位的变化相互抵消，输出电压依然保持为零，即

$$u_o = V_{C1} + \Delta V_{C1} - (V_{C2} + \Delta V_{C2}) = (V_{C1} - V_{C2}) + (\Delta V_{C1} - \Delta V_{C2}) = 0$$

因为电路不可能制作得完全对称，所以实际上在没有输入信号时，输出电压不一定等于零。因此在图12.25的差动放大电路中设置了调零电位器 RP，其值很小，一般为几十欧到几百欧。

在图12.25所示的差动放大电路中，还设有两个晶体管共用的发射极反馈电阻 R_E，它是共模信号（温漂相当于输入共模信号）负反馈电阻，对差模信号没有反馈作用，其具体的负反馈作用过程如下：

$$温度变化T\uparrow \begin{cases} \to I_{C1}\uparrow \to I_{E1}\uparrow \to U_E\uparrow \to V_{E1}\uparrow \to U_{BE1}\downarrow \to I_{B1}\downarrow \to I_{C1}\downarrow \\ \to I_{C2}\uparrow \to I_{E2}\uparrow \to U_E\uparrow \to V_{E2}\uparrow \to U_{BE2}\downarrow \to I_{B2}\downarrow \to I_{C2}\downarrow \end{cases}$$

为了使负反馈作用增强，发射极电阻 R_E 取值在几十千欧，这样必然要影响静态工作点，人们为此增加了负电压 E_E，以抵消 R_E 对静态工作点的影响。

在静态时（即理想的情况下），$I_{B1} = I_{B2}$、$I_{C1} = I_{C2}$，由输入回路（RP 忽略不计）可以列出

$$R_B I_B + U_{BE} + 2R_E I_E = E_E \tag{12.17}$$

一般情况下，$U_{BE} + R_B I_B \ll 2R_E I_E$，因此

$$I_C \approx I_E \approx \frac{E_E}{2R_E}$$

并由此可知发射极电位 $V_E \approx 0$，每个晶体管的基极电流为

$$I_B = \frac{I_C}{\beta} = \frac{E_E}{2\beta R_E}$$

每个晶体管的集-射极电压为

$$U_{CE} = V_{CC} - I_C R_C = V_{CC} - \frac{E_E R_C}{2R_E} \tag{12.18}$$

12.4.2 差动放大电路的动态分析

根据输入信号的模式不同，对于图12.25所示的差动放大电路的动态要分三种情况进行分析。

差动放大电路动态分析

1. 共模输入

当两个信号大小相等、极性相同，即 $u_{i1} = u_{i2}$ 时，称为共模输入信号。

在共模输入信号的作用下，由于电路完全对称，显然两个晶体管的集电极电位变化相同，因此输出电压 $u_o = 0$。所以差动放大电路对共模输入信号没有放大作用，放大系数为零。

2. 差模输入

当两个输入信号大小相等、极性相反，即 $u_{i1} = -u_{i2}$ 时，称为差模信号。

假设差模信号 $u_{i1} > 0$、$u_{i2} < 0$，则 u_{i1} 使 VT_1 的集电极电流 I_{C1} 增大了 ΔI_{C1}，导致其集电极电位 V_{C1} 降低了 ΔV_{C1}；u_{i2} 使 VT_2 的集电极电流 I_{C2} 减小了 ΔI_{C2}，导致其集电极电位 V_{C2} 升高了 ΔV_{C2}。由于差动放大电路的对称性，因此 ΔV_{C1} 与 ΔV_{C2} 为大小相等的变化量，设 $\Delta V_C = \Delta V_{C1} = \Delta V_{C2}$，因而

$$u_o = (V_{C1} - \Delta V_{C1}) - (V_{C2} + \Delta V_{C2})$$
$$= (V_{C1} - V_{C2}) + (-\Delta V_{C1} - \Delta V_{C2})$$
$$= -2\Delta V_C$$

这样，在差模信号的作用下，放大电路的输出电压为两个晶体管各自输出电压变化量的 2 倍。

差模信号的通路相当于交流通路，直流电源 V_{CC} 和 E_E 相当于短路，另外在差模信号作用下，流经 R_E 的电流 $2I_E$ 恒定不变，对于交流量，R_E 也相当于短路，RP 阻值很小忽略不计。这样就得到了如图 12.26 所示的其中一个差模信号通路，并可以用图 12.27 所示的微变等效电路来计算放大系数。

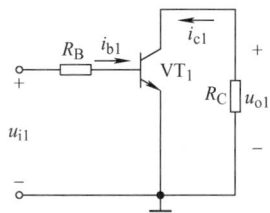

图 12.26 图 12.25 所示电路的其中一个差模信号通路

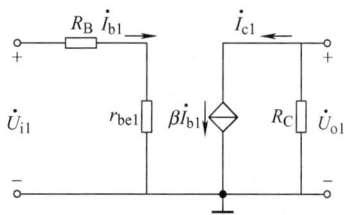

图 12.27 差模信号的微变等效电路

VT_1 的差模放大系数为

$$A_{d1} = \frac{\dot{U}_{o1}}{\dot{U}_{i1}} = -\frac{\beta \dot{I}_{b1} R_C}{\dot{I}_{b1}(R_B + r_{be1})} = -\frac{\beta R_C}{R_B + r_{be1}} \quad (12.19)$$

同理，VT_2 的差模放大系数为

$$A_{d2} = \frac{\dot{U}_{o2}}{\dot{U}_{i2}} = -\frac{\beta \dot{I}_{b2} R_C}{\dot{I}_{b2}(R_B + r_{be2})} = -\frac{\beta R_C}{R_B + r_{be2}}$$

双端输出电压为

$$u_o = u_{o1} - u_{o2} = A_{d1} u_{i1} - A_{d2} u_{i2} = A_{d1}(u_{i1} - u_{i2})$$

双端输入-双端输出差动电路的放大系数为

$$A_d = \frac{u_o}{u_{i1} - u_{i2}} = \frac{A_{d1}(u_{i1} - u_{i2})}{u_{i1} - u_{i2}} = A_{d1} = -\frac{\beta R_C}{R_B + r_{be}} \tag{12.20}$$

当两个晶体管集电极之间接有负载电阻 R_L 时,有

$$A_d = -\frac{\beta R_L'}{R_B + r_{be}} \tag{12.21}$$

式中,$R_L' = R_C /\!/ \frac{1}{2} R_L$。

因为当输入差模信号时,一个晶体管的集电极电位下降,另一个晶体管的集电极电位上升,在 R_L 的中间点相当于交流接地,总是保持在零电位,所以相当于一半负载接在左侧管上,另一半接在右侧管上。

双端输入的差模输入电阻为 $\quad r_i = 2(R_B + r_{be}) \tag{12.22}$

双端输出的差模输出电阻为 $\quad r_o \approx 2R_C \tag{12.23}$

3. 比较输入

有时两个输入信号既不是共模也不是差模,它们的大小和极性都是任意的,这种输入信号在自动控制系统中常遇到,此时可将输入信号分解成一对共模信号和一对差模信号,认为它们共同作用在输入端。

设差动放大电路的两个输入信号分别为 u_{i1} 和 u_{i2},则差模输入电压 u_{id} 为二者之差,即

$$u_{id} = u_{i1} - u_{i2}$$

则每个晶体管的差模输入信号为

$$u_{id1} = -u_{id2} = \pm\frac{1}{2}u_{id} = \pm\frac{1}{2}(u_{i1} - u_{i2})$$

而每个晶体管的共模输入信号为

$$u_{ic} = \frac{1}{2}(u_{i1} + u_{i2})$$

则

$$u_{i1} = u_{ic} + u_{id1} \quad u_{i2} = u_{ic} - u_{id2}$$

根据叠加定理,得输出电压为

$$u_o = A_{ud}u_{id} + A_{uc}u_{ic}$$

4. 共模抑制比

理想情况下,共模放大系数等于零。实际上电路不可能完全对称,共模放大系数也不可能为零,但人们希望它越小越好,同时希望差模放大系数越大越好。所以用差模放大系数与共模放大系数的比值来衡量差动放大电路的性能优劣,即共模抑制比 CMRR,有

$$\text{CMRR} = \left|\frac{A_{ud}}{A_{uc}}\right| \tag{12.24}$$

共模抑制比越大,表明电路对共模信号的抑制能力越强。

有时用对数的形式来表示共模抑制比,即

$$\text{CMRR} = 20\lg\left|\frac{A_{ud}}{A_{uc}}\right| = 20\lg|A_{ud}| - 20\lg|A_{uc}|$$

CMRR 的单位是分贝(dB)。

12.4.3 差动放大电路的输入输出方式

差动放大电路有两个输入端和两个输出端,所以信号的输入输出方式有 4 种情况:即双

端输入-双端输出、双端输入-单端输出、单端输入-双端输出和单端输入-单端输出。可根据输入信号的实际情况选择不同的输入输出方式。图 12.28～图 12.31 给出了 4 种输入输出方式的差动放大电路的基本结构，4 种不同输入输出方式的差动放大电路的动态参数见表 12.1。

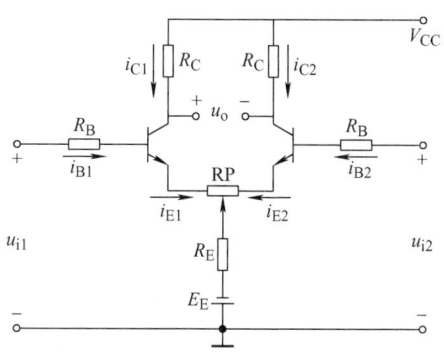

图 12.28 双端输入-双端输出

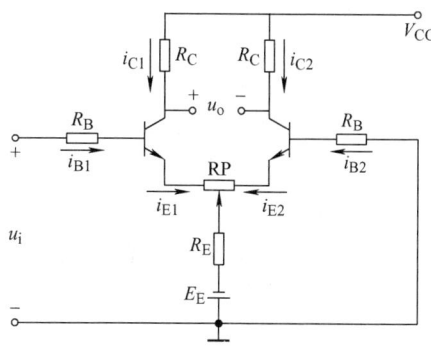

图 12.29 单端输入-双端输出

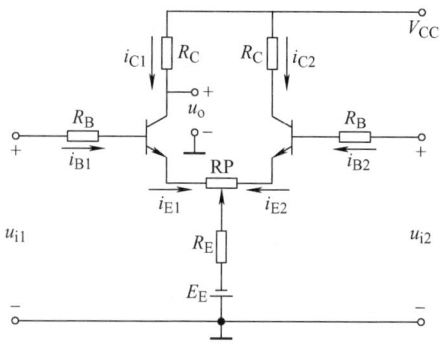

图 12.30 双端输入-单端输出

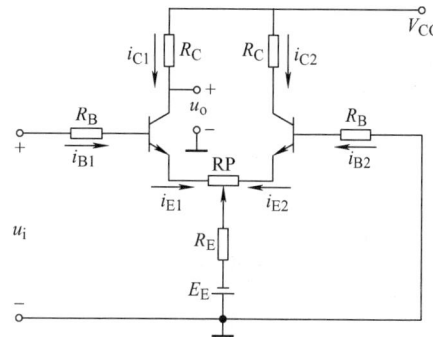

图 12.31 单端输入-单端输出

表 12.1 不同输入输出方式的差动放大电路的动态参数

输入方式	双端		单端	
输出方式	双端	单端	双端	单端
差模放大倍数 A_{ud}	$-\beta \dfrac{R_C}{R_B + r_{be}}$	$\pm \beta \dfrac{R_C}{2(R_B + r_{be})}$	$-\beta \dfrac{R_C}{R_B + r_{be}}$	$\pm \beta \dfrac{R_C}{2(R_B + r_{be})}$
差模输入电阻 r_i	$2(R_B + r_{be})$		$2(R_B + r_{be})$	
差模输出电阻 r_o	$2R_C$	R_C	$2R_C$	R_C

※12.5　互补对称功率放大电路

微弱信号要经过多级放大才能推动负载，而多级放大电路的末级和次末级一般都是功率放大电路级。例如在收音机、电视机、手机中，声音信号经过多级电压放大后，再经过功率放大才能驱动扬声器发声。电压放大电路和功率放大电路都是利用晶体管的放大作用将信号放大的，但二者不同的是，电压放大电路是工作在小信号条件下，要求输出足够高的电压即可，而功率放大电路是工作在大信号的条件下，要求输出足够大的功率。

12.5.1 放大电路的三种工作状态

因为静态工作点设置不同，放大电路会有三种截然不同工作状态。

在12.1节~12.4节所介绍的各种电压放大电路中，为了避免出现非线性失真，一般静态工作点都设置在输出特性曲线的中间位置，这种工作状态称为甲类工作状态，如图12.32a所示。在甲类工作状态下，不论有无输入信号，电源供给的功率都是 $P_E = I_C V_{CC}$，总是不变的。当无输入信号时，电源输出的功率全部消耗在晶体管和电阻上；当有输入信号时，其中一部分转换为输出功率送给负载。信号越大，负载得到的功率越大。

为了降低放大电路的静态损耗，提高工作效率，只能降低静态工作电流 I_C，而电源电压 V_{CC} 是不能降低的（为保证电路的动态工作范围），那就是在不改变输出特性曲线的情况下，降低静态工作点（减小 I_C），如图12.32b所示，这种工作状态称为甲乙类工作状态。

放大电路工作在甲乙类工作状态时，虽然减少了静态损耗，但却带来了严重的失真。而既然甲乙类工作状态已经出现了严重的失真，那么不妨继续降低静态工作点，使 $I_C = 0$，这样无输入信号时，电路就没有静态损耗，这种工作状态称为乙类工作状态，如图12.32c所示。

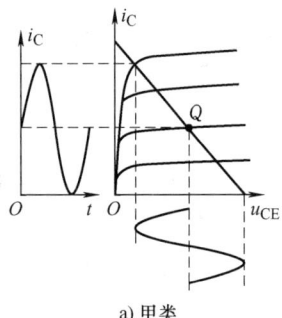
a) 甲类

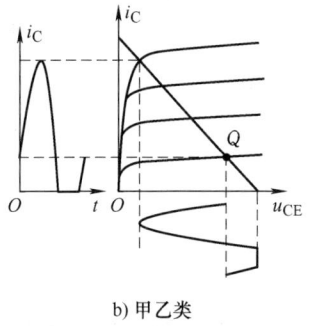
b) 甲乙类

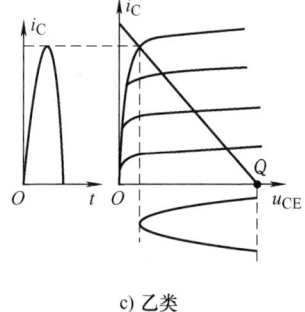
c) 乙类

图 12.32 放大电路的工作状态

12.5.2 互补对称功率放大电路

虽然乙类放大电路只能放大信号的正半波，负半波完全被削掉了，但是它带来的好处是没有静态损耗，动态输出信号幅值大。那么怎样才能既降低静态损耗又不使输出信号失真呢？这就需要使用负电源工作的 PNP 型晶体管了。如果可以设计一个放大电路，在信号的正半周让 NPN 型晶体管工作，在信号的负半周让 PNP 型晶体管工作，那么在负载上就能得到完整的信号放大波形，这就是互补对称的思想。

1. OTL 互补对称功率放大电路

传统功率放大电路输出采用变压器耦合，而互补对称

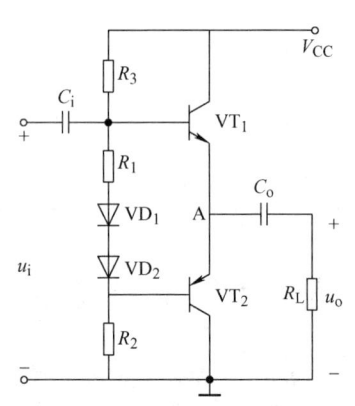

图 12.33 OTL 互补对称功率放大电路

功率放大电路无输出变压器（output transformerless，OTL），电路构成如图 12.33 所示，图中 VT$_1$（NPN）、VT$_2$（PNP）是两种不同类型的晶体管，但特性基本相同。

设计保证在没有输入信号时，A 点的电位为 $\frac{1}{2}V_{CC}$，输出电容 C_o 上的电压即为 A 点对地的电位差，等于 $\frac{1}{2}V_{CC}$。电阻 R_1 和二极管 VD$_1$、VD$_2$ 的串联电路，保证两个晶体管有一定的静态工作点，使 VT$_1$、VT$_2$ 都工作在甲乙类工作状态，以便消除交越失真（由于晶体管输入特性存在死区，所以 VT$_1$ 和 VT$_2$ 在工作交替处会有两侧的截止失真，即交越失真）。

当输入交流信号 u_i 时，在正半周，晶体管 VT$_1$ 导通、VT$_2$ 截止，电流 i_{C1} 经输出电容 C_o 流过负载电阻 R_L；在负半周，晶体管 VT$_2$ 导通、VT$_1$ 截止，电容 C_o 经过晶体管 VT$_2$ 向负载电阻 R_L 放电，形成了电流 i_{c2}。

这样，在输入信号 u_i 的一个周期内，电流 i_{C1} 和 i_{C2} 分别以正反方向交替流过负载电阻 R_L，输出一个完整的交流电压信号 u_o。

为了使输出波形对称，在 C_o 放电的过程中，其电压不能下降太多，因此 C_o 的电容量必须足够大。

2. OCL 互补对称功率放大电路

由于 OTL 互补对称功率放大电路采用大电容量的电容 C_o 与负载耦合，因而影响了低频性能，且无法实现集成化。因此人们又设计出了无输出耦合电容的 OCL（output capacitorless）互补对称功率放大电路。由于这种电路去掉了电容，所以需要加负电源，在 VT$_2$ 导通、VT$_1$ 截止时供电。如图 12.34 所示。

设计时保证电路工作在甲乙类工作状态。由于电路对称，静态时两个晶体管的电流相等，负载中无电流流过，两个晶体管的发射极电位等于零。

当有输入信号 u_i 时，两个晶体管轮流工作，保证输出电压 u_o 为不失真的放大了的信号。

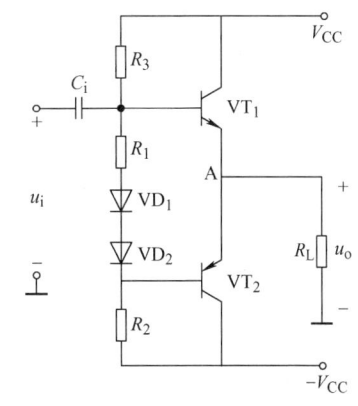

图 12.34　OCL 互补对称功率放大电路

习　题

填空题

12-1　在共发射极交流电压放大电路中，集电极电阻 R_C 的作用是＿＿＿＿；负载电阻 R_L 上的交流能量是由＿＿＿＿提供的。

12-2　电压放大电路的静态工作点若选得过高，容易产生＿＿＿＿失真；若选得过低，容易产生＿＿＿＿失真。所以，为使放大电路能正常工作，必须选择合适的静态工作点。

12-3　电压放大电路 A、B 的电压放大系数相同，但输入电阻、输出电阻不同。用它们对同一个具有内阻的信号源的电压信号进行放大时，在负载开路条件下测得 A 的输出电压更小，这说明 A 的输入电阻可能＿＿＿＿，输出电阻可能＿＿＿＿。

12-4　某放大电路在负载开路时，输出电压为 4V。接入 3kΩ 的负载电阻后，输出电压降为3V，这说明该放大电路的输出电阻为_____。

12-5　在图12.25所示的差动放大电路中，电阻 R_E 对_____信号有强烈抑制作用，所以能够抑制由温升产生的零点漂移；而负电源 E_E 的作用是_____。

12-6　已知两个低频交流电压放大电路的电压放大系数分别为50和40，若将它们组成两级放大电路，应采用_____耦合，其总的电压放大系数大约为_____。

12-7　对于固定偏置放大电路，当环境温度急剧升高时，其静态工作点的变化为_____。

12-8　对于分压式偏置放大电路，当环境温度急剧下降时，其静态工作点的变化为_____。

选择题

12-9　在图12.1所示的共发射极放大电路中，若将电阻 R_B 减小，则（　　）。
A. Q 点上移　　　　B. Q 点下移　　　　C. Q 点不变化　　　　D. 无法判断

12-10　当固定偏置放大电路出现非线性失真时，应当（　　）。
A. 增大 R_B 以消除饱和失真；减小 R_B 以消除截止失真
B. 增大 R_B 以消除截止失真；减小 R_B 以消除饱和失真
C. 增大 R_B 以同时消除截止和饱和失真
D. 减小 R_B 以同时消除截止和饱和失真

12-11　关于分压式偏置放大电路稳定静态工作点的原因，表达最准确的是（　　）。
A. 基极电位不受温度影响　　　　　　　B. 发射极设有差模信号电流负反馈电阻
C. 发射极设有共模信号负反馈电阻　　　D. 基极电位稳定，发射极设有负反馈电阻

12-12　对于射极输出器，表述正确的是（　　）。
A. 有电流放大作用，没电压放大作用　　B. 有电流放大作用，也有电压放大作用
C. 没有电流放大作用，有电压放大作用　D. 没电压放大作用，也没电流放大作用

12-13　对于射极输出器，表述正确的是（　　）。
A. 输入电阻很小，输出电阻很大
B. 输入电阻很大，输出电阻很小
C. 电压放大系数小于1，输出电阻大
D. 输入电阻很大，输出电阻很大

12-14　多级直接耦合放大电路中，对零点漂移影响最大的部分为（　　）。
A. 中间级　　　　B. 输出级　　　　C. 输入级　　　　D. 不确定

12-15　差动放大电路利用电路的对称性（　　）。
A. 加大输入电阻　　　　　　B. 减小输出电阻
C. 稳定电压放大系数　　　　D. 抑制零点漂移

12-16　互补对称功率放大电路为了克服交越失真，应采取（　　）工作状态。
A. 甲类　　　　B. 甲乙类　　　　C. 乙类　　　　D. B和C均可

分析计算题

12-17　试判断图12.35中各个电路能不能放大交流信号，为什么？

12-18　电路如图12.36所示，已知 $V_{CC}=12V$、$R_C=2k\Omega$、$R_B=100k\Omega$、$RP=1M\Omega$、$R_L=2k\Omega$、$\beta=51$。问：(1) 当将RP调到零时，试求静态工作点，此时晶体管工作在什么状态？(2) 当将RP调到最大值时，试求静态工作点，此时晶体管工作在什么状态？(3) 若使 $U_{CE}=6V$，应使RP调到什么值？此时晶体管工作在什么状态？(4) 若输入是正弦交流信

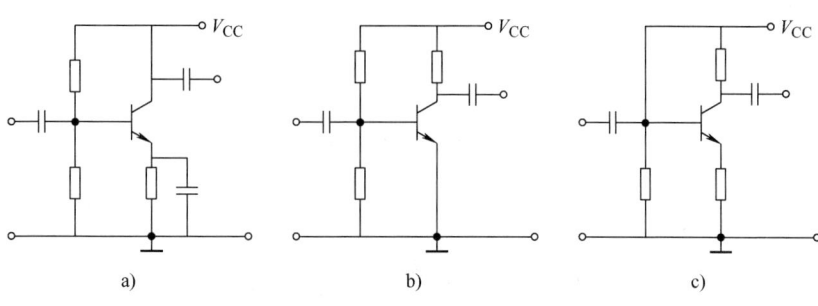

图 12.35 题 12-17 图

号，且输出信号产生饱和失真或截止失真，应如何调节 RP 使之不产生失真？

12-19 电路如图 12.37 所示，已知 $V_{CC}=12V$、$R_C=4k\Omega$、$R_B=300k\Omega$、$\beta=50$。试求：(1) 静态工作点；(2) 微变等效电路；(3) 电压放大系数 A_u、输入电阻 r_i 和输出电阻 r_o；(4) 输出端接有负载 $R_L=4k\Omega$ 时的电压放大系数，并说明负载电阻 R_L 对电压放大系数 A_u 的影响。

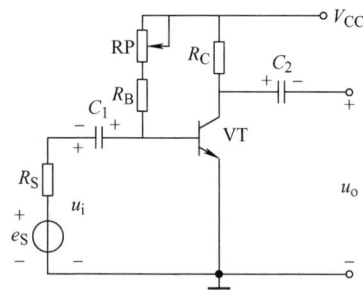

图 12.36 题 12-18 图

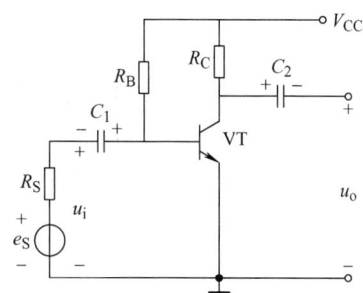

图 12.37 题 12-19 图

12-20 图 12.38 所示为分压式偏置放大电路，已知 $V_{CC}=12V$、$R_C=2k\Omega$、$R_E=1k\Omega$、$R_{B1}=33k\Omega$、$R_{B2}=10k\Omega$、$\beta=50$。试求：(1) 静态工作点；(2) 微变等效电路，并计算输入电阻 r_i 和输出电阻 r_o；(3) $R_L=2k\Omega$ 和 R_L 开路时，电压放大系数 A_u。

12-21 图 12.39 所示为两级放大电路。已知 $V_{CC}=12V$、$R_{B1}=20k\Omega$、$R_{B2}=15k\Omega$、$R_C=3k\Omega$、$R_{E1}=4k\Omega$、$R'_{B1}=120k\Omega$、$R_{E2}=1.5k\Omega$、$\beta_1=\beta_2=40$、$R_L=6k\Omega$。试求：(1) 前后两级放大电路的静态工作点；(2) 微变等效电路；(3) 输入电阻 r_i、输出电阻 r_o；(4) 电压放大系数 A_{u1}、A_{u2}、A_u。

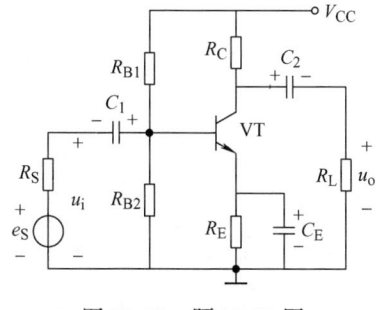

图 12.38 题 12-20 图

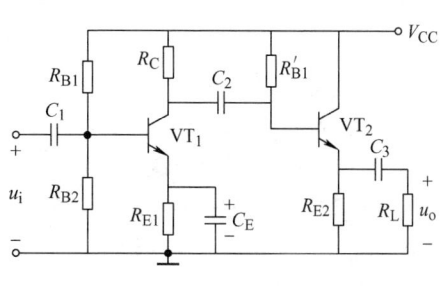

图 12.39 题 12-21 图

第13章 集成运算放大器

集成运算放大器（integrated operational amplifier）是一种具有高开环电压放大系数的多级直接耦合集成放大电路，它既能放大缓慢变化的直流信号，又能放大频率较低的交流信号。集成运算放大器能够实现加、减、乘、除、微分和积分等数学运算，所以被称为集成"运算"放大器。

13.1 集成运算放大器的概述

13.1.1 集成运算放大器的组成

集成运算放大器的型号很多，内部电路结构复杂，形式也有所不同，但归纳起来，通常由输入级、中间放大级和输出级三部分构成，如图13.1所示。

图 13.1 集成运算放大器组成框图

（1）输入级　输入级通常采用差动放大电路，以抑制零点漂移，提高输入电阻。

（2）中间放大级　中间放大级要求电压放大系数高，一般由多级电压放大电路构成，且以共发射极放大电路或差动放大电路居多。

（3）输出级　输出级一般采用互补对称功率放大电路，以降低输出电阻，提高输出电压及输出功率。

集成运算放大器的外形通常有三种：双列直插式、扁平式和圆壳式。双列直插式国产F007型集成运算放大器的引脚排布及外部接线如图13.2所示（其引脚8为空引脚，无用途，

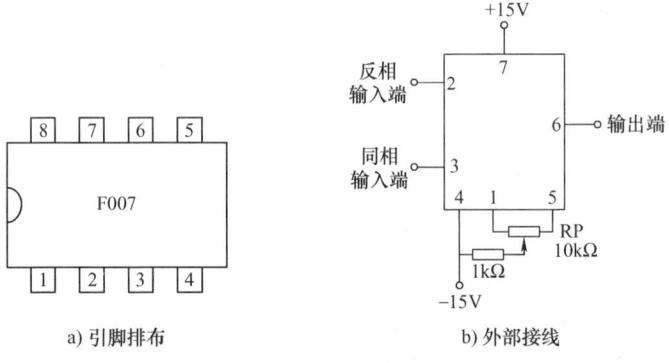

图 13.2　F007型集成运算放大器的引脚排布及外部接线

仅因封装形式需要而产生)。

13.1.2 集成运算放大器的图形符号、电压传输特性和线性区等效电路

1. 图形符号

集成运算放大器的图形符号如图 13.3 所示。长方形框的左边引线为信号输入端,其中"-"端为反相输入端(inverting input),"+"端为同相输入端(non-inverting input),它们对"地"的电压分别为 u_- 和 u_+;长方形框右边引线为信号输出端,输出信号可用输出端对"地"电压来表示。框内三角形表示放大器,A_o 为其开环电压放大系数(open loop voltage amplification factor),即

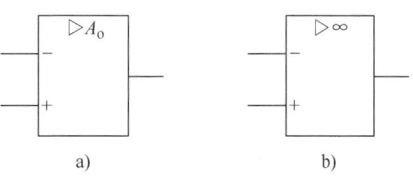

图 13.3 集成运算放大器的图形符号

$$u_o = -A_o(u_- - u_+) = -A_o u_i \tag{13.1}$$

在单端输入信号的情况下,"+"端接地时,信号从"-"端引入,$u_o = -A_o u_-$,输出与输入反相,故"-"端为反相输入端;同理,"-"端接地时,信号从"+"端引入,$u_o = A_o u_+$,输出与输入同相,故"+"端为同相输入端。

由于实际集成运算放大器的开环电压放大系数很高,一般为 $10^4 \sim 10^7$。因此,在不特别关心其数值的场合,可以认为其开环增益为无穷大,在图形符号中用符号 ∞ 表示。

2. 电压传输特性

集成运算放大器的输出电压和输入电压之间的关系曲线称为电压传输特性(voltage transmission characteristics),如图 13.4 所示。

由于集成运算放大器有很高的开环电压放大系数,且输出电压有限(受电源限制),所以只在输入信号比较小的范围内,输出信号与输入信号才有线性关系,也就是说 $u_o = -A_o u_i$ 关系只存在于坐标原点附近的有限的区域内,这段区域称为电压传输特性的线性区。由于 A_o 很大,因此线性区很窄。当输入的 u_- 稍高于 u_+ 时,输出就达到负饱和电压 $-U_{om}$(接近负电源电压 $-V_{EE}$);反之,u_- 稍低于 u_+

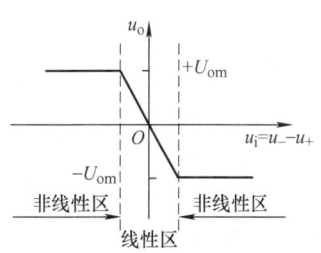

图 13.4 集成运算放大器的电压传输特性

时,输出就达到正饱和电压 $+U_{om}$(接近正电源电压 V_{CC})。输出电压为正、负饱和电压的区域称为非线性区或者饱和区。在饱和区,集成运算放大器的电压传输特性平行于横轴。通常正、负电源电压大小相等($V_{CC} = V_{EE}$)。

3. 线性区的等效电路

在线性区,集成运算放大器的等效电路如图 13.5 所示。由于输出电压受输入电压控制,所以电路中是一个"电压控制电压"的受控源,r_{id} 是集成运算放大器的差模输入电阻,r_o 是集成运算放大器的输出电阻。

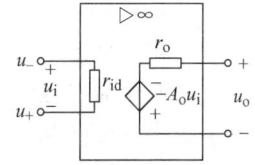

图 13.5 集成运算放大器的线性区等效电路

集成运算放大器的开环电压放大系数通常很高，为 $10^4 \sim 10^7$。由于采用由复合管、射极输出器或场效应晶体管组成的差动式输入电路，因此集成运算放大器的 r_{id} 阻值很高，一般为几十千欧乃至上百千欧，最高可达几兆欧。同时由于采用互补对称式输出电路，集成运算放大器的输出电阻 r_o 较小，一般只有几十至几百欧。

13.1.3　理想集成运算放大器及其线性特性

放大电路中的反馈

1. 理想集成运算放大器

为了分析方便，简化分析过程，通常把实际集成运算放大器抽象为理想集成运算放大器。后者的主要特征是：

1) 开环电压放大系数 $A_o \to \infty$。
2) 差模输入电阻 $r_{id} \to \infty$。
3) 输出电阻 $r_o \to 0$。
4) 共模抑制比 CMRR $\to \infty$。

当然，完全理想的集成运算放大器是不可能制成的，但实际集成运算放大器的特性非常接近于理想集成运算放大器，因此借助于理想集成运算放大器进行分析所引起的误差很小，工程上完全允许。

2. 理想集成运算放大器的线性特性

开环电压放大系数 A_o 大、差模输入电阻 r_{id} 大是集成运算放大器的固有特性。这些固有特性决定了集成运算放大器在线性应用时有许多重要特点。

由于开环电压放大系数极大，即使集成运算放大器输入端只有很小的信号输入，因此其输出电压都能够达到饱和值。若使集成运算放大器工作于线性区，外部必须有某种形式的负反馈网络。

工作在线性区的理想集成运算放大器，有下面两个重要特性：

1) 输入电流为零。由于理想集成运算放大器的差模输入电阻趋近无穷大，不管集成运算放大器两输入端的净输入电压有多大（有限的数值），都不会有电流输入，这种现象称之为虚断，即 $I_i = 0$。

2) 两个输入端之间的电压为零，即所谓虚短。由于集成运算放大器的开环电压放大系数 A_o 趋近无穷大，而输出电压是一个有限数值（不超过电源电压值），由 $u_o = -A_o(u_- - u_+)$ 可知，输入电压无限趋近于零，即 $u_- - u_+ \approx 0$，或者 $u_- \approx u_+$。

由于同相输入端与反相输入端等电位，从某种意义上说，就好像同相输入端和反相输入端是用导线短接在一起的，故将其称为"虚短"。当信号从反相输入端输入时，同相输入端接"地"，即 $u_+ = 0$，根据 $u_+ \approx u_-$ 可得 $u_- \approx 0$。这就是说，反相输入端的电位趋近于"地"电位。因为它是一个不接"地"的"接地端"，因此通常称为"虚地"。

"虚断"和"虚短"是分析集成运算放大器线性应用电路的重要依据。运用这两个特性，可大大简化集成运算放大器线性应用电路的分析。

工作于非线性区的理想集成运算放大器，"虚断"仍然是成立的，即两输入端的净输入电流为 0；"虚短"不再成立：$u_- < u_+$ 时，输出为正饱和电压；$u_- > u_+$ 时，输出为负饱和电压。

13.1.4 集成运算放大器的主要参数

为了合理地选择和正确地使用集成运算放大器，必须了解集成运算放大器各主要参数的意义。

1. 开环电压放大系数 A_o

在没有外接反馈电路、输出端开路的情况下，当集成运算放大器输入端加入低频小信号电压时所测得的差模电压放大系数，称为开环电压放大系数，表示为 $A_o = U_o/U_i$。A_o 值越大，集成运算放大器越稳定，由它组成的运算电路的运算精度也越高，所以 A_o 是决定运算精度的主要因素。

2. 输入失调电压 U_{IO}

在理想集成运算放大器中，当输入电压 $u_i = 0$ 时，输出电压 $u_o = 0$。但实际应用中，$u_i = 0$ 时，可能 $u_o \neq 0$，如果要使 $u_o = 0$，就必须在输入端加入一个很小的补偿电压。这个补偿电压称为输入失调电压，用 U_{IO} 表示。U_{IO} 主要是由输入级两个差动的晶体管的失配引起的，所以 U_{IO} 也受温度的影响。U_{IO} 越小越好。

3. 输入失调电流 I_{IO}

静态时，流入集成运算放大器两个输入端的基极静态电流之差为输入失调电流，用 I_{IO} 表示，$I_{IO} = |I_{B1} - I_{B2}|$，通常以纳安（nA，即毫微安）为单位。一般为几十到几百纳安，高质量的集成运算放大器的输入失调电流低于 1nA。由于 I_B 受温度的影响，所以 I_{IO} 也受温度的影响。

4. 输入偏置电流 I_{IB}

$I_{IB} = (I_{B1} + I_{B2})/2$，即为两个输入端静态输入电流的平均值。$I_{IB}$ 的大小反映了输入电阻的大小，I_{IB} 越小，输入电阻越大。

5. 最大差模输入电压 U_{IDM}

集成运算放大器两个输入端所允许加的最大电压值为最大差模输入电压。一般为 ±5V，F007 型集成运算放大器则为 ±30V。

6. 静态功耗 P_D 和输出峰-峰电压 U_{OPP}

静态时，不接负载的情况下，集成运算放大器本身所消耗的总功率称为静态功耗。一般为几十到几百毫瓦，专用低功耗集成运算放大器约为几毫瓦。

U_{OPP} 是在额定电源电压下，集成运算放大器所能输出的最大峰-峰电压值。如 F007 型集成运算放大器的 U_{OPP} 为 ±14V。

其他参数的意义比较明显，这里就不一一介绍了。下面以 F007 型集成运算放大器为例，其主要参数见表 13.1。

表 13.1 F007 型集成运算放大器的主要参数

参　数	符号和数值	参　数	符号和数值
开环电压放大系数	$A_o = 2 \times 10^5$	共模抑制比	$CMRR = 90\text{dB}$
共模输入电阻	$r_i \geq 500\text{k}\Omega$	静态功耗	$P_D = 50\text{mW}$
输出电阻	$r_o \leq 0.2\text{k}\Omega$	电源电压	±15V

(续)

参　　数	符号和数值	参　　数	符号和数值
输入偏置电流	$I_{IB} = 0.2\mu A$	输入失调电压	$U_{IO} = 1mV$
输出峰-峰电压	$U_{OPP} = \pm 14V$	输入失调电压温漂	$\Delta U_{IO}/\Delta T = 4.5\mu V/℃$
最大差模输入电压	$U_{IDM} = \pm 30V$	输入失调电流	$I_{IO} = 20nA$
最大共模输入电压	$U_{ICM} = \pm 13V$		

13.2　放大电路中的反馈

在集成运算放大器的线性应用中，要用到各种负反馈。这一节先就反馈的基本概念、类型及负反馈对放大电路性能的影响等进行讨论。

负反馈对放大电路性能的影响

13.2.1　反馈的基本概念

所谓反馈，就是把放大电路的输出量（电流或电压）的一部分或全部经过一定的电路（称为反馈电路）送回输入端来影响输入量，即输出量参与控制。图 13.6 是反馈放大电路的框图。放大电路的输入信号、净输入信号、输出信号和反馈信号分别用 x_i、x_d、x_o、x_f 表示（电压或电流）。从图 13.6 中可以看到，在反馈放大电路中，基本放大电路和反馈电路形成了一个闭合环路。所以环路的存在是反馈存在的最好判据。

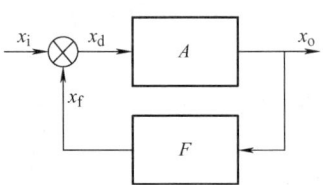

图 13.6　反馈放大电路的框图

反馈信号与输入信号比较（相加或相减）后，形成净输入信号。如果反馈信号与输入信号相加，使净输入信号大于输入信号，则形成正反馈；如果反馈信号与输入信号相减，使净输入信号小于输入信号，则形成负反馈。正反馈使净输入信号增加，输出信号相应增大，使集成运算放大器的放大系数增大，但会使电路工作不稳定，一般正反馈常用在振荡电路中。负反馈会使集成运算放大器的放大系数减小，但可以改善放大电路的性能，因此在放大电路中几乎都采用负反馈。

一般采用瞬时极性法判断电路是正反馈还是负反馈。下面以图 13.7 为例，来说明瞬时极性法。

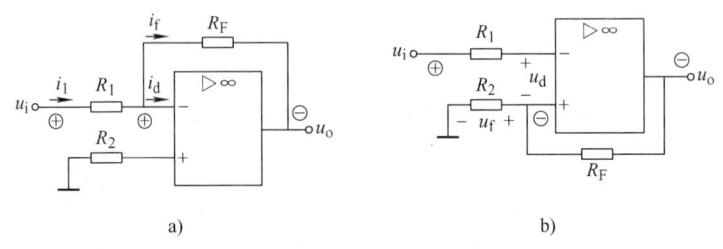

图 13.7　瞬时极性法判断电路正负反馈

在图 13.7a 中，电阻 R_F 跨接在输出端和反相输入端之间，在输入和输出之间形成环路，所以该电路中存在反馈。反馈信号与输入信号在反相输入端交汇，以电流形式进行比较。设 u_i 的瞬时极性为正，则输出 u_o 的瞬时极性为负，反馈电流 i_f 的实际方向和参考方向相同，为正。净输入电流 $i_d = i_1 - i_f$ 减小，故电路为负反馈。

现在将反馈电阻 R_F 由反相输入改接至同相输入端，如图 13.7b 所示。设某一瞬时 u_i 为正，输出反相，u_o 为负，反馈信号为负。但由于反馈信号与输入信号接入不同的输入端，不是以电流形式而是以电压形式相作用。净输入电压 $u_d = u_i - u_f$，而 u_f 当前极性为负，所以净输入电压增大，故电路为正反馈。

13.2.2 反馈的类型

对反馈类型的判断主要从两方面来讨论：

1) 根据从输出端取反馈信号的方式，可分为电压反馈（反馈信号与输出电压成比例）和电流反馈（反馈信号与输出电流成比例）。

2) 根据反馈电路与输入端的连接方式，可分为串联反馈（反馈电路与输入电路串联）和并联反馈（反馈电路与输入电路并联）。

综合反馈电路与放大电路输入、输出之间的关系，可以组合成四种反馈类型。下面以负反馈为例来说明这四种反馈类型。

1. 并联电压负反馈

电路如图 13.8 所示。因 R_F 将输出引回到反相输入端，确定电路中存在反馈，并用瞬时极性法判断确认为负反馈。从反相输入端来看，反馈电路与输入电路并联，反馈信号以电流形式出现，所以为并联反馈。反馈信号 $i_f = -\dfrac{u_o}{R_F}$，与输出电压成比例，判断为电压反馈。综合所有判定，确定该电路存在并联电压负反馈。

同时，当负载变化使输出电压变化，比如 u_o 增加，则反馈电流 i_f 增加，净输入电流 i_d 减小，则输出电压 u_o 相应减小（抵消了部分输出电压变化），从而使输出电压趋于稳定，所以电压负反馈有稳定输出电压的作用。

2. 串联电压负反馈

如图 13.9 所示电路。因 R_F 将输出引回到反相输入端，确定电路中存在反馈，且是负反馈。从反相输入端来看，反馈信号与输入信号串联，所以是串联反馈。反馈信号 $u_f = \dfrac{R_1}{R_1 + R_F} u_o$，与输出电压成比例，为电压反馈，故该电路存在串联电压负反馈。

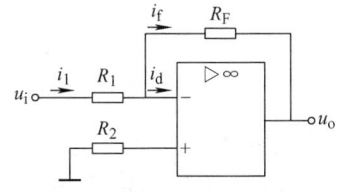
图 13.8　并联电压负反馈

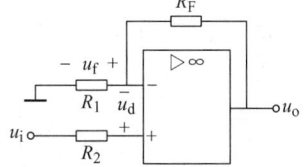
图 13.9　串联电压负反馈

3. 并联电流负反馈

在图 13.10 所示电路中，也存在负反馈。从反相输入端来看，反馈信号与输入信号并联,故为并联反馈;从输出端来看,反馈信号 $i_\mathrm{f} = -\dfrac{R_3}{R_3+R_\mathrm{F}} i_\mathrm{o}$,与输出电流成比例,所以为并联电流负反馈。

当输出电流 i_o 增加,则反馈电流 i_f 增加,相应的净输入电流 i_d 减小,使输出电流 i_o 减小(抵消部分因负载变化而产生的输出电流变化),从而起到稳定输出电流的作用,所以电流负反馈有稳定输出电流的作用。

4. 串联电流负反馈

根据前面的分析过程,可判定图 13.11 所示电路为串联电流负反馈。

综上,对反馈的判定分三步:①判断是否存在反馈;②判断是正反馈还是负反馈;③从反馈电路与输入、输出电路之间的连接关系确定反馈是何种类型。

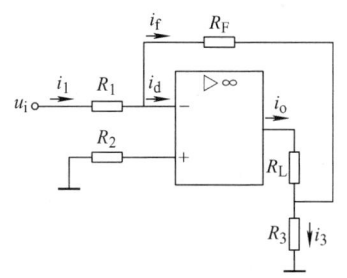

图 13.10 并联电流负反馈

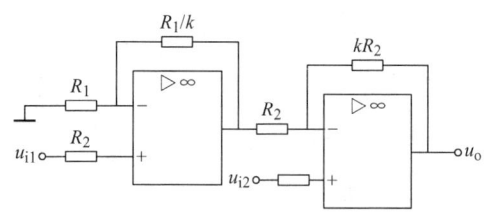

图 13.11 串联电流负反馈

13.2.3 负反馈对放大电路性能的影响

1. 降低放大系数

为改善放大电路的性能,在放大电路中引入负反馈。下面计算加入负反馈后放大电路的放大系数。

负反馈框图如图 13.12 所示。放大电路的开环放大系数 $A = \dfrac{x_\mathrm{o}}{x_\mathrm{d}}$,反馈电路的反馈系数 $F = \dfrac{x_\mathrm{f}}{x_\mathrm{o}}$,则放大电路的闭环放大系数为

$$A_\mathrm{f} = \frac{x_\mathrm{o}}{x_\mathrm{i}} = \frac{x_\mathrm{o}}{x_\mathrm{d}} \cdot \frac{x_\mathrm{d}}{x_\mathrm{i}} = \frac{x_\mathrm{o}}{x_\mathrm{d}} \cdot \frac{x_\mathrm{d}}{x_\mathrm{d}+x_\mathrm{f}} = A \cdot \frac{\dfrac{x_\mathrm{d}}{x_\mathrm{o}}}{\dfrac{x_\mathrm{d}}{x_\mathrm{o}} + \dfrac{x_\mathrm{f}}{x_\mathrm{o}}} = A \cdot \frac{\dfrac{1}{A}}{\dfrac{1}{A}+F} = \frac{A}{1+AF} \qquad (13.2)$$

在负反馈放大电路中,$1+AF > 1$,$A_\mathrm{f} < A$,所以加入负反馈会使放大系数下降。$1+AF$ 越大,电压放大系数下降也越多。$1+AF$ 的数值反映了负反馈的程度,被称为反馈深度。深度负反馈情况下,闭环放大系数 $A_\mathrm{f} \approx \dfrac{1}{F}$,其大小与放大电路的开环放大系数 A 几乎没有关系,仅取决于反馈电路的反馈系数 F。

负反馈虽然使集成运算放大器的放大系数下降,但也能从多方面改善放大电路的性能。

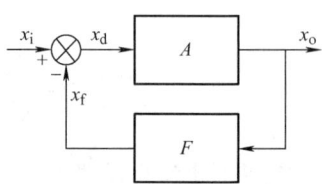

图 13.12 负反馈框图

2. 提高放大系数的稳定性

在集成运算放大器的运行过程中，有许多因素会引起放大系数的变化。如果引入负反馈后相对变化较小，则说明其稳定性提高。

设放大电路在无反馈时的开环放大系数为 A，由于外界因素变化引起放大系数的变化为 dA，其相对变化为 dA/A。引入负反馈后放大系数为 A_f，放大系数的相对变化为 dA_f/A_f。由于分析放大系数的相对变化时，可不考虑相位，于是得出

$$A_f = \frac{A}{1+AF}$$

对 A_f 求导，得

$$\frac{dA_f}{dA} = \frac{1}{1+AF} - \frac{AF}{(1+AF)^2} = \frac{1}{(1+AF)^2} = \frac{A_f}{A}\frac{1}{1+AF}$$

或

$$\frac{dA_f}{A_f} = \frac{1}{1+AF}\frac{dA}{A} \tag{13.3}$$

式（13.3）表明，在引入负反馈之后，虽然放大系数从 A 减小到 A_f，降低为原来的 $1/(1+AF)$，但当外界条件发生相同的变化时，有负反馈的放大电路的放大系数相对变化 dA_f/A_f 却只有无负反馈时的 $1/(1+AF)$。与无反馈放大电路相比，有负反馈的放大电路具有更高的稳定性。

【例 13.1】 有一负反馈放大电路，$A_1 = 1000$、$F = 0.009$，如果由于器件参数和环境温度的影响，而使其放大系数减小了 20%，试求变化前后的 A_f 值及其相对变化。

【解】 放大电路原来的放大系数 $A_1 = 1000$，则

$$A_{f1} = \frac{A_1}{1+A_1F} = \frac{1000}{1+1000 \times 0.009} = 100$$

外界因素发生变化后的放大系数为

$$A_2 = 1000 \times (1-20\%) = 800$$

$$A_{f2} = \frac{A_2}{1+A_2F} = \frac{800}{1+800 \times 0.009} = 97.6$$

A_f 的相对变化为

$$\frac{\Delta A_f}{A_{f1}} = \frac{97.6-100}{100} = -2.4\%$$

或

$$\frac{dA_f}{A_{f1}} = \frac{1}{1+A_2F}\frac{dA}{A_1} = \frac{1}{1+800 \times 0.009} \times (-20\%) = -2.4\%$$

可见在 A 减小 20% 的情况下，A_f 只减小了 2.4%，说明负反馈提高了放大系数的稳定性。

3. 减小非线性失真

对于一个理想的线性放大电路，其输出波形与输入波形应是完全的线性关系。但在实际电路中，由于半导体器件的非线性，当输入信号的幅值比较大时，输出信号波形就会产生失真（与输入信号波形不一致）。如图 13.13a 所示，把一个正弦波信号加在放大

电路 A 的输入端，其输出产生一个 A 半波大于 B 半波的失真的波形，这就是所谓非线性失真。

引入负反馈以后，可将输出端的非线性失真信号反馈到输入端，使净输入信号也随之发生一定的非线性失真，经过放大后，可使输出信号的非线性失真得到一定程度的补偿。从本质上说，负反馈是利用非线性失真了的波形来改善波形的非线性失真，因此只能减小非线性失真，不能完全消除非线性失真，如图 13.13b 所示。

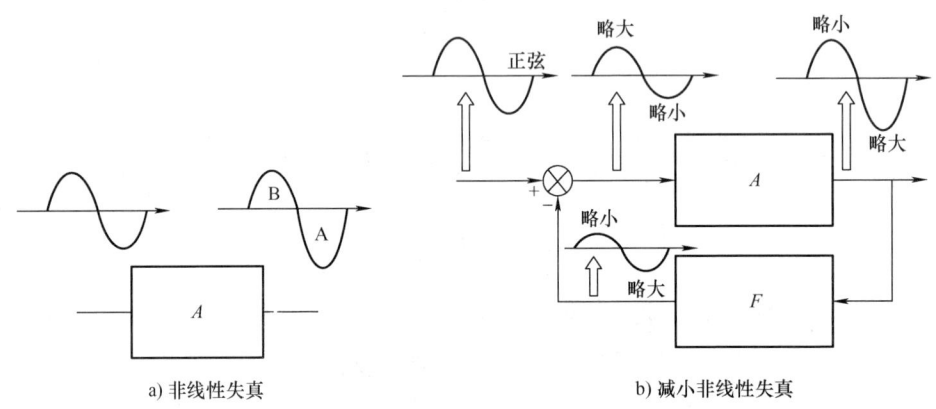

a) 非线性失真　　　　　　　　b) 减小非线性失真

图 13.13　非线性失真的改善

4. 扩展通频带

频率响应是放大电路的重要特性，所以频带宽度是放大电路的技术指标之一。在某些场合下，往往要求有较宽的通频带。引入负反馈是展宽频带的有效措施之一。深度负反馈时，$A_f = \dfrac{A_o}{1+A_o F} \approx \dfrac{1}{F}$，此时放大系数几乎只与反馈系数有关。如果反馈电路里不含 L、C 等电抗元件，而仅由若干电阻构成，则可近似地认为反馈放大电路的反馈系数为一个常数（频率的影响很小），即展宽通频带。

5. 对输入输出电阻的影响

放大电路中引入负反馈后，能使输入电阻发生变化。带负反馈的放大电路的输入电阻取决于反馈电路与基本放大电路输入端的连接方式（串联还是并联）。在串联负反馈电路中，由于 $u_d = u_i - u_f$，净输入电压减小，则净输入电流 i_i 减小，整个电路的等效输入电阻 $r_{if} = \dfrac{u_i}{i_i}$ 增加；并联反馈的情况恰好相反，由于输入电流（$i_i = i_d + i_f$）的增加，致使 r_{if} 减小，反馈越深，r_{if} 减小越多。

放大电路中引入负反馈后，也能使输出电阻发生变化。输出电阻的变化与反馈电路和输出端的连接方式有关。前面已经分析过，电压负反馈能稳定输出电压，即能使输出电压跟随负载的变化程度减小，具有电压源的输出特性。电压源内阻越小输出电压越稳定，所以电压负反馈放大电路的输出电阻比无反馈时小。电流负反馈能使输出电流稳定，具有电流源的输出特性。电流源的内阻越大输出电流越稳定，所以电流负反馈放大电路的输出电阻比无反馈时大。

13.3 集成运算放大器的线性应用

13.3.1 反相比例运算电路

图 13.14 是反相比例运算电路（inverting amplifiers）。输入信号 u_i 经反相输入端电阻 R_1 送到反相输入端，而同相输入端通过电阻 R_2 接"地"。反馈电阻 R_F 跨接于输出端和反相输入端之间，将输出信号反馈到输入端。由于反馈电路的存在，使集成运算放大器得以工作在线性区。根据线性区的特点对该电路进行分析，可得到输出信号与输入信号之间的关系。

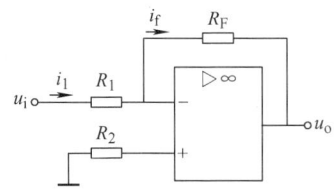

图 13.14 反相比例运算电路

根据理想集成运算放大器线性应用的两个重要特性可知：$i_1 = i_f$，$u_- \approx u_+ = 0$。

由图 13.14 可得出

$$i_1 = \frac{u_i - u_-}{R_1} = \frac{u_i}{R_1} \quad i_f = \frac{u_- - u_o}{R_F} = \frac{-u_o}{R_F}$$

所以该电路的电压放大系数为

$$A_{uf} = \frac{u_o}{u_i} = -\frac{R_F}{R_1} \tag{13.4}$$

$$u_o = -\frac{R_F}{R_1} u_i \tag{13.5}$$

因此，如果集成运算放大器的电压放大系数很高，则该电路中的输出电压与输入电压是成比例的。可以认为 u_o 与 u_i 间的关系只取决于 R_F 和 R_1 的比值，与集成运算放大器本身的参数无关。只要保证 R_F 和 R_1 的精度，就能够保证比例运算的精度。式(13.4) 和式(13.5) 中的负号表示 u_o 与 u_i 反相。

R_2 是平衡电阻。当 $u_i = 0$ 时，为了保持差动放大电路的对称结构，由反相输入端向左（向外）看去的等效电阻（$R_1 /\!/ R_F$）应等于由同相输入端向左看去的等效电阻 R_2，即 $R_2 = R_1 /\!/ R_F$。

当 $R_1 = R_F = R$ 时，由式(13.4) 得

$$A_{uf} = \frac{u_o}{u_i} = -1 \tag{13.6}$$

这就是反相器。

【例 13.2】 在图 13.14 所示电路中，设 $R_1 = 2\text{k}\Omega$、$R_F = 20\text{k}\Omega$。(1) 求 A_{uf}；(2) 如果 $u_i = -1\text{V}$，求 u_o。

【解】 (1) $A_{uf} = -\dfrac{R_F}{R_1} = \dfrac{-20}{2} = -10$

(2) $u_o = A_{uf} u_i = (-10) \times (-1) \text{V} = 10\text{V}$

13.3.2 反相加法运算电路

如果在反相输入端存在多个输入信号，则构成反相加法运算电路，如图 13.15 所示。

因为

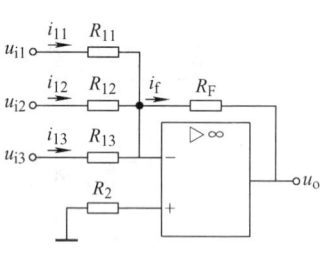

图 13.15 反相加法运算电路

$$u_- \approx u_+ = 0$$

则

$$i_{i1} = \frac{u_{i1}}{R_{11}}, \quad i_{i2} = \frac{u_{i2}}{R_{12}}, \quad i_{i3} = \frac{u_{i3}}{R_{13}}$$

因为

$$i_1 = i_f$$

则

$$i_f = \frac{-u_o}{R_F} = i_{i1} + i_{i2} + i_{i3}$$

由此可得

$$u_o = -\left(\frac{R_F}{R_{11}}u_{i1} + \frac{R_F}{R_{12}}u_{i2} + \frac{R_F}{R_{13}}u_{i3}\right) \tag{13.7}$$

当 $R_{11} = R_{12} = R_{13} = R_1$ 时，则式(13.7) 为

$$u_o = -\frac{R_F}{R_1}(u_{i1} + u_{i2} + u_{i3}) \tag{13.8}$$

当 $R_1 = R_F$ 时，则

$$u_o = -(u_{i1} + u_{i2} + u_{i3}) \tag{13.9}$$

由式(13.7)、式(13.8) 可见，输出电压与集成运算放大器本身的参数无关，只要电阻值足够精确，就可保证反相加法运算的精度。平衡电阻 $R_2 = R_{11} /\!/ R_{12} /\!/ R_{13} /\!/ R_F$。

【例 13.3】 已知图 13.15 所示反相加法运算电路的运算关系为 $u_o = -(4u_{i1} + 2u_{i2} + u_{i3})$，$R_F = 200 \text{k}\Omega$，试选择各输入电阻和平衡电阻 R_2 的阻值。

【解】 由式(13.7) 可得

$$R_{11} = \frac{R_F}{4} = \frac{200}{4}\text{k}\Omega = 50\text{k}\Omega \quad R_{12} = \frac{R_F}{2} = \frac{200}{2}\text{k}\Omega = 100\text{k}\Omega \quad R_{13} = \frac{R_F}{1} = \frac{200}{1}\text{k}\Omega = 200\text{k}\Omega$$

$$R_2 = R_{11} /\!/ R_{12} /\!/ R_{13} /\!/ R_F = 25\text{k}\Omega$$

13.3.3 同相比例运算电路

图 13.16 所示为同相比例运算电路，已知 $u_- \approx u_+$、$i_1 = i_f$，由图可得

$$i_1 = -\frac{u_-}{R_1} = -\frac{u_+}{R_1} \quad i_f = \frac{u_- - u_o}{R_F} = \frac{u_+ - u_o}{R_F}$$

由此可得

$$A_{uf+} = \frac{u_o}{u_+} = 1 + \frac{R_F}{R_1} \tag{13.10}$$

$$u_o = \left(1 + \frac{R_F}{R_1}\right)u_+ \tag{13.11}$$

式中，A_{uf+} 为正值，表示 u_o 与 u_+ 同相，并且 A_{uf+} 总是大于或等于 1，这点与反相比例运算电路不同。

在图 13.16 中，$u_- \approx u_+ = u_i$，所以

$$A_{uf} = \frac{u_o}{u_i} = A_{uf+} = 1 + \frac{R_F}{R_1} \tag{13.12}$$

对比式（13.10）和式（13.12），会发现式（13.10）是同相比例运算的通式。当电路结构发生变化，如变为图 13.17 所示的电路时，由于同相输入端的电路结构形式发生变化，因 $u_+ \neq u_i$，则 $A_{uf} \neq A_{uf+}$，但式（13.10）却始终成立。

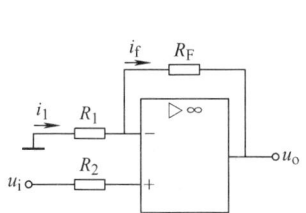

图 13.16　同相比例运算电路

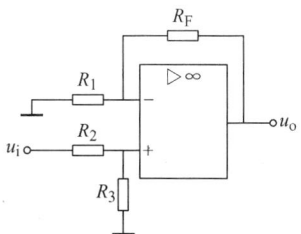

图 13.17　同相比例运算电路（$u_+ \neq u_i$）

图 13.17 中

$$A_{uf} = \frac{u_o}{u_i} = \frac{u_o}{u_+} \cdot \frac{u_+}{u_i} = A_{uf+} \cdot \frac{R_3}{R_2 + R_3} = \frac{R_3}{R_2 + R_3}\left(1 + \frac{R_F}{R_1}\right)$$

图 13.16 中，当 $R_1 = \infty$（断开）或 $R_F = R_2 = 0$ 时，由式（13.10）可得

$$A_{uf} = A_{uf+} = \frac{u_o}{u_i} = 1 \tag{13.13}$$

该电路称之为电压跟随器。

13.3.4　同相加法运算电路

在图 13.16 的基础上增加输入端，可以对多个输入信号实现代数相加运算，如图 13.18 所示。图中为了平衡，要求

$$R_{21} /\!/ R_{22} /\!/ R_{23} = R_1 /\!/ R_F \tag{13.14}$$

根据图 13.18，应用叠加定理可以得到

$$u_o = \left(1 + \frac{R_F}{R_1}\right)(k_1 u_{i1} + k_2 u_{i2} + k_3 u_{i3}) \tag{13.15}$$

图 13.18　同相加法运算电路

式中，$k_1 = \dfrac{R_{22} /\!/ R_{23}}{R_{21} + (R_{22} /\!/ R_{23})}$；$k_2 = \dfrac{R_{21} /\!/ R_{23}}{R_{22} + (R_{21} /\!/ R_{23})}$；$k_3 = \dfrac{R_{21} /\!/ R_{22}}{R_{23} + (R_{21} /\!/ R_{22})}$。

$k_1 u_{i1} + k_2 u_{i2} + k_3 u_{i3}$ 即为图 13.18 中的 u_+。分析时可以将同相输入端的这部分电路剥离，先求出 u_+，然后代入式（13.12）中即可。

在实际应用中，如果要求实现同相加法运算，可以先设计反相加法运算电路，然后接反相器来实现。

13.3.5　差动输入运算电路

所谓差动输入，即两个输入端都有输入信号。差动输入运算电路在测量

差动运算

和控制系统中应用很广泛,其电路结构如图 13.19 所示。

由图 13.19 可列出

$$i_1 = \frac{u_{i1} - u_-}{R_1} = \frac{u_+ - u_o}{R_F} = i_f$$

$$u_+ = \frac{u_{i2}R_3}{R_2 + R_3}$$

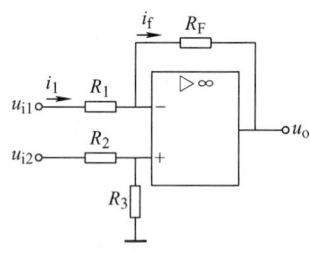

图 13.19 差动输入运算电路

因为 $u_- \approx u_+$,所以有

$$u_o = \left(1 + \frac{R_F}{R_1}\right)u_+ - \frac{R_F}{R_1}u_{i1} \tag{13.16}$$

即

$$u_o = \left(1 + \frac{R_F}{R_1}\right)\frac{R_3}{R_2 + R_3}u_{i2} - \frac{R_F}{R_1}u_{i1} \tag{13.17}$$

式(13.16)是同相比例运算和反相比例运算的叠加。可见,同相比例运算和反相比例运算是最基本的运算,其余运算可以看作是这两种运算的线性组合。另外,所求得的放大系数是加入负反馈环节后整个电路的放大系数。这个放大系数与集成运算放大器自身参数无关,只取决于放大电路的外部电路。

在图 13.19 中,当 $R_1 = R_2$、$R_F = R_3$ 时,式(13.17)化为

$$u_o = \frac{R_F}{R_1}(u_{i2} - u_{i1}) \tag{13.18}$$

当 $R_1 = R_F$ 时,则得减法运算

$$u_o = u_{i2} - u_{i1} \tag{13.19}$$

13.3.6 积分和微分运算电路

1. 积分运算电路

积分与微分运算

在反相比例运算电路中,用电容器 C_F 代替 R_F 作为反馈元件,就成为积分运算电路,如图 13.20 所示。由于 u_i 从反相输入端输入,又 $u_- \approx 0$,所以

$$i_f = C_F \frac{d(-u_o)}{dt} = i_1 = \frac{u_i}{R_1}$$

$$u_o = -u_C = -\frac{1}{C_F}\int i_1 dt = -\frac{1}{R_1 C_F}\int u_i dt \tag{13.20}$$

式(13.20)表明 u_o 与 u_i 的积分成正比。

当 $u_i = U_i$(直流)时,则

$$u_o = -\frac{U_i}{R_1 C_F}t \tag{13.21}$$

输出电压 u_o 是时间 t 的一次函数。

【例 13.4】 根据 $u_o = -4\int u_i dt$、$C_F = 2\mu F$ 确定积分运算电路中的 R_1 和 R_2。

【解】 因为 $C_F = 2\mu F$,且有

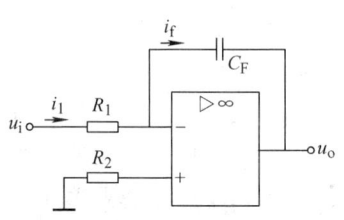

图 13.20 积分运算电路

$$\frac{1}{R_1 C_F} = 4$$

得出

$$R_1 = \frac{1}{4C_F} = \frac{1}{8 \times 10^{-6}}\Omega = 125\text{k}\Omega$$

$$R_2 = R_1 = 125\text{k}\Omega$$

2. 求和积分运算电路

求和积分运算电路如图 13.21 所示，这时有

$$u_o = -\int \left(\frac{1}{R_{11}C_F}u_{i1} + \frac{1}{R_{12}C_F}u_{i2}\right)dt \qquad (13.22)$$

平衡电阻 $R_2 = R_{11}/\!/R_{12}$。

3. 微分运算电路

微分运算是积分运算的逆运算，只需将图 13.20 所示电路反相输入端的电阻和反馈电容调换位置，就成为微分运算电路，如图 13.22 所示，有

$$i_1 = C_1 \frac{du_i}{dt} = i_f = \frac{-u_o}{R_F}$$

$$u_o = -i_f R_F = -i_1 R_F$$

所以

$$u_o = -R_F C_1 \frac{du_i}{dt} \qquad (13.23)$$

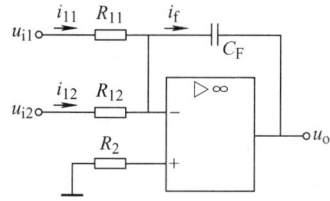

图 13.21 求和积分运算电路

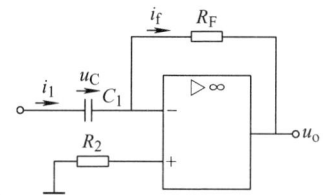

图 13.22 微分运算电路

即输出电压与输入电压对时间的一阶导数成比例。

13.4 电压比较器

集成运算放大器的非线性应用领域也十分广阔，包括测量技术、计算技术、自动控制、无线电通信等等。限于篇幅，在此只讲述最基本的应用知识和个别应用举例。

集成运算放大器由于开环放大系数 A_o 很高，如果不加负反馈电路，只要同相输入端的电压 u_+ 稍微高于反相输入端的电压 u_-，输出电压 u_o 立即达到正饱和电压（$+U_{om}$）；反之，只要 u_- 稍高于 u_+，u_o 立即达到负饱和电压（$-U_{om}$）。如果把输出端和同相输入端用电阻连接起来，即加入适量的正反馈，输出状态的转换将是跃变的。

电压比较器的功能是将输入信号与基准电压进行比较，根据输入信号是大于还是小于基准电压来确定其输出状态。

电压比较器

13.4.1 零电压比较器

图 13.23a 所示为反相输入零电压比较器的电路图。它是一个工作在开环状态下的集成运算放大器,输入信号 u_i 接反相输入端,基准电压 U_R 接同相输入端,由于是零电压比较器,所以基准电压 $U_R = 0$。

由于集成运算放大器处于开环状态,其电压放大系数很高,当 u_i 稍小于零,输出电压将达到正饱和值 $+U_{om}$($+U_{om} \approx V_{CC}$);当 u_i 稍大于零时,输出电压即转变为负饱和值 $-U_{om} \approx -V_{EE}$。

如果输入为正弦波电压,则输出电压就是图 13.24 所示的方波。方波频率由输入电压的频率决定,幅值由集成运算放大器的供电电源决定。

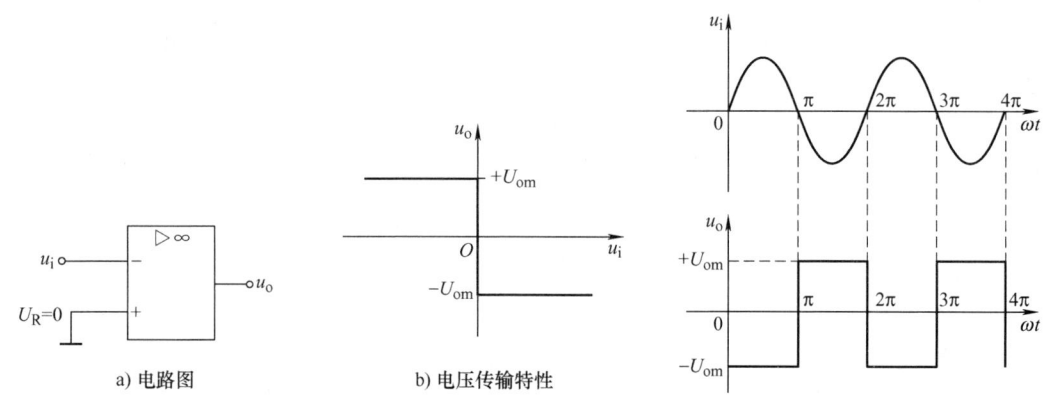

图 13.23 反相输入零电压比较器　　图 13.24 正弦波电压转换为方波电压

当然,如果要限制输出电压的幅值,可以将电压比较器和限幅器配合使用。图 13.25 所示为输出端并联限幅器(限幅器的本质是一个双向稳压二极管,相当于两个反向串联的稳压二极管)的零电压比较器。此时输出电压正的最大值 $+U_{om} = U_{VZ1} + U_{VD2}$,负的最大值 $-U_{om} = -(U_{VZ2} + U_{VD1})$。

同相输入零电压比较器的信号从同相输入端引入,参考电压接反相输入端,且参考电压为零。其电路图和电压传输特性如图 13.26 所示。根据零电压比较器输出电压的极性,可以判断输入信号是大于零还是小于零,所以常用作信号电压过零检测器。

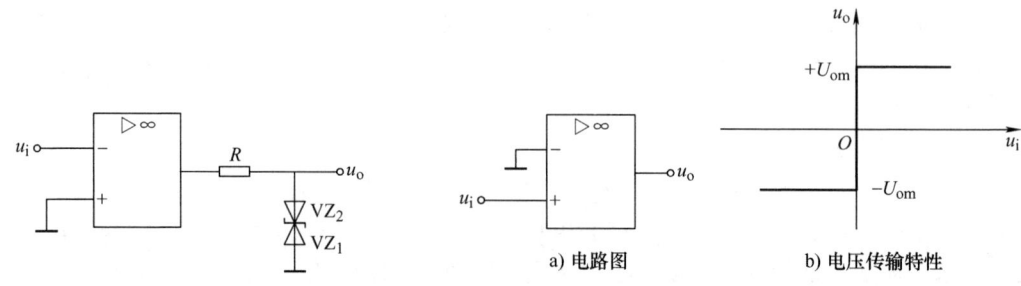

图 13.25 输出端并联限幅器的零电压比较器　　图 13.26 同相输入零电压比较器

13.4.2 任意电压比较器

1. 差动型任意电压比较器

差动型任意电压比较器即参考电压和输入电压分别从两个输入端引入，而且参考电压的数值不局限为零。图 13.27 所示为反相输入差动型任意电压比较器电路图及其电压传输特性。图中 U_R 为基准电压。当输入电压 $u_i < U_R$ 时，$u_o = +U_{om}$；而 $u_i > U_R$ 时，$u_o = -U_{om}$。

2. 求和型任意电压比较器

反相输入求和型任意电压比较器电路图及其电压传输特性如图 13.28 所示。根据虚断，$u_- = \dfrac{R_1 U_R + R_2 u_i}{R_1 + R_2}$，与同相输入端的零电压进行比较，可知当 $u_- < 0$，即 $u_i < -(R_1/R_2)U_R$ 时，$u_o = +U_{om}$；当 $u_- > 0$，即 $u_i > -(R_1/R_2)U_R$ 时，$u_o = -U_{om}$。可以在反相输入端与输出端之间加入限幅器件，如图 13.28a 中的点画线所示。

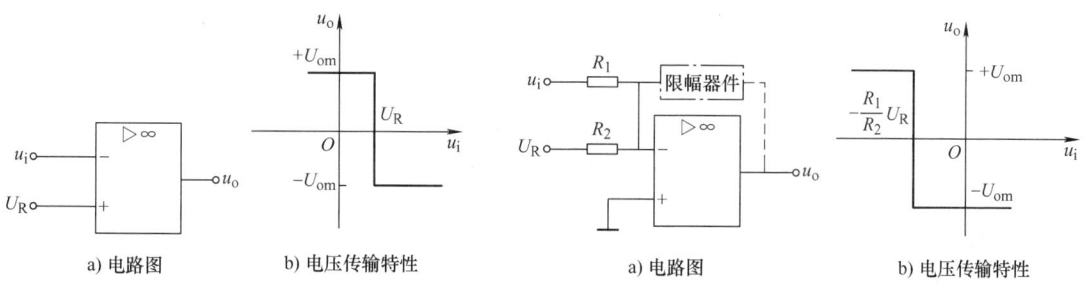

a) 电路图 b) 电压传输特性

图 13.27 反相输入差动型任意电压比较器

a) 电路图 b) 电压传输特性

图 13.28 反相输入求和型任意电压比较器

差动型电压比较器的比较电压就是基准电压，即 $U_C = U_R$，是不可调的，而求和型电压比较器的比较电压 $U_C = -(R_1/R_2)U_R$，当 U_R 给定后可通过改变 R_1 和 R_2 进行调整。

13.4.3 滞回电压比较器

零电压比较器和任意电压比较器结构简单，灵敏度高，但抗干扰能力差。可以采用滞回电压比较器来克服抗干扰能力差的问题。

图 13.29a 所示为反相滞回电压比较器。当输出电压 $u_o = +U_{om}$，有

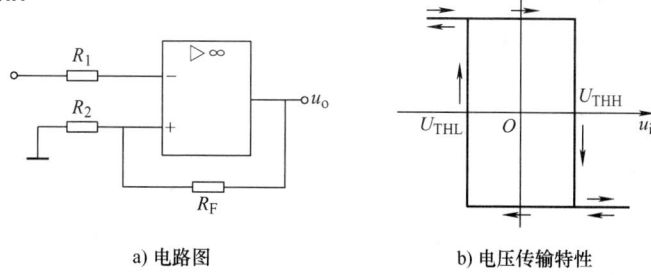

a) 电路图 b) 电压传输特性

图 13.29 反相滞回电压比较器

$$U_{THH} = u_+ = \dfrac{R_2}{R_2 + R_F} U_{om}$$

若 $u_- > u_+$，则输出电压由 $u_o = +U_{om}$ 变为 $u_o = -U_{om}$，U_{THH} 称为上转折电压。

当输出电压 $u_o = -U_{om}$，有

$$U_{THL} = u_+ = -\dfrac{R_2}{R_2 + R_F} U_{OM}$$

若 $u_- < u_+$，则输出电压由 $u_o = -U_{om}$ 变为 $u_o = +U_{om}$，U_{THL} 称为下转折电压。

反相滞回电压比较器的电压传输特性具有滞回特点，如图 13.29b 所示。U_{THH} 与 U_{THL} 之间的差值称为回差。只要干扰小于回差，输出电压就保持稳定，所以滞回电压比较器的抗干扰能力强。为限制输出电压幅值，可以在输出端增加限幅器（见图 13.30）。

图 13.31 所示为同相滞回电压比较器，读者可以自行分析该电路，得到其上、下转折电压及电压传输特性。

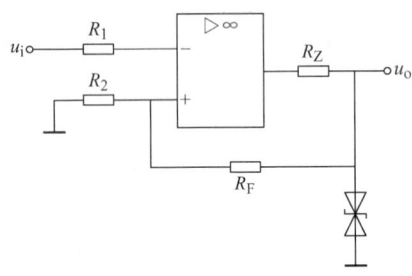
图 13.30 带限幅器的反相滞回电压比较器

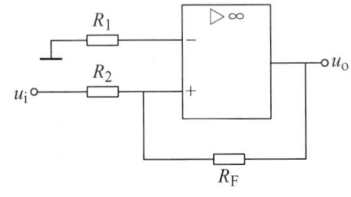
图 13.31 同相滞回电压比较器

习 题

填空题

13-1 集成运算放大器内部是多级放大电路，第一级一定是_____放大电路；最后一级一定是_____。

13-2 因为理想集成运算放大器输入电阻特别高，开环放大系数特别大，当其工作在线性放大状态（线性区）时，具有两个重要特性，分别是_____和_____。

13-3 图 13.32 所示的集成运算放大器电路中，已知 $u_o = 3u_i$，则 R_1 等于_____ kΩ。

13-4 由理想集成运算放大器构成的运算电路如图 13.33 所示，则输出电压与输入电压的关系是_____。

13-5 电路如图 13.34 所示，反馈电阻 R_F 引入的反馈类型是_____。

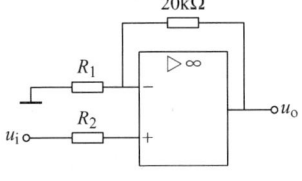
图 13.32 题 13-3 图

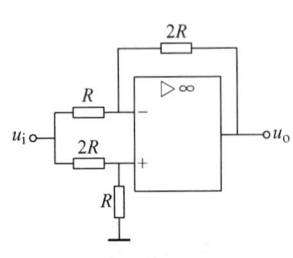
图 13.33 题 13-4 图

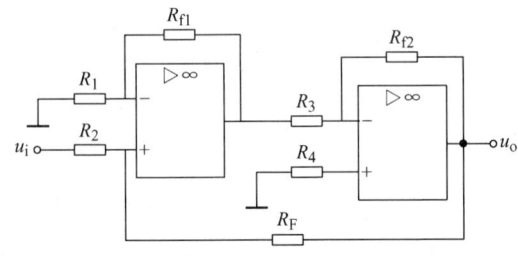
图 13.34 题 13-5 图

13-6 在同相比例运算电路中，设 $R_1 = 10\text{k}\Omega$，$R_F = 100\text{k}\Omega$，则闭环电压放大系数 $A_{uf} = $ _____，平衡电阻 $R_2 = $ _____ Ω。

13-7 在如图13.35所示电路中，输出电压和输入电压的关系是 u_o = _____。

13-8 在如图13.36所示电路中，输出电压与输入电压的关系是 u_o = _____。

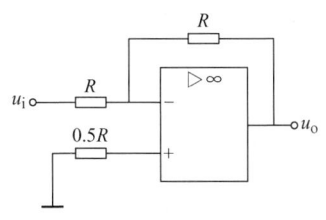

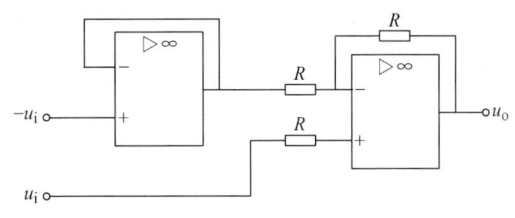

图13.35 题13-7图 　　　　　　　　　图13.36 题13-8图

13-9 在如图13.37所示电路中，输出电压与输入电压的关系是 u_o = _____。

13-10 在如图13.38所示电路中，输出电压与输入电压的关系是 u_o = _____。

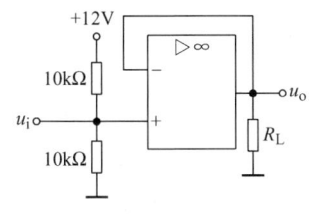

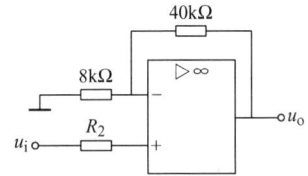

图13.37 题13-9图 　　　　　　　　　图13.38 题13-10图

选择题

13-11 集成运算放大器虽然能够放大低频交流信号，但实质上它是一个（　　　）。
A. 直接耦合的多级放大电路　　　　B. 直接耦合的两级放大电路
C. 阻容耦合的多级放大电路　　　　D. 变压器耦合的多级放大电路

13-12 在图13.39所示电路中，$U_{om} = \pm 13V$，双向稳压二极管的 $U_{VZ} = 6V$，忽略二极管的正向导通压降。当有 $u_i = 6V$、$u_i = 0V$ 两种情况时，u_o 分别等于（　　　）。
A. 6V、-13V　　B. -6V、13V　　C. -6V、6V　　D. 6V、-6V

13-13 如图13.40所示电路中，$u_o = 5u_i$，则 R_1、R_2 分别等于（　　　）。
A. 10kΩ、10kΩ　　B. 10kΩ、8kΩ　　C. 20kΩ、8kΩ　　D. 80kΩ、10kΩ

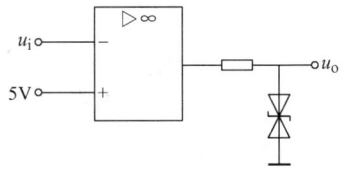

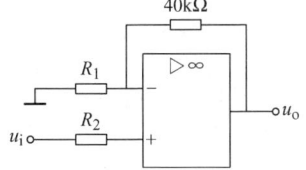

图13.39 题13-12图 　　　　　　　　　图13.40 题13-13图

13-14 下列条件中符合理想集成运算放大器的条件是（　　　）。
A. 开环放大系数→100　　　　　　B. 差模输入电阻→∞
C. 开环输出电阻→∞　　　　　　　D. 共模抑制比→100

13-15 如图 13.41 所示的电压比较器，其特性曲线为（   ）。

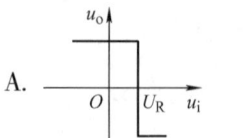 A.
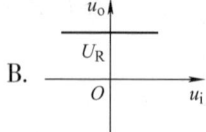 B.
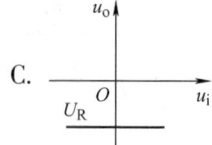 C.
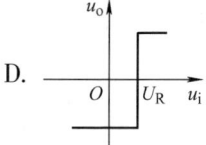 D.

13-16 集成运算放大器电路如图 13.42 所示，其最大输出电压为 ±12V，已知 $u_i = -1V$，则输出电压 u_o 为（   ）。

A. $-12V$ B. $12V$ C. $1V$ D. $-1V$

13-17 对于典型的反相输入比例运算放大电路，下列描述中错误的是（   ）。

A. $i_1 \approx i_f$ B. $R_2 = R_1 // R_F$
C. 放大系数为 $-R_F/R_1$ D. $R_2 = R_1$

13-18 在图 13.43 所示电路中，反向输入端（B点）电位 $V_B =$（   ）。

A. 6V   B. 0V   C. 3V   D. $-6V$

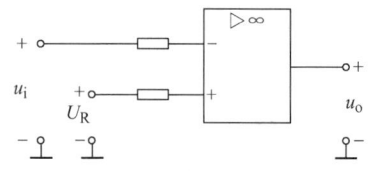

图 13.41 题 13-15 图

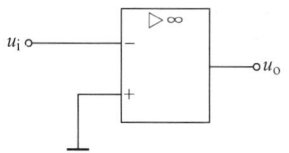

图 13.42 题 13-16 图

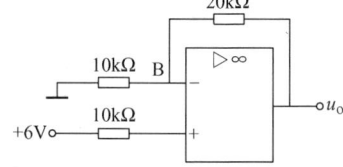

图 13.43 题 13-18 图

13-19 在图 13.44 所示电路中，已知 $R_2 = R_1 = R_F$，则输出电压 u_o 与输入电压 u_i 的关系为（   ）。

A. $u_o = 3u_i$ B. $u_o = 2u_i$ C. $u_o = u_i$ D. $u_o = 2u_i$

13-20 在如图 13.45 所示电路中，输出电压 $u_o =$（   ）。

A. 9V   B. 12V   C. 3V   D. 10V

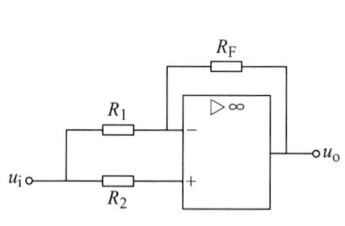

图 13.44 题 13-19 图

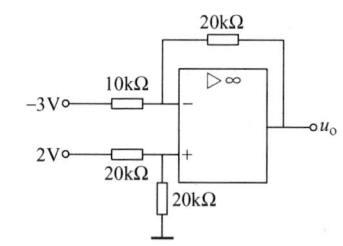

图 13.45 题 13-20 图

分析计算题

13-21 电路如图 13.46 所示，已知 $R_F = 3R_1$，求输出电压 u_o 与输入电压 u_i 的关系。

13-22 求图 13.47 所示两级集成运算放大器电路输出电压 u_o 与输入电压 u_{i1} 和 u_{i2} 的关系。

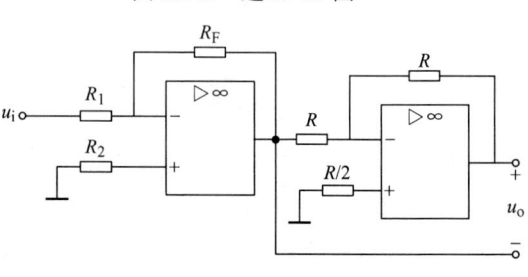

图 13.46 题 13-21 图

13-23 求图13.48所示电路输出电压 u_o 与输入电压 u_{i1} 和 u_{i2} 的关系。

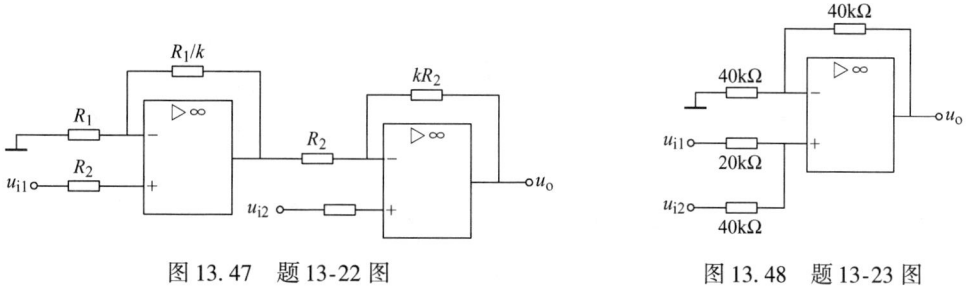

图 13.47 题 13-22 图　　　　　图 13.48 题 13-23 图

13-24 电路如图13.49所示，已知 $u_i = 0.5\text{V}$、$R_1 = R_2 = 10\text{k}\Omega$、$R_3 = 2\text{k}\Omega$，试求输出电压 u_o。

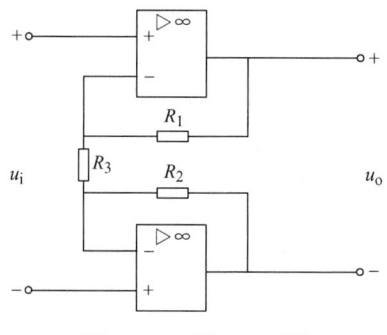

图 13.49 题 13-24 图

第14章

直流稳压电源

在生产和生活中，广泛使用的是交流电源，但在某些特殊场合需要直流电源供电，如电镀、蓄电池充电、直流电动机驱动等，特别是在电子电路和自动控制系统中往往需要稳定精度很高的直流电源。目前广泛采用半导体直流稳压电源。

半导体直流稳压电源一般由变压、整流、滤波、稳压四部分构成。变压是将交流电源电压变换为符合工作要求的电压值；整流是将交流电变为脉动的直流电；滤波是减小整流电压的脉动性；稳压是使负载获得满足工作需要的稳定直流电压。

14.1 整流电路

14.1.1 单相半波整流电路

单相半波整流电路如图14.1所示，它由变压器、整流二极管和负载电阻构成。变压器二次侧输出的正弦电压为 $u_2 = \sqrt{2}U_2\sin\omega t$，其波形如图14.2a所示。

二极管具有单向导电性，只有阳极电位高于阴极电位时才能导通。当变压器的二次电压为正半周时，二极管因承受正向电压而导通，变压器二次电压加到负载电阻上，产生电流 i_o；当变压器二次电压为负半周时，二极管因承受反向电压而截止，电压全在二极管上，负载两端电压为零。因此，在负载电阻上只有正半波整流电压，负载上的电流也只有正半波电流，达到了整流的目的。负载上的电压与电流波形如图14.2b所示。

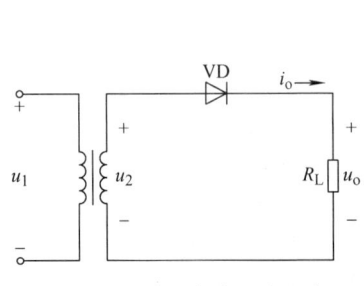

图14.1 单相半波整流电路

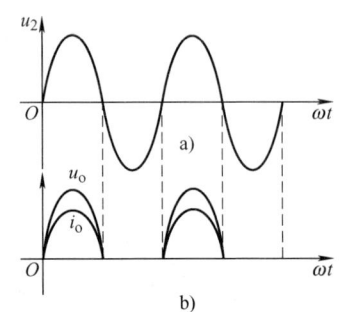

图14.2 单相半波整流电路的波形

二极管正向导通时，管压降很小，可以忽略。那么负载电阻电压 u_o 在正半周近似等于变压器的二次电压 u_2。负载上得到的电压与电流都是单方向的，但是其大小是变化的，称为单向脉动电压和脉动电流，通常用平均值来表明它们的大小，分别为

$$U_o = \frac{1}{2\pi}\int_0^\pi \sqrt{2}U_2\sin\omega t\, d(\omega t) = \frac{\sqrt{2}}{\pi}U_2 = 0.45U_2 \tag{14.1}$$

$$I_o = \frac{1}{2\pi}\int_0^\pi \sqrt{2}\frac{U_2}{R_L}\sin\omega t\, d(\omega t) = \frac{\sqrt{2}}{\pi R_L}U_2 = 0.45\frac{U_2}{R_L} \tag{14.2}$$

选择整流二极管时，不但要考虑负载所需要的直流电压和直流电流，还要考虑二极管截止时承受的最大反向电压 U_{RM} 的大小。显然二极管不导通时承受的最大反向电压是变压器二次电压的最大值 U_{2M}，这样一来，可以根据这几个电量来合理选择整流二极管的参数。

【**例 14.1**】 有一个单向半波整流电路，如图 14.1 所示。已知负载电阻 $R_L = 45\Omega$，变压器二次电压 $U_2 = 100\text{V}$。试求负载上的平均电压、平均电流和二极管所承受的最大反向电压。

【**解**】
$$U_o = 0.45U_2 = 0.45 \times 100\text{V} = 45\text{V}$$

$$I_o = 0.45\frac{U_2}{R_L} = 0.45 \times \frac{100}{45}\text{A} = 1\text{A}$$

$$U_{RM} = \sqrt{2}U_2 = 100\sqrt{2}\text{V} = 141.4\text{V}$$

14.1.2 单相桥式整流电路

单相半波整流电路的缺点是只利用了电源的正半波，负载上的电压脉动性较大。如果采用全波整流电路，就能克服这个缺点。常用的全波整流电路就是如图 14.3 所示的单相桥式整流电路，它由四个整流二极管构成整流桥式结构。

桥式整流与滤波电路

单相桥式整流电路工作原理分析如下：当电源为正半周时，二极管 VD_1 阳极是高电位，二极管 VD_3 阴极是低电位。二极管 VD_2、VD_4 因承受反向电压而截止，电源经过 VD_1、VD_3 给负载电阻供电，形成了正半波电流和电压。当电源为负半周时，二极管 VD_1、VD_3 因承受反向电压而截止，电源经过 VD_2、VD_4 给负载电阻供电，负载上的电压和电流的方向仍与正半周时相同。这样，不论是电源的正负半周，负载上都能得到正向的电压和电流，因此实现了全波整流的目的。单相桥式整流电路的波形如图 14.4 所示。

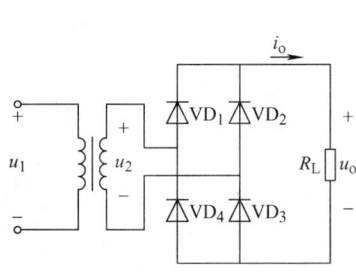

图 14.3 单相桥式整流电路

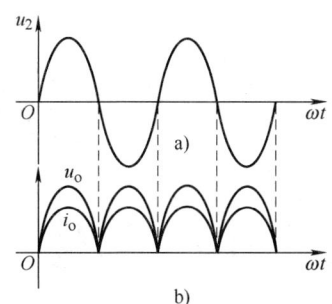

图 14.4 单相桥式整流电路的波形

根据单相桥式整流电路的波形图可知,单相全波整流电路的整流电压和电流比单相半波整流电路的整流电压和电流高一倍,即

$$U_o = \frac{1}{\pi}\int_0^\pi \sqrt{2}U_2\sin\omega t\,d(\omega t) = \frac{2\sqrt{2}}{\pi}U_2 = 0.9U_2 \tag{14.3}$$

$$I_o = \frac{1}{\pi}\int_0^\pi \sqrt{2}\frac{U_2}{R_L}\sin\omega t\,d(\omega t) = \frac{2\sqrt{2}}{\pi R_L}U_2 = 0.9\frac{U_2}{R_L} \tag{14.4}$$

因为每两个二极管串联导通半周,所以二极管的平均电流为负载平均电流的一半,即

$$I_{VD} = \frac{1}{2}I_o = \frac{\sqrt{2}}{\pi R_L}U_2 = 0.45\frac{U_2}{R_L} \tag{14.5}$$

在单相桥式整流电路中,二极管截止时所承受的反向电压是多大呢?当电源为正半周时,VD_1、VD_3导通,VD_2、VD_4同时(相当于并联)承受反向电压,最大值即为变压器二次电压最大值。当电源为负半周时,VD_1、VD_3承受(相当于并联)同样高的反向电压,即$U_{RM} = \sqrt{2}U_2$。

【例 14.2】 已知单相桥式整流电路的负载电阻$R_L = 100\Omega$,负载上的直流电压$U_o = 90V$,而电源电压为380V,求整流变压器的电压比和容量。

【解】 变压器二次电压为

$$U_2 = \frac{U_o}{0.9} = \frac{90}{0.9}V = 100V$$

变压器电压比为

$$k = \frac{U_1}{U_2} = \frac{380}{100} = 3.8$$

变压器二次电流有效值为

$$I = \frac{U_2}{R_L} = \frac{I_o}{0.9} = 1.11I_o = 1.11 \times \frac{90}{100}A = 0.999A$$

变压器的容量为

$$S = U_2 I = 100 \times 0.999 V\cdot A = 99.9 V\cdot A$$

由于单相桥式整流电路的广泛应用,中小功率的整流电路如今已不再使用分离的二极管组成,而是使用集成整流桥块,即将四个整流二极管集成在一个硅片上,引出四根引脚。集成整流桥块内部电路结构及实物如图 14.5 所示。

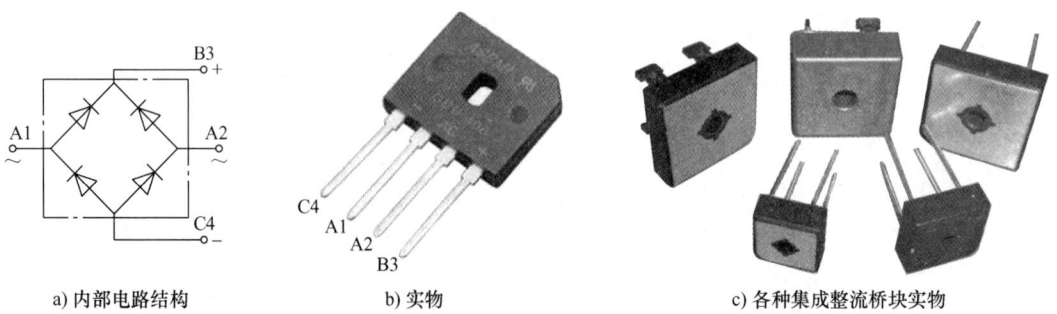

a) 内部电路结构　　　b) 实物　　　c) 各种集成整流桥块实物

图 14.5　集成整流桥块内部电路结构及实物

因为在单相桥式整流电路中广泛使用集成整流桥块，所以单相桥式整流电路可以简化为如图 14.6 的形式。

14.2 滤波电路

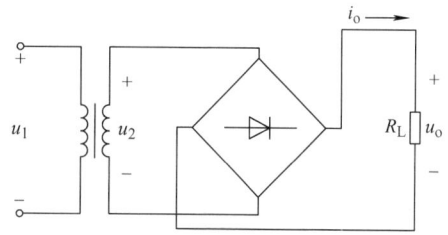

图 14.6 简化的单相桥式整流电路

整流电路虽然能将交流电整流为直流电，但是输出电压不是稳定的直流，而是单向脉动的。在很多场合这种脉动的电压是不能满足用电设备的工作要求的，需要通过滤波电路来减小脉动程度。滤波电路一般有三种：电容滤波、电感电容滤波和 π 形滤波。

14.2.1 电容滤波电路

利用电容元件的蓄能作用，可在电压上升（高峰）时为电容充电（储能），电压下降（低谷）时放电，使负载上的电压脉动程度大大减小，起到了滤波的作用。这就需要与负载并联一个足够大的电容，电路如图 14.7 所示。

当电源电压为正半周，且 u_2 大于 u_C 时，二极管 VD_2、VD_4 导通，在给负载供电的同时，给电容充电（充电时间常数 $\tau = CR_S$）。u_C 随电源上升至最大值后，u_C 与 u_2 同时下降，但电源电压是按正弦规律下降，而电容两端电压是按指数规律下降（下降的时间常数，即放电时间常数 $\tau' = CR_L$），当 u_C 大于 u_2 时，VD_2、VD_4 截止，电容对负载放电。由于电容的电容量很大，放电较慢，当负半波来到时，电容还有较高电压，二极管都不导通。只有负半波电压 u_2 高于 u_C 时，二极管 VD_1、VD_3 才能导通，电源又给负载供电，同时给电容充电。

经过电容滤波的输出电压，其脉动性大为降低，如图 14.8 所示。直观上看，电源电压高峰时给电容充电，在电源电压低谷时电容放电填在低谷里，使负载上的电压脉动性减小。也可以把脉动的直流量看成是交流量和直流量叠加，用叠加定理的思想来分析。电容与负载并联，电流的交流成分更多地通过电容回到电源，而直流量全部通过负载回到电源。所以负载两端电压更稳定。

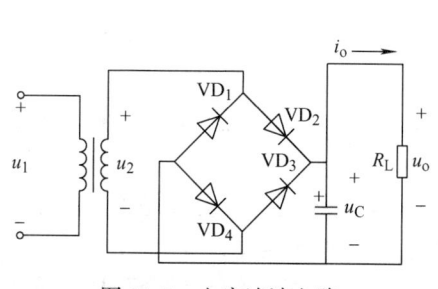

图 14.7 电容滤波电路　　　　图 14.8 电容滤波电路波形图

电容滤波的效果取决于电容量的大小，一般要求

$$\tau' = CR_L \geqslant (3 \sim 5)\frac{T}{2} \tag{14.6}$$

式中，T 是电源电压的周期。

在大电容滤波的情况下，$U_o \approx 1.2 U_2$。

对于单相桥式整流电路而言，无论有无电容滤波，二极管承受的最高反向电压都是电源电压的最大值。电容滤波电路一般用于要求输出电压较高、负载电流较小且变化较小的场合。

【例 14.3】 电路如图 16.7 所示，已知交流电源频率 50Hz，负载电阻为 225Ω，要求直流输出电压 36V，请选择整流二极管和滤波电容器。

【解】 （1）选择整流二极管：流过二极管的电流为

$$I_{VD} = \frac{1}{2} I_o = \frac{1}{2} \frac{U_o}{R_L} = \frac{1}{2} \times \frac{36}{225} A = 0.08 A = 80 mA$$

取 $U_o = 1.2 U_2$，所以变压器二次电压有效值为

$$U_2 = \frac{U_o}{1.2} = \frac{36}{1.2} V = 30 V$$

二极管承受的最大反向电压为

$$U_{RM} = \sqrt{2} U_2 = \sqrt{2} \cdot 30 V \approx 43 V$$

可以选用二极管为 2CZ52C，最大整流电流 100mA，反向工作峰值电压 100V。

（2）选择滤波电容器：根据式(14.6)，取

$$\tau' = C R_L = 5 \times \frac{T}{2} = 5 \times \frac{1}{2 \times 50} s = 0.05 s$$

已知 $R_L = 225Ω$，所以电容量为

$$C = \frac{0.05}{225} = 0.0002 F = 200 \mu F$$

因而选用 200μF、耐压为 100V 的电容器。

14.2.2 电感电容滤波电路

为了提高输出电压的稳定性，可在滤波电容前串联一个铁心电感（电抗器），这样就组成了电感电容滤波电路，也称反 Γ 滤波电路，如图 14.9 所示。

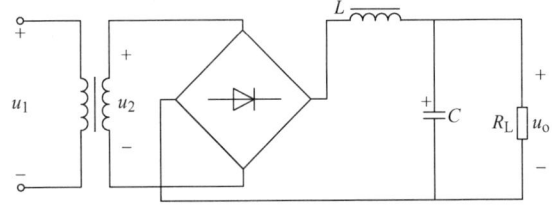

图 14.9 电感电容滤波电路

由于铁心电感的电感量较大，它的储能作用可以很好地抑制电流的脉动。即电流增加时，它储存能量，抑制电流的增加；电流减小时，它释放能量给负载，补充电流的减小。

电感的滤波作用还可以这样理解：整流输出的脉动电压是由直流分量和交流分量叠加而成的。由于电感的感抗与变化的频率成正比，交流分量频率越高，在电感上产生的压降越大，负载上的交流分量越小，而电感对直流分量无阻力，因此直流分量全部加在负载上。

经过电感平波后的电压，再经过电容器滤波，可使负载两端的电压更加稳定。因此，电感电容滤波电路的滤波效果更好。但是，这也要求电感线圈的电感量较大（几亨到几十亨），线圈匝数较多，电阻较大，因此直流压降较大，造成输出电压降低。

具有电感电容滤波电路的整流电路适用于电流较大、输出电压脉动很小的场合，用于高频情况时滤波效果更好。

14.2.3 π形滤波电路

如果负载对供电电压的稳定性要求更高，那么可以在电感前面再加一个滤波电容，这样就构成了 π 形滤波电路，如图 14.10 所示。π 形滤波电路的滤波效果要比电感电容滤波电路更好。

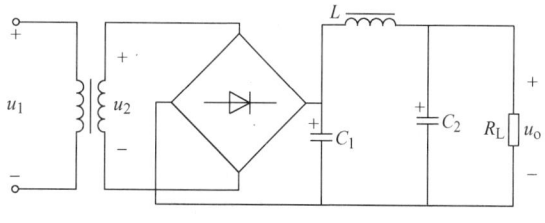

图 14.10 π 形滤波电路

由于电感的体积大、成本高，所以有时候用电阻代替 π 形滤波电路的电感，这样就构成了 π 形电阻电容滤波电路。虽然电阻对交流和直流有同样的降压作用，但是电阻与电容配合，能使脉动的电压较多地降在电阻上，而负载上的交流量大为减少，起到了滤波平稳电压的作用。

电阻越大、电容越大，滤波效果越好。但电阻太大，将增加直流压降，导致输出电压降低。所以这种滤波电路适用于负载电流较小，且要求输出电压脉动较小的场合。

14.3 直流稳压电源

经整流、滤波后的电压，也会随着电源电压的变化或负载的变化而波动。电压的波动会引起电子仪器的测量误差，或者影响控制系统的控制精度。所以，精密电子测量仪器、自动控制系统及各种触发电路要求很稳定的直流电源供电。这样就要求人们设计制造出各种稳压精度高的稳压电路，以满足不同场合的需要。

14.3.1 稳压二极管稳压电路

利用稳压二极管的稳压功能，与适当的电阻串联可以起到很好的稳压作用。稳压二极管稳压电路如图 14.11 所示，经过单相桥式整流和电容滤波得到的直流电压 U_3，再经过电阻 R 和稳压二极管 VZ 组成的稳压电路稳压，负载就会得到一个稳定的直流电压。

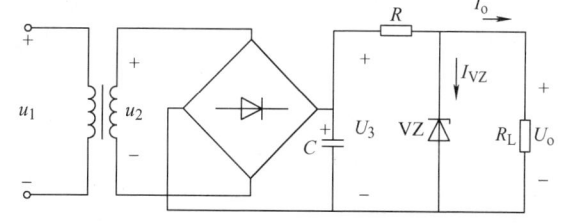

图 14.11 稳压二极管稳压电路

引起输出电压不稳定的原因主要有两个，一是电源电压波动，二是负载变化。下面分别来分析电源电压波动或负载变化时，电路的稳压过程。

当电源电压增加时，直流电压 U_3 必然要增加，负载两端电压也必然增加。根据稳压二极管的伏安特性可知，稳压二极管两端电压的增加必然引起稳压二极管的电流急剧增加。因此电阻 R 上的电压增加，使因电源电压升高而引起的电压增加量几乎都降落在电阻 R 上，保证负载电压基本不变。而当电源电压减小时，稳压过程与增加时正好相反。

负载增加是指负载电流增大，即电阻 R 上的电压增大，因直流电压 U_3 不变，负载上的电压必然降低。而稳压二极管两端电压的降低，必然引起稳压二极管的电流明显减小，以维持电阻 R 上的电流不变，则电压不变，而使负载两端电压基本保持不变。当负载减小时，稳压过程正好相反。

在选择稳压二极管时，一般取 $U_{VZ} = U_o$、$I_{VZmax} = (1.5 \sim 3) I_{omax}$、$U_3 = (2 \sim 3) U_o$。

14.3.2 串联型稳压电路

直流稳压电源

稳压二极管稳压电路受到稳压二极管最大稳定电流的限制，负载电流不能过大。另外负载电压不可调节，且输出电压稳定性也不够理想。因此人们设计出串联型稳压电路，以解决稳压二极管稳压电路的局限性。串联型稳压电路如图 14.12 所示，它由四部分电路组成。

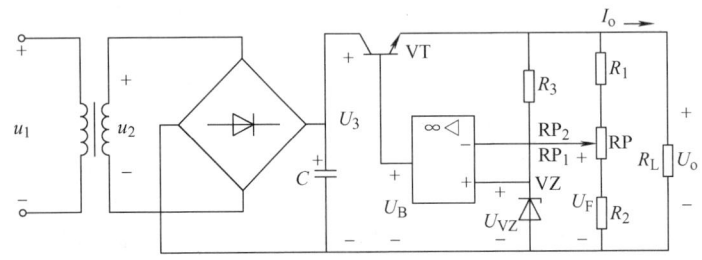

图 14.12　串联型稳压电路

（1）基准电压部分　它是由稳压二极管 VZ 和电阻 R_3 组成的电路，为整个稳压电路提供一个稳定的基准电压 U_{VZ}，加到集成运算放大器的同相输入端，作为比较放大用的基准电压。

（2）采样部分　它是由电位器 RP 和电阻 R_1、R_2 组成了采样电路，取出正比于输出电压 U_o 的采样电压 U_F，送到集成运算放大器的反相输入端。

（3）比较放大部分　电路中的集成运算放大器起比较放大作用，将采样电压 U_F 与基准电压 U_{VZ} 进行比较放大，其输出电压 U_B 控制晶体管的导通深度。

（4）闭环调节部分　它要保证晶体管工作在线性放大状态。集成运算放大器的输出电压 U_B 为晶体管的基极电压，U_B 的变化可以改变晶体管基极电流，从而改变晶体管的导通深度，即改变晶体管的管压降，以达到自动调整稳定输出电压的目的。假设由于电源电压或负载的变化引起输出电压 U_o 升高，因为

$$U_F = \frac{R_2 + RP_1}{R_1 + R_2 + RP} U_o$$

所以采样电压 U_F 必然增加，集成运算放大器的输入电压（$U_{VZ} - U_F$）减小，输出电压 U_B 随之减小。晶体管基极电流和集电极电流减小，U_{CE} 增大，使输出电压基本保持不变。这个自动调节过程实际是一个负反馈过程，这里引入的是电压串联负反馈，所以能起到稳定电压的作用。

调节电位器可以改变采样电压 U_F 的大小，从而改变集成运算放大器的输出电压 U_B，使输出电压随之改变，因为输出电压 $U_o = U_B - U_{BE} \approx U_B$。（因 $U_o = U_3 - U_{CE}$，所以叫串联稳压电源。）

14.3.3　集成稳压器

14.3.2 节介绍的串联型稳压电路，使用时还需要考虑一些技术问题，不是很方便。当前广泛使用的是由单片集成稳压器构成的直流稳压电源。集成稳压器具有体积小、使用简便、价格低等优点。

本节着重介绍集成稳压器的外部使用特性，不研究其内部的工作原理。集成稳压器种类很多，这里介绍输出固定正电压的 W78×× 系列、输出固定负电压 W79×× 系列、输出可调正电压的 W117/217/317 和输出可调负电压的 W137/237/337 的集成稳压器。

集成稳压器只有三个引脚，分别是输入端（I）、输出端（O）和接地端（GND）或调整端（ADJ），有塑料封装和金属封装两种封装形式。塑料封装集成稳压器的外形与引脚如图 14.13 所示。集成稳压器两种封装形式的引脚排列顺序见表 14.1。

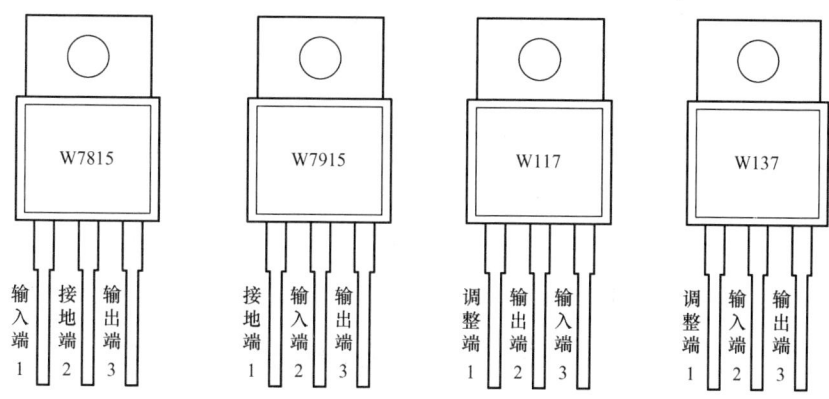

图 14.13 塑料封装集成稳压器的外形与引脚

表 14.1 集成稳压器塑料封装和金属封装形式的引脚排列

系列	金属封装引脚号			塑料封装引脚号		
	1	2	3	1	2	3
W78××	I	O	GND	I	GND	O
W79××	GND	O	I	GND	I	O
W117/217/317	ADJ	I	O	ADJ	O	I
W137/237/337	ADJ	O	I	ADJ	I	O

各类集成稳压器的内部结构都比较复杂，但是主要的控制调整环节大致相同，一般有启动电路、基准电路、恒流源、比较放大电路、保护电路和调整管。图 14.14 是 W78×× 系列集成稳压器内部原理框图。

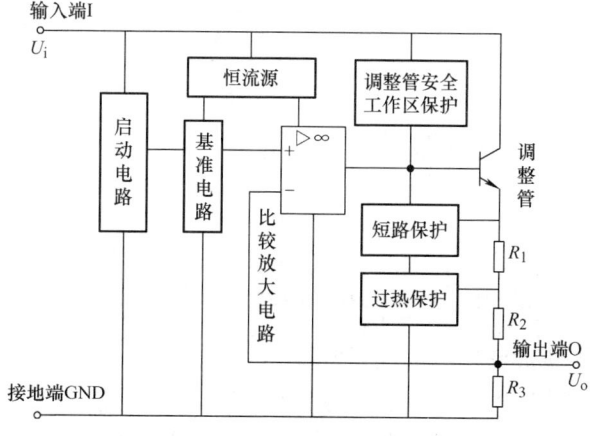

图 14.14 W78×× 系列集成稳压器内部原理框图

图 14.15 是由 W78××系列集成稳压器（塑料封装）构成的直流稳压电源原理图。C_1 是滤波电容，一般在几百微法以上。C_2 起高频滤波作用（容量一般为 $1\mu F$），就是当负载电流瞬间变化时，保证输出电压不产生较大波动，也就是让负载电流的高频分量通过电容滤去。

W78××系列集成稳压器输出的固定电压有 5V、6V、9V、12V、15V、18V 和 24V 七个等级；输出电流有三个等级：1.5A（W78××）、0.5A（W78M××）和 0.1A（W78L××）。输入输出电压差不小于 2V，一般在 5V 左右。W79××系列集成稳压器输出固定负电压，其技术参数与 W78××系列基本相同。

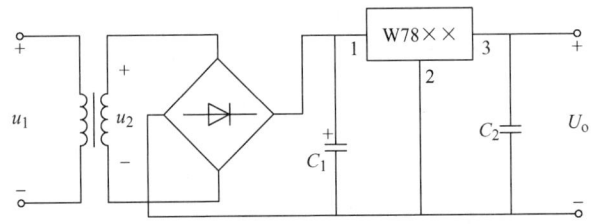

图 14.15　W78××系列集成稳压器构成的直流稳压电源原理图

实际工作中，有时需要输出电压可调的直流电源，因此可在输出固定正电压和负电压的集成稳压器的基础上改进电路的结构，将基准电压通过外电路来调节，以使输出电压可调。

输出可调正电压的集成稳压器有 W117/W217/W317，其内部原理与外接元件如图 14.16 所示。改变外接电阻阻值就可以调节输出电压大小，因为 $U_o = (1 + R_2/R_1) \times 1.25 \times$ 基准电压，输出电压可设定范围为 1.25~37V，当 $I_o = 1.5A$ 时输入输出最小电压差需大于 2.7V。

W137/W237/W337 是输出可调负电压集成稳压器，其内部原理结构与 W117/W217/W317 类似，输出电压可设定范围为 -37~-1.25V，最小输入输出电压差需大于 2.7V。

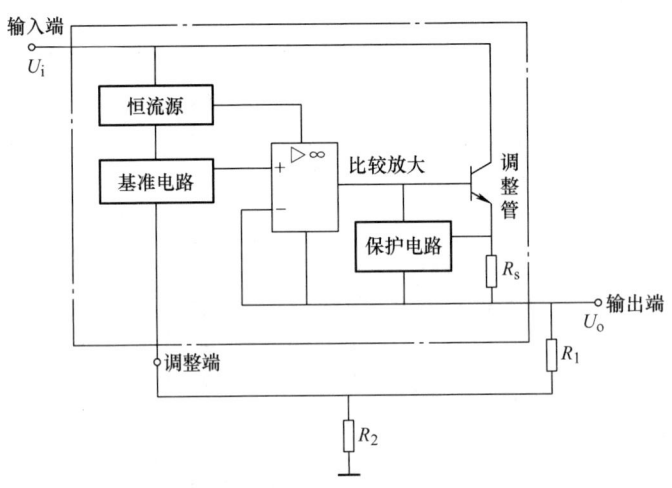

图 14.16　W117/W217/W317 内部原理与外接元件

1. 输出固定电压的集成稳压器的应用电路

集成运算放大器工作时需要正负电源供电。可以利用输出固定电压的集成稳压器 W7815 和 W7915 组成 ±15V 的直流稳压电源。该直流稳压电源的电路如图 14.17 所示。

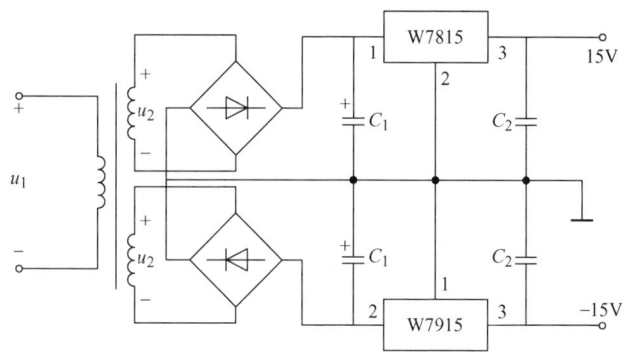

图 14.17　输出固定电压的集成稳压器的应用电路

2. 输出可调电压的集成稳压器的应用电路

有些特殊电子设备或特殊工作场合，可能需要不等值的正负电源供电。可以利用输出可调电压的集成稳压器 W117 和 W137，组成输出可调电压的直流稳压电源，其电路如图 14.18 所示。

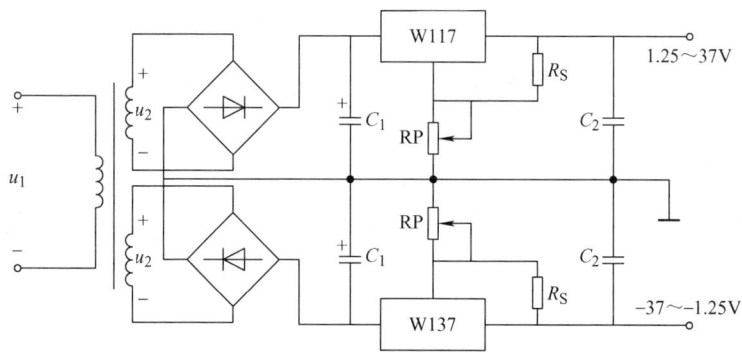

图 14.18　输出可调电压的集成稳压器的应用电路

习　题

填空题

14-1　在图 14.1 所示的单相半波整流电路中，已知 $u_2 = 50\sqrt{2}\sin(\omega t + 30°)$ V、负载电阻 $R_L = 50\Omega$，则整流输出电压的平均值为_____，负载上电流平均值为_____。

14-2　在图 14.3 所示的单相桥式整流电路中，已知整流输出电压的平均值 27V、负载电流平均值为 3A，则负载电阻 R_L 阻值为_____、变压器二次电压有效值为_____。

14-3　在题 14-2 的单相桥式整流电路中，如果四个二极管中有一个断开，其他三个工作正常，在这种情况下，整流输出电压的平均值为_____。

14-4　整流变压器二次侧具有中间抽头的单相全波整流电路如图 14.19 所示，假设变压器二次电压 $u = 28.2\sin(\omega t + 40°)$ V，则负载电阻上电压的平均值为_____。

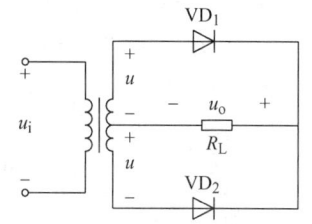

图 14.19　题 14-4 图

14-5 在题14-4中，当二极管VD_1导通时，二极管VD_2一定截止。那么二极管截止时承受的最大反向电压为_____。

14-6 滤波电路的作用是利用电容、电感元件的储能作用，滤去整流后脉动电压中的_____成分，使更多的_____成分加在负载电阻上。

14-7 根据各种滤波电路的工作原理可知，电容滤波电路适用于负载电流_____的场合，而电感电容滤波电路适用于负载电流_____的场合。

14-8 在图14.12所示的稳压电路中，集成运算放大器的输出电压控制晶体管的导通深度，而晶体管与负载电阻是串联的。其中集成运算放大器的作用是_____，晶体管的作用是_____。

选择题

14-9 在单相半波整流电路中，已知变压器二次电压为$u_2 = 50\sin(\omega t + 60°)$ V，则二极管承受的最大反向电压为（　　）。

A. $50\sqrt{2}$ V　　　　B. 50V　　　　C. $25\sqrt{2}$ V　　　　D. 25V

14-10 在单相桥式整流电路中，若将其中一个二极管极性接反，结果是（　　）。

A. 变为半波整流　　B. 输出电压为$2U_o$　　C. 电路发生短路　　D. 不确定

14-11 在单相桥式整流电路中，已知变压器二次电压为$u_2 = 50\sin(\omega t + 60°)$ V，则整流输出电压平均值为（　　）。

A. $50\sqrt{2}$ V　　　　B. 50V　　　　C. $25\sqrt{2}$ V　　　　D. 32V

14-12 在图14.12所示的串联型稳压电源中，集成运算放大器的输出电压控制晶体管的导通深度，达到调整输出电压的目的。则集成运算放大器和晶体管工作在（　　）状态。

A. 放大/饱和　　B. 饱和/放大　　C. 放大/放大　　D. 非线性/线性

14-13 串联型稳压电路一般由基准电压部分、采样部分、比较放大部分和闭环调节部分等部分构成。比较放大部分所放大的对象是（　　）。

A. 基准电压　　　　　　　　　　B. 采样电压
C. 基准电压减采样电压　　　　　D. 采样电压减基准电压

14-14 若要组成一个输出电压可调，输出电流为4A的直流稳压电源，应采用（　　）。

A. 电容滤波稳压二极管稳压电路　　B. 电感滤波稳压二极管稳压电路
C. 电容滤波串联型稳压电路　　　　D. 电感滤波串联型稳压电路

14-15 要设计一个输出电压为-12V和15V的直流稳压电源，应选用的集成稳压器为（　　）。

A. W7812和W7915　　　　　　　B. W7812和W7815
C. W7912和W7915　　　　　　　D. W7912和W7815

14-16 在如图14.20所示的稳压电路中，稳压二极管的稳压值为5V，那么输出电压U_o为（　　）。

A. 15V　　　　B. -15V　　　　C. 20V　　　　D. 10V

分析计算题

14-17 在如图14.21所示电路中，已知$R = 0.25$kΩ，电位器RP在0.75～3.75kΩ的范

围内可调。当输入电压 U_i 为 30V 时，请计算稳压电源输出电压的可调范围为多少。

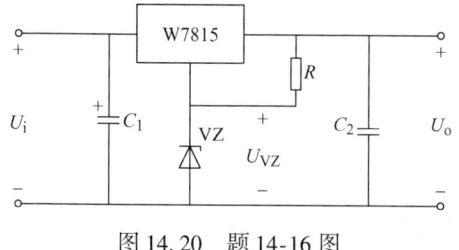

图 14.20 题 14-16 图   图 14.21 题 14-17 图

14-18 在图 14.3 所示的单相桥式整流电路中，已知变压器一次绕组与二次绕组的匝数比为 22:1，变压器一次电压有效值 U_1 为 220V，负载电阻 R_L 为 50Ω。（1）计算变压器二次电压的有效值和电路输出电压平均值；（2）整流二极管承受的最大反向电压和二极管正向平均电流。

14-19 在图 14.3 所示的单相桥式整流电路中，已知变压器二次电压有效值 U_2 为 30V，试回答下列问题：（1）输出电压平均值 U_o 为多少？（2）如果二极管 VD_3 一端断开，结果会怎么样？（3）如果二极管 VD_3 极性接反，结果会怎么样？（4）如果四个二极管极性同时接反，电路能正常工作吗？为什么？

14-20 在图 14.7 所示的单相桥式整流电容滤波电路中，已知变压器二次电压有效值 U_2 为 30V、负载电阻 R_L 为 100Ω、滤波电容为 1000μF。试回答下列问题：（1）输出电压平均值 U_o 为多少？（2）如果二极管 VD_1 断开，输出电压是否为正常值的一半？（3）如果滤波电容断开，输出电压为多少？（4）如果二极管 VD_1 断开、滤波电容断开，输出电压又为多少？

14-21 图 14.11 所示为一个完整的整流滤波稳压电路，已知变压器二次电压有效值 U_2 为 20V，稳压二极管的稳压值为 12V。试解释输出电压为以下值时，电路发生了什么情况：（1）输出电压 $U_o \approx 28V$；（2）输出电压 $U_o \approx 24V$；（3）输出电压 $U_o \approx 20V$；（4）输出电压 $U_o \approx 18V$；（5）输出电压 $U_o = 12V$。

14-22 在图 14.22 所示电路中，已知变压器二次电压有效值 U_2 为 24V、稳压二极管稳压值为 18V，试回答下列问题：（1）U_i 和 U_o 的值为多少？（2）如果滤波电容断开，此时 U_i 值为多少？（3）如果二极管 VD_3 断开，会出现什么现象？（4）如果电阻 R 短路，会发生什么问题？（5）正常工作时，如果电源电压增加，图中三个电流如何变化？（6）正常工作时，负载电流 I_L 增加，另外两个电流如何变化？

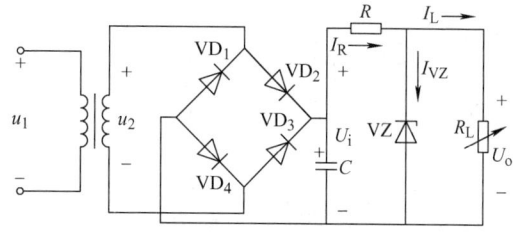

图 14.22 题 14-22 图

第15章

电力电子技术

电力电子技术是利用电力电子器件对电能进行变换控制的技术。电力电子技术包括电力电子器件、电力电子电路和控制技术三个部分,是一门新兴的应用于电力领域的电子技术。

15.1 电力电子器件

电力电子器件又称为功率半导体器件,应用于电能变换和控制电路。根据被控制电路信号受到控制的程度,一般分为不可控器件、半控器件和全控器件三类。不可控器件是指不能控制其通断的器件;半控器件是指可以控制其导通而不能控制其关断的器件;全控器件是指既可以控制其导通,又可以控制其关断的器件。

电力电子器件

15.1.1 功率二极管

功率二极管是不可控器件。因其结构简单、工作可靠,被广泛采用。功率二极管分为普通整流功率二极管、快恢复二极管、超快恢复二极管以及肖特基二极管等。

功率二极管(power diode)的结构和工作原理与一般二极管一样,以半导体 PN 结为基础,具有单向导电性。功率二极管由一个面积较大的 PN 结、两端引线及外部封装构成,从外形上看,主要有螺栓型和平板型两种。

功率二极管的符号如图 15.1 所示,其伏安特性曲线如图 15.2 所示。

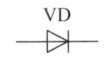

图 15.1 功率二极管的符号

15.1.2 晶闸管

晶闸管属于半控器件,能在高电压、大电流条件下工作,被广泛应用于可控整流、交流调压、逆变及变频等电路中。

1. 结构与工作原理

晶闸管是一种 PNPN 四层结构的电力电子器件,它有 3 个 PN 结,其结构和图形符号如图 15.3 所示。其中,最外层的 P 区和 N 区分别引出两个电极,称为阳极(A)和阴极(K),中间的 P 区引出门极(G)。常用的晶闸管外形有螺栓型和平板型两种。

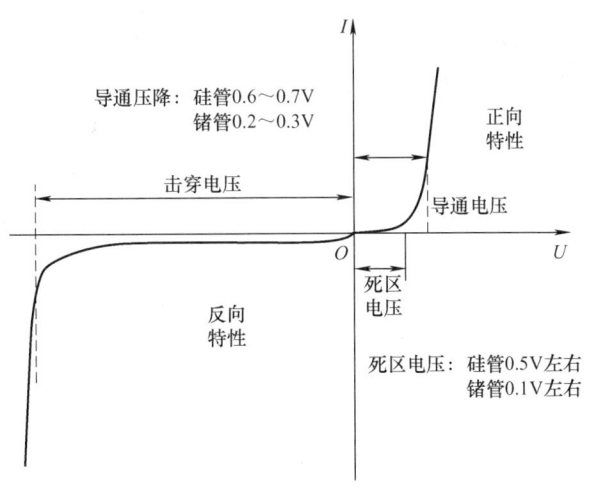

图 15.2　功率二极管的伏安特性曲线

普通晶闸管是在 N 型硅片中双向扩散 P 型杂质（铝或硼），形成 $P_2N_1P_1$ 结构，如图 15.3a 所示。然后在 P_2 的大部分区域再次扩散 N 型杂质（磷或锑）形成 N_2 区并引出阴极，同时在剩余的小部分 P_2 区上引出门极。

可将内部是 PNPN 四层结构的晶闸管等效地看成是由一个 PNP 型晶体管和一个 NPN 型晶体管连接而成的，如图 15.4 所示。

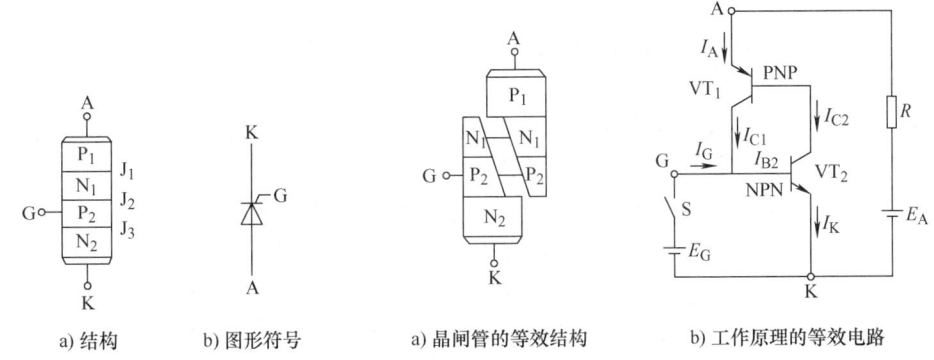

a) 结构　　　b) 图形符号　　　a) 晶闸管的等效结构　　　b) 工作原理的等效电路

图 15.3　晶闸管的结构和图形符号　　　图 15.4　晶闸管的等效结构和工作原理的等效电路

晶闸管的阳极（A）相当于 PNP 型晶体管 VT_1 的发射极，阴极（K）相当于 NPN 型晶体管 VT_2 的发射极。当晶闸管阳极承受正向电压，门极 G 也加正向电压时，晶体管 VT_2 处于正向偏置，E_G 产生的门极电流 I_G 就是 VT_2 的基极电流 I_{B2}，VT_2 的集电极电流 $I_{C2}=\beta_2 I_G$。而 I_{C2} 又是晶体管 VT_1 的基极电流 I_{B1}，VT_1 的集电极电流 $I_{C1}=\beta_1 I_{C2}=\beta_1\beta_2 I_G$，其中 β_1 和 β_2 分别是 VT_1 和 VT_2 的电流放大系数。电流 I_{C1} 又流入 VT_2 的基极，再一次被放大。这样循环下去，形成了强烈的正反馈，使两个晶体管很快达到饱和导通，这就是晶闸管的导通过程。导通后，晶闸管上的压降很小，电源电压几乎全部加在负载上。

在晶闸管导通之后，它的导通状态完全依靠管子本身的正反馈作用来维持，此时 $I_{B2}=I_{C1}+I_G$，而 $I_{C1}\gg I_G$，即使门电流消失，即 $I_G=0$，I_{B2} 仍足够大，晶闸管仍将处于导通状态。

因此，门极的作用仅是触发晶闸管使其导通，导通之后，门极就失去了作用。要想关断晶闸管，就必须将阳极电流减小到使之不能维持正反馈的程度，即小于维持电流。

晶闸管的工作电路由两部分组成：一部分是阳极-阴极电路，另一部分是门极-阴极控制电路。阳极和阴极之间具有可控的单向导电特性，门极仅起触发导通作用。由于晶闸管的门极只能控制其开通，不能控制其关断，所以晶闸管被称为半控器件。

综上所述，可得到如下结论：

1）当晶闸管承受反向电压时，不论门极是否有触发电流，晶闸管都不会导通。

2）只有在晶闸管承受正向电压，并且门极有触发电流的情况下，晶闸管才能导通。

3）晶闸管一旦导通，不论门极触发电流是否还存在，晶闸管都保持导通。

4）要使已导通的晶闸管关断，必须使流过晶闸管的电流降到维持电流以下。

2. 晶闸管的伏安特性

晶闸管阳极与阴极之间的电压 U_A 与阳极电流 I_A 的关系曲线称为晶闸管的伏安特性，如图15.5所示（U_{DRM}、U_{RRM} 为正、反向断态重复峰值电压；U_{DSM}、U_{RSM} 为正、反向断态不重复峰值电压；U_{BO} 为正向转折电压；U_{RO} 为反向击穿电压）。

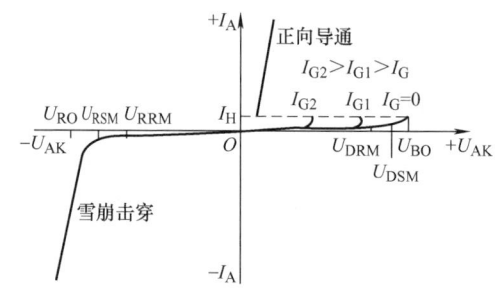

图 15.5　晶闸管的伏安特性曲线

晶闸管的正向特性分为关断状态和导通状态。在正向关断状态时，晶闸管的伏安特性是一族随门极电流 I_G 的增加而不同的曲线。当 $I_G=0$ 时，逐渐增大阳极电压 U_A，只有很小的正向漏电流，晶闸管正向关断。随着阳极电压的增加，当达到正向转折电压 U_{BO} 时，漏电流会突然剧增，晶闸管由正向关断突变为正向导通状态。

随着门极电流 I_G 的增大，晶闸管的正向转折电压 U_{BO} 迅速下降。当 I_G 足够大时，管的正向转折电压降至极小，此时晶闸管像整流二极管一样，只要很小的正向阳极电压就能使晶闸管导通，称这种导通为触发导通。导通后的晶闸管的伏安特性与二极管的正向特性相似，即流过晶闸管的阳极电流大，而晶闸管的正向压降很小。

晶闸管正向导通后，要使晶闸管恢复关断，只能逐步减小阳极电流 I_A。当 I_A 下降到小于维持电流 I_H，晶闸管就由正向导通状态变为正向关断状态。

晶闸管的反向特性与一般二极管的反向特性相似。在正常情况下，当承受反向阳极电压时，晶闸管总处于关断状态，只有很小的反向漏电流流过。当反向电压增加到一定值时，反向漏电流增加较快，再继续增大反向阳极电压会导致晶闸管反向击穿，造成晶闸管永久性损坏，这时对应的电压为反向击穿电压 U_{RO}。

15.1.3　全控器件

全控器件是当前电力电子器件中发展最快的一类器件。这类器件品种很多，目前常见的有门极关断晶闸管（GTO）、功率晶体管（GTR）、功率场效应晶体管（power MOSFET）、绝缘栅双极型晶体管（IGBT）等。

1. 门极关断晶闸管（GTO）

（1）GTO 的结构和工作原理　门极关断晶闸管（gate turn-off thyristor，GTO）是晶闸管的一种派生器件,具有普通晶闸管的全部优点,如耐高压、电流容量大以及承受涌浪能力强等。

GTO 的结构与普通晶闸管一样,为 PNPN 四层结构,如图 15.6 所示。但 GTO 是一种多元的功率集成器件,内部包含数十个甚至数百个共阳极的 GTO 元,这些 GTO 元的阴极和门极在器件内部并联在一起。

GTO 的工作原理与普通晶闸管一样,可以用图 15.7 所示的双晶体管模型来分析。两个等效晶体管的电流放大系数分别为 β_1 和 β_2。GTO 触发导通的条件是:当它的阳极与阴极之间承受正向电压,门极加正脉冲信号,使 $\beta_1+\beta_2>1$,从而在其内部形成电流正反馈。并且 GTO 采用了特殊工艺,使管子导通后处于接近临界饱和状态。

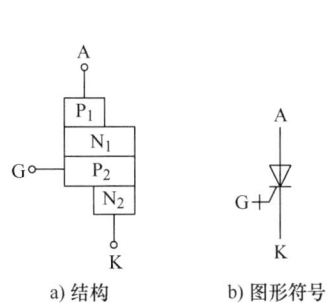
图 15.6 GTO 的结构和图形符号

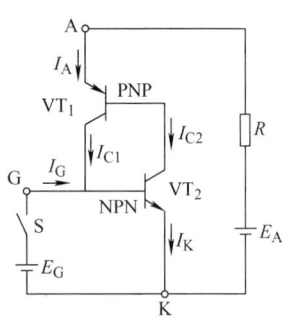
图 15.7 GTO 的双晶体管模型

GTO 导通后的管压降比较大,一般为 2~3V。只要在 GTO 的门极加负脉冲信号,即可将其关断。当 GTO 的门极加负脉冲信号(即门极为负,阴极为正)时,门极出现反向电流,此反向电流将 GTO 的门极电流抽出,使其电流减小,β_1 和 β_2 也同时下降,以致无法维持正反馈,从而使 GTO 关断。由于普通晶闸管导通时处于深度饱和状态,用门极抽出电流无法使其关断,而 GTO 导通时处于临界饱和状态,可以用门极负脉冲信号破坏临界状态使其关断。

由于 GTO 可用门极关断,关断时,可在阳极电流下降的同时施加逐步上升的电压,不像普通晶闸管关断时,在阳极电流等于零后才能施加电压,因此,GTO 关断期间功耗较大。另外,因为导通压降较大,门极触发电流也较大,所以 GTO 的导通功耗与门极功耗均较普通晶闸管大。

(2) GTO 的主要参数 GTO 的许多参数和普通晶闸管相应的参数意义相同,以下只介绍意义不同的参数。

1) 导通时间 t_{on}。导通时间是指延迟时间与上升时间之和。延迟时间为 1~2μs,上升时间则随通态阳极电流值的增大而增大。

2) 关断时间 t_{off}。关断时间一般指储存时间和下降时间之和,不包括尾部时间。GTO 的储存时间随阳极电流的增大而增大,下降时间一般小于 2μs。

3) 最大可关断阳极电流 I_{ATO}。它也是 GTO 的额定电流,I_{ATO} 与 GTO 的电压上升率、工作频率和反向门极电流峰值等有关。

4) 电流关断增益 β_{off}。最大可关断阳极电流与门极负脉冲电流最大值 I_{GM} 之比称为电流关断增益,即

$$\beta_{\text{off}} = \frac{I_{\text{ATO}}}{I_{\text{GM}}} \tag{15.1}$$

β_{off}是用来描述 GTO 关断能力的参数。β_{off}一般很小，只有 5 左右，这是 GTO 的一个主要缺点。1000A 的 GTO 关断时门极负脉冲电流峰值要达到 200A。

2. 功率晶体管（GTR）

（1）GTR 的结构和工作原理　功率晶体管也称为巨型晶体管（giant transistor，GTR）。它是一种双极型大功率高耐压晶体管，具有可自关断、控制方便、开关时间短、高频特性好、价格低廉等优点。GTR 与普通晶体管结构和基本原理是一样的，如图 15.8 所示。

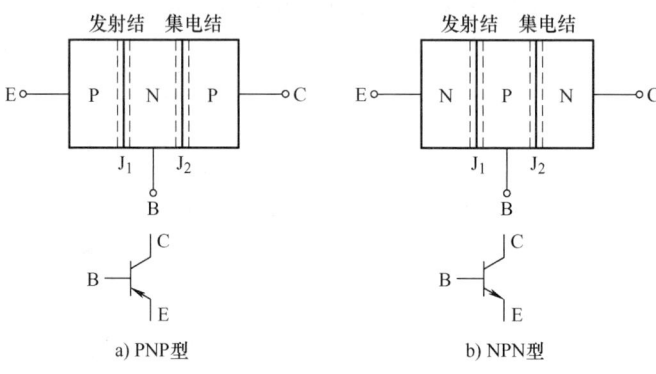

图 15.8　GTR 的结构示意图和图形符号

在应用中，GTR 一般采用共发射极接法。集电极电流 I_C 与基极电流 I_B 的比值为

$$\beta = \frac{I_C}{I_B} \tag{15.2}$$

在式(15.2)中，β 称为 GTR 的电流放大系数，其反映了基极电流对集电极电流的控制能力。一般单管 GTR 的电流放大系数很小，通常为 10 左右。在考虑集电极和发射极间的漏电流 I_{CEO} 时，I_C 和 I_B 的关系为

$$I_C = \beta I_B + I_{\text{CEO}} \tag{15.3}$$

（2）GTR 的基本特性　下面主要分析 GTR 的集电极输出特性，即集电极伏安特性 $U_{\text{CE}} = f(I_C)$，如图 15.9 所示。其输出特性可分为截止区、放大区及饱和区。

1）截止区：$U_{\text{BE}} \leq 0$、$U_{\text{BC}} < 0$，发射结、集电结均反偏。此区内 $I_B = 0$，GTR 承受高电压，仅有极小的漏电流。

2）放大区：$U_{\text{BE}} > 0$、$U_{\text{BC}} < 0$，发射结正偏、集电结反偏。在该区内，集电极电流与基极电流呈线性关系。

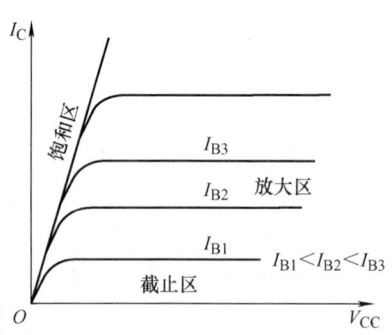

图 15.9　GTR 的输出特性曲线

3）饱和区：$U_{\text{BE}} > 0$、$U_{\text{BC}} \geq 0$，发射结、集电结均正偏。此时 I_C 与 I_B 不是线性关系，电流放大系数与通态电压均为最小。

（3）GTR 的二次击穿现象　处于正常工作状态下的 GTR，当其集电极电压升高至击穿

电压时,集电极电流迅速增大,出现雪崩击穿,即一次击穿。此时只要集电极电流不超过限度,GTR 一般不会损坏,工作特性也不变。但当一次击穿发生后,集电极电流增大到某个临界点时会突然急剧上升,并伴随电压的陡然下降,此时即发生二次击穿。二次击穿常导致器件的永久损坏,或者工作特性明显衰变,因此对 GTR 危害极大。

3. 功率场效应晶体管(功率 MOSFET)

(1) 功率 MOSFET 结构和工作原理　功率场效应晶体管(Power MOSFET)也叫电力场效应晶体管,是一种单极型的电压控制器件,不但有自关断能力,而且具有驱动功率小、开关速度快、无二次击穿等特点。

功率 MOSFET 种类较多,按导电沟道可分为 P 沟道和 N 沟道两种,同时又有耗尽型和增强型之分。当栅极电压为零时,漏-源极之间就已存在导电沟道的称为耗尽型;栅极电压大于开启电压 U_T 时才存在导电沟道的称为增强型。在电力电子装置中,主要应用 N 沟道增强型功率 MOSFET。

功率 MOSFET 的图形符号如图 15.10 所示,它有三个电极,分别为漏极(D)、源极(S)和栅极(G)。

当漏极接电源正极、源极接电源负极时,栅极和源极之间电压为零,无导电沟道,处于截止状态。如果在栅极和源极之间加一个正向电压 U_{GS},并且使 U_{GS} 大于或等于其开启电压 U_T,则管子导通,在漏极、源极间流过电流 I_D。U_{GS} 超过 U_T 的值越大,导电能力越强,漏极电流越大。

(2) 功率 MOSFET 的输出特性　功率 MOSFET 的输出特性,即漏极的伏安特性,如图 15.11 所示。其输出特性可分为截止区、饱和区和非饱和区。与 GTR 不同,功率 MOSFET 的饱和是指漏极电流 I_D 不随漏-源极电压 U_{DS} 的增加而增加,而是基本保持不变;非饱和是指在栅-源极电压 U_{GS} 一定时,漏极电流 I_D 随漏-源极电压 U_{DS} 的增加呈线性变化。

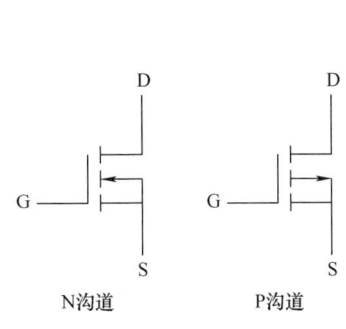

图 15.10　功率 MOSFET 的图形符号

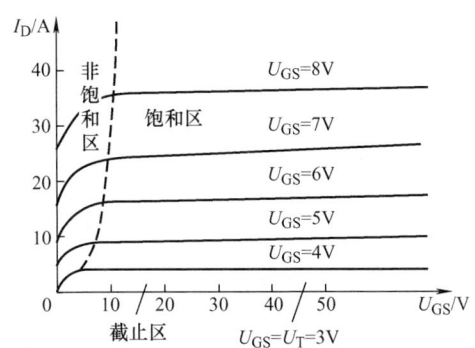

图 15.11　功率 MOSFET 的输出特性曲线

15.2　可控整流电路

在电力电子技术中,将交流电转变成直流电的过程称为整流。按整流的可控性分为不可控整流、半控整流和全控整流;按相数的多少分为单相整流和三相整流;按输入输出的波形关系可分为半波整流和全波整流;按电路结构可分为桥式整流和零式整流。这里仅介绍目前应用最为普遍的单相桥式和三相桥式整流电路。

15.2.1 单相半波可控整流电路

1. 电阻性负载

单相半波可控整流电路如图15.12a所示。在输入交流电压 u 的正半周时,晶闸管 VT 承受正向电压。假如在 t_1 时刻给门极加上触发脉冲(见图15.12b),晶闸管导通,负载上得到可控电压。当交流电压 u 下降到接近于零值时,晶闸管因正向电流小于维持电流而关断。在电压 u 的负半周时,晶闸管承受反向电压,不导通,负载电压和电流均为零。

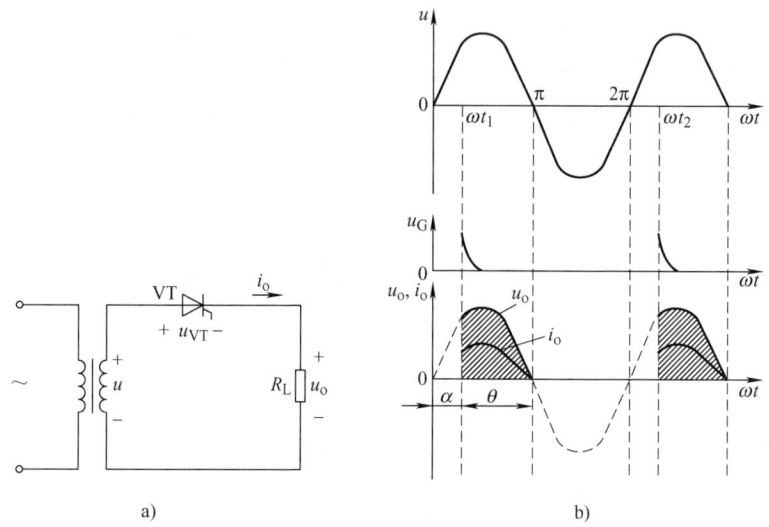

图 15.12 单相半波可控整流电路和工作波形

整流输出电压的平均值为

$$U_o = \frac{1}{2\pi}\int_\alpha^\pi \sqrt{2}U\sin\omega t\,d(\omega t)$$

$$= \frac{\sqrt{2}}{2\pi}U(1+\cos\alpha) \tag{15.4}$$

$$= 0.45U\frac{1+\cos\alpha}{2}$$

整流输出电流的平均值为

$$I_o = \frac{U_o}{R_L} = 0.45\frac{U}{R_L}\frac{1+\cos\alpha}{2} \tag{15.5}$$

2. 电感性负载和续流二极管

带电感性负载的单相半波可控整流电路如图15.13所示。即使电压 u 经过零值变负之后,只要 e_L 大于 u,晶闸管仍继续承受正向电压,电流仍将继续流通。只要电流大于维持电流,晶闸管就不能关断,负载上就出现了负电压。当电流下降到维持电流以下时,晶闸管才能关断,并且立即承受反向电压。

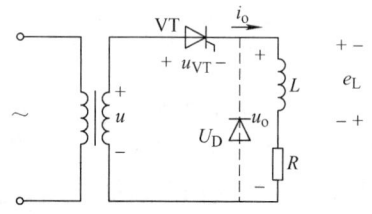

图 15.13 带电感性负载的单相半波可控整流电路

可以在电感性负载两端并联一个续流二极管 VD（即 VD 与 L 和 R 并联）来解决上述出现的问题。因为当电源电压为负值时，续流二极管承受正向电压导通，使晶闸管承受反向电压而关断。电感中的能量通过续流二极管释放到电阻上。

15.2.2 单相桥式半控整流电路

单相桥式半控整流电路与单相桥式不可控整流电路相似，如图 15.14 所示，只是其中两个桥臂中的二极管用晶闸管取代。因为晶闸管只有加触发信号才能导通，所以这是一个导通时间可控的单相桥式整流电路。

在变压器二次电压 u 的正半周，电流的通路为
$$a \rightarrow VT_1 \rightarrow R_L \rightarrow VD_2 \rightarrow b$$
在变压器二次电压 u 的负半周，电流的通路为
$$b \rightarrow VT_2 \rightarrow R_L \rightarrow VD_1 \rightarrow a$$

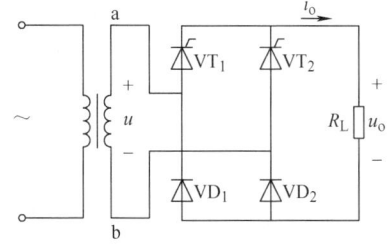

图 15.14 单相桥式半控整流电路

与单相半波可控整流电路相比，单相桥式半控整流电路在一个周期内使负载上得到了两个半波的可控整流电压，所以整流输出电压的平均值为

$$U_o = 0.9U \frac{1 + \cos\alpha}{2} \tag{15.6}$$

同样，负载上整流输出电流的平均值为

$$I_o = \frac{U_o}{R_L} = 0.9 \frac{U}{R_L} \frac{1 + \cos\alpha}{2} \tag{15.7}$$

15.2.3 单相桥式可控整流电路

1. 电阻性负载

（1）电路的结构及工作原理　单相桥式可控整流电路带电阻性负载时的工作原理及工作波形如图 15.15 所示。电路由整流变压器、负载电阻和四个晶闸管组成。

单相桥式可控整流电路

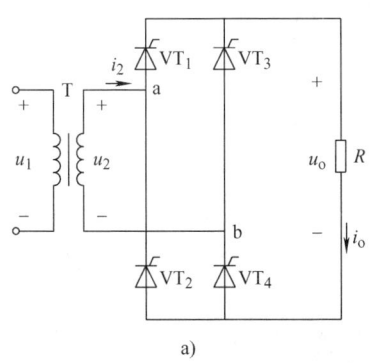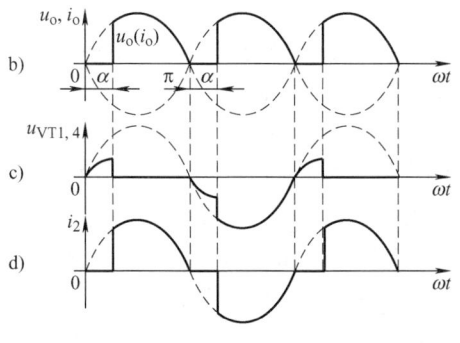

图 15.15 单相桥式可控整流电路带电阻性负载时的工作原理及工作波形

在 u_2 正半周时，在触发脉冲来到前，四个晶闸管均不导通。负载电流 i_o 为零，输出电压 u_o 为零。在触发信号来到时（α 处），因 a 点电位高，b 点电位低，晶闸管 VT_1 和 VT_4 承

受正向电压同时导通，VT_2 和 VT_3 承受反向电压而关断。电流从电源 a 端流出，经过 VT_1、R、VT_4 流回电源 b 端。在 u_2 负半周时，也是在 α 处触发，因 b 点电位高、a 点电位低，晶闸管 VT_2 和 VT_3 承受正向电压同时导通，VT_1 和 VT_4 承受反向电压而关断。电流从电源 b 端流出，经过 VT_3、R、VT_2 流回电源 a 端。负载电阻 R 上得到的电压 u_o 仍为电源电压 u_2，极性也还为上正下负，与 u_2 正半周时一致。

由以上分析可知，在交流电源 u_2 的正、负半周里，VT_1、VT_4 和 VT_2、VT_3 两组晶闸管轮流触发导通，将交流电变成脉动的直流电。改变触发脉冲出现的时刻，即改变 α 的大小，就能改变整流输出电流、电压的大小。

（2）整流输出电压与电流　整流输出电压平均值 U_o 为

$$U_o = \frac{1}{\pi}\int_\alpha^\pi \sqrt{2}U_2\sin\omega t\, d(\omega t) = \frac{2\sqrt{2}U_2}{\pi}\frac{1+\cos\alpha}{2} = 0.9U_2\frac{1+\cos\alpha}{2} \tag{15.8}$$

当 α = 0 时，整流输出电压平均值 U_o 为最大，$U_o = 0.9U_2$；当 α = π 时，$U_o = 0$。可见，单相桥式可控整流电路带电阻性负载时 α 角的移相范围为 0 ~ π。

整流输出电流平均值 I_o 为

$$I_o = \frac{U_o}{R} = \frac{2\sqrt{2}U_2}{\pi R}\frac{1+\cos\alpha}{2} = 0.9\frac{U_2}{R}\frac{1+\cos\alpha}{2} \tag{15.9}$$

流过晶闸管的电流平均值 I_{oVT}

$$I_{oVT} = \frac{1}{2}I_o = 0.45\frac{U_2}{R}\frac{1+\cos\alpha}{2} \tag{15.10}$$

2. 电感性负载

（1）电路的结构及工作原理　单相桥式可控整流电路带电感性负载时的工作原理及工作波形如图 15.16 所示。为了便于研究，假设电路已处于稳态，i_o 的平均值不变。当负载电感很大，$\omega L \geq R$ 时，称为大电感负载，负载电流 i_o 连续，其波形近似为一条水平线。

如图 15.16a 所示，在 u_2 正半周，触发信号到来（α 处）时，因 a 点电位高、b 点电位低，晶闸管 VT_1 和 VT_4 承受正向电压同时导通。电流从电源 a 端流出，经过 VT_1、L、R、VT_4 流回电源 b 端。由于大电感的存在，电感中的电流不能突变，电感起到了平波的作用。而流过每一个晶闸管的电流则近似为方波。在 $\omega t = \pi$ 时，电源电压 u_2 过零，电感上的感应电动势使 VT_1 和 VT_4 继续导通，输出电压的波形出现了负值部分，直到 VT_2、VT_3 导通时，VT_1、VT_4 加上反压才关断。

在 u_2 负半周的触发延迟角 α 处，因 b 点电位高、a 点电位低，晶闸管 VT_2 和 VT_3 承受正向电压同时导通。电流从电源 b 端流出，经过 VT_3、L、R、VT_2 流回电源 a 端。u_2 通过 VT_2 和 VT_3 分别向 VT_1 和 VT_4 施加反压，使 VT_1 和 VT_4 关断。流过 VT_1 和 VT_4 的电流迅速转移到 VT_2 和 VT_3 上，此过程称为换相。在 $\omega t = 2\pi$ 时电压 u_2 过零，VT_2、VT_3 因电感中的感应电动势并不关断，直到下个周期 VT_1、VT_4 导通时，VT_2、VT_3 加上反压才关断。

（2）整流输出电压与电流　整流输出电压平均值 U_o 为

$$U_o = \frac{1}{\pi}\int_\alpha^{\pi+\alpha}\sqrt{2}U_2\sin\omega t\, d(\omega t) = \frac{2\sqrt{2}}{\pi}U_2\cos\alpha = 0.9U_2\cos\alpha \tag{15.11}$$

当 α = 0 时，整流输出电压平均值 U_o 为最大，$U_o = 0.9U_2$；当 $\alpha = \frac{\pi}{2}$ 时，$U_o = 0$。整流

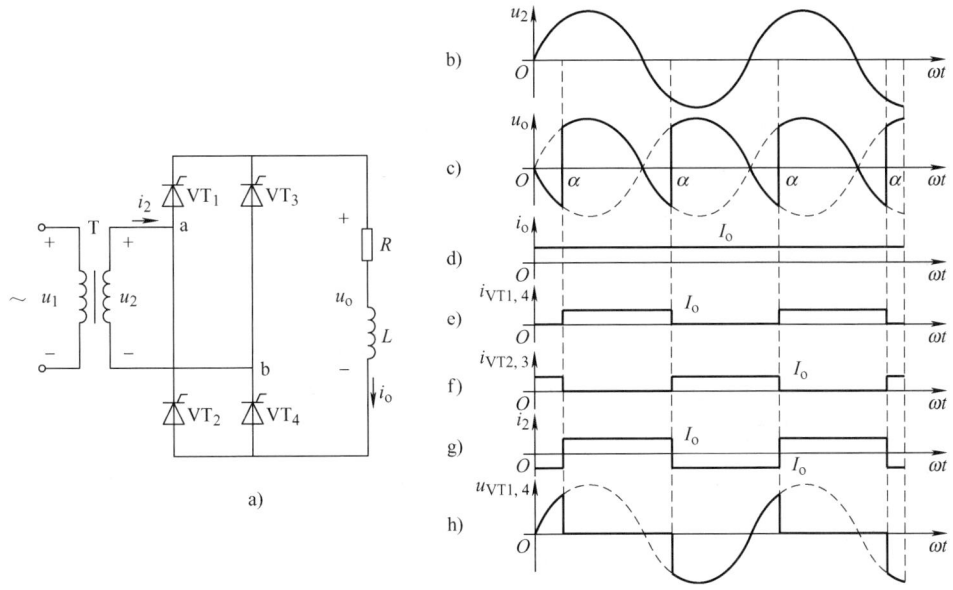

图 15.16 单相桥式可控整流电路带电感性负载时的工作原理及工作波形

输出电压平均值 U_o 从最大值 $0.9U_2$ 到零之间变化。可见，单相桥式可控整流电路带电感性负载时 α 角的移相范围为 $0 \sim \dfrac{\pi}{2}$。

流过晶闸管的电流平均值为

$$I_{oVT} = \dfrac{1}{2}I_o \tag{15.12}$$

变压器二次电流 i_2 的波形为正负各 180° 的矩形波，其相位由 α 角决定，有效值 $I_2 = I_o$。

3. 反电动势负载

反电动势负载是指负载本身含有直流电动势 E，并且其方向对电路中的晶闸管来说是反向的。反电动势负载应用有蓄电池、直流电动机的电枢等。单相桥式可控整流电路带反电动势负载时的工作原理和工作波形如图 15.17 所示。

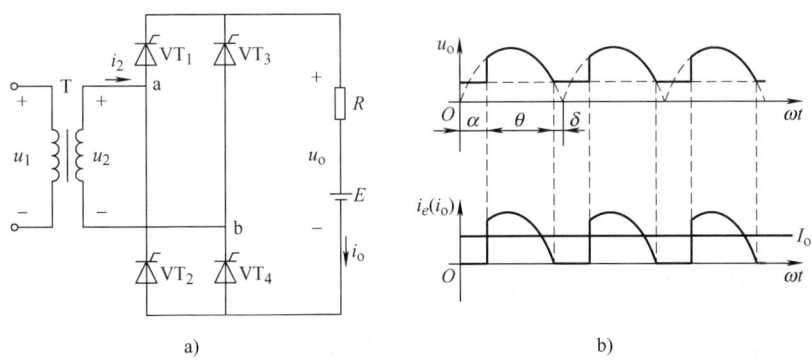

图 15.17 单相桥式可控整流电路带反电动势负载时的工作原理及工作波形

图 15.17a 中，只有当变压器二次电压 u_2 的绝对值大于反电动势，即 $|u_2| > E$ 时，电路中相应的晶闸管才能承受正向阳极电压而被触发导通，电路中才有直流电流 i_o 输出。晶闸

管导通以后，输出电压 $u_o = u_2$，负载电流 $i_o = \dfrac{u_o - E}{R}$。

直到 $|u_2| = E$，i_o 降为零，而使晶闸管关断，此后 $u_o = E$，与电阻性负载时相比，晶闸管的导通时间缩短。如图 15.17b 所示，晶闸管提前 δ 电角度停止导通，δ 称为停止导通角。δ 表征了在给定的反电动势为 E、交流电压有效值为 U_2 的条件下，晶闸管可能导通的最早时刻。停止导通角 δ 表示为

$$\delta = \arcsin \dfrac{E}{\sqrt{2}\,U_2} \tag{15.13}$$

当触发延迟角 $\alpha > \delta$ 时，$u_2 > E$，晶闸管一经触发就能导通。当触发延迟角 $\alpha < \delta$ 时，虽然给晶闸管门极施加了触发脉冲，但此时电源电压 u_2 小于反电动势 E，晶闸管不能导通。

【**例 15.1**】 单相桥式可控整流电路如图 15.18 所示，已知 $R = 10\Omega$、$U_2 = 220\mathrm{V}$、$\alpha = 0$，求当有 L 和无 L 时各自的 U_o、I_o 和晶闸管电流有效值、平均值以及变压器二次电流有效值。

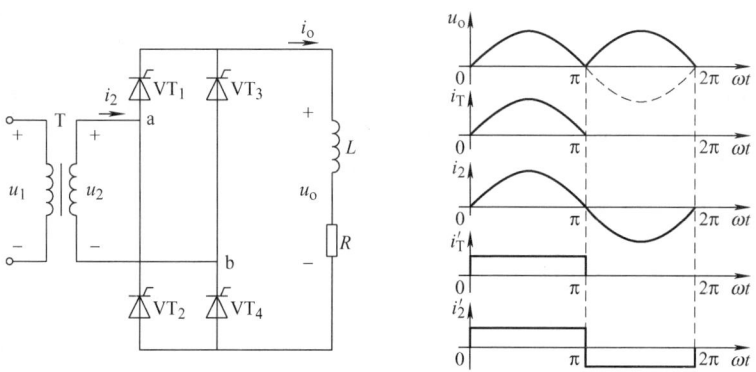

图 15.18 例 15.1 的电路及工作波形

【**解**】 无 L 时，为电阻性负载，有

$$U_o = 0.9 U_2 \dfrac{1 + \cos\alpha}{2} = 0.9 \times 220\mathrm{V} = 198\mathrm{V}$$

$$I_o = \dfrac{U_o}{R} = 19.8\mathrm{A}$$

$$I_{oVT} = \dfrac{1}{2\pi}\int_0^\pi \dfrac{\sqrt{2} \times 220}{10}\sin\omega t\,\mathrm{d}(\omega t) = 9.9\mathrm{A}$$

$$I_{VT} = \sqrt{\dfrac{1}{2\pi}\int_0^\pi \left(\dfrac{\sqrt{2} \times 220}{10}\sin\omega t\right)^2 \mathrm{d}(\omega t)} = 15.6\mathrm{A}$$

$$I_2 = \sqrt{2}\,I_T = 22\mathrm{A}$$

有 L 时，i'_{VT} 波形平直。

$$I'_{VT} = \dfrac{I_o}{\sqrt{2}} = 14\mathrm{A}$$

$$I'_2 = \sqrt{2}\,I'_{VT} = 19.8\mathrm{A}$$

$$I'_{oVT} = \dfrac{I_o}{2} = 9.9\mathrm{A}$$

【例15.2】 有一个单相桥式可控整流电路，$U_2=100\text{V}$，负载中 $R=2\Omega$，L 值极大，当 $\alpha=30°$ 时，求：(1) u_o、i_o 和 i_2 的波形；(2) 整流输出平均电压 U_o、电流 I_o，变压器二次电流有效值 I_2；(3) 考虑安全裕度，确定晶闸管的额定电压和额定电流。

【解】 (1) u_o、i_o 和 i_2 的波形如图 15.19 所示。

(2) 输出平均电压 U_o、电流 I_o，变压器二次电流有效值 I_2 分别为

$$U_o = 0.9U_2\cos\alpha = 0.9 \times 100 \times \cos30°\text{V} = 77.97\text{V}$$

$$I_o = \frac{U_o}{R} = \frac{77.97}{2}\text{A} = 38.99\text{A}$$

$$I_2 = I_o = 38.99\text{A}$$

(3) 晶闸管承受的最大反向电压为

$$\sqrt{2}U_2 = 100\sqrt{2}\text{V} = 141\text{V}$$

考虑安全裕度，晶闸管的额定电压为

$$U_N = (2\sim3) \times 141.4\text{V} = 283\sim424\text{V}$$

具体数值可按晶闸管产品系列参数选取。

流过晶闸管的电流有效值为

$$I_T = \frac{I_o}{\sqrt{2}} = 27.57\text{A}$$

晶闸管的额定电流为

$$I_N = \frac{(1.5\sim2) \times 27.57}{1.57}\text{A} = 26\sim35\text{A}$$

具体数值可按晶闸管产品系列参数选取。

图 15.19 例 15.2 的波形图

15.2.4 三相半波可控整流电路

前面介绍的单相桥式可控整流电路，主要应用在小功率的场合。当需要整流负载容量较大，或要求直流电压脉动较小时，就要采用三相可控整流电路。三相可控整流电路种类多样，最基本的是三相半波可控整流电路和三相桥式可控整流电路。

三相半波整流电路

1. 电阻性负载

(1) 电路的结构及工作原理 三相半波可控整流电路带电阻性负载如图15.20a所示。整流变压器的一次绕组为三角形联结，使三次谐波能够流过，避免三次谐波流入电网；整流变压器的二次绕组为星形联结，主要是为了得到中性线。三个晶闸管分别接 u、v、w 三相上，采用共阴极接法。

$\alpha=0$ 时，三相半波可控整流电路整流电压波形如图15.20d所示。三个晶闸管的触发脉冲相位互差120°。在 $\omega t_1 \sim \omega t_2$ 期间，u 相电压 u_u 最高，晶闸管 VT_1 承受正向电压。若在 ωt_1 时刻触发 VT_1 使其导通，负载 R 上得到 u 相电压，即 $u_o = u_u$。

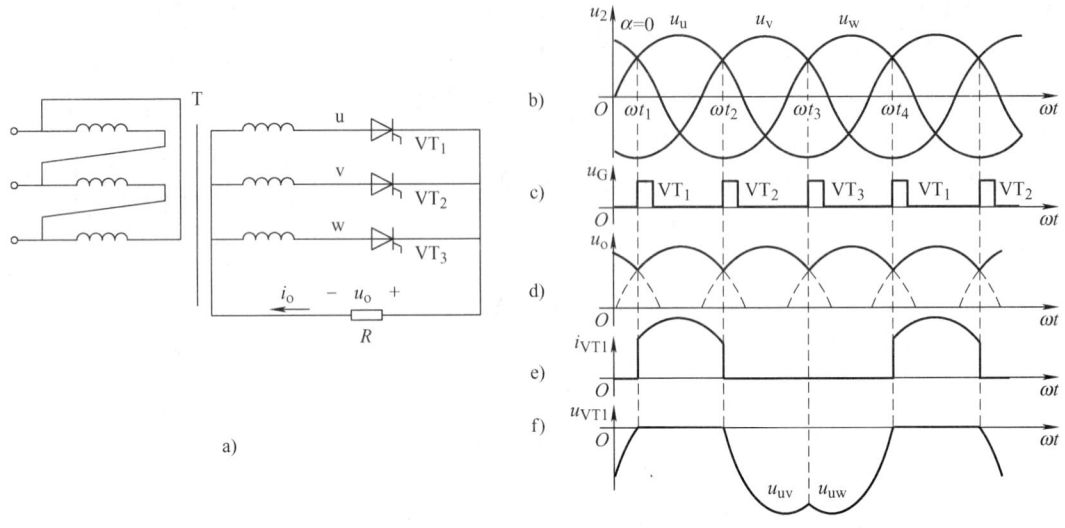

图15.20 三相半波可控整流电路带电阻性负载及 $\alpha=0°$ 时的波形

在 $\omega t_2 \sim \omega t_3$ 期间，u_v 电压最高，ωt_2 时刻触发 VT_2，使 VT_2 导通，负载 R 上得到 v 相电压，即 $u_o = u_v$。同时，v 相电压通过导通的 VT_2 加在 VT_1 的阳极上。由于此时 $u_v > u_u$，使 VT_1 承受反向阳极电压而关断。在 ωt_2 时刻，VT_2 导通、VT_1 关断，完成了 VT_1 向 VT_2 的一次换相。

在 $\omega t_3 \sim \omega t_4$ 期间，w 相电压 u_w 最高，在 ωt_3 时刻触发 VT_3 使其导通，负载 R 上得到 w 相电压，即 $u_o = u_w$，并关断 VT_2，完成了 VT_2 向 VT_3 的换相过程。此后即按照周期如此循环下去。

输出的整流电压 u_o 是一个脉动的直流电压。可以看出，对于共阴极接法的三相半波可控整流电路，换相总是由低电位相换至高电位相。为了保证正常的换相，必须使触发脉冲的相序与电源相序一致。由于三相电源系统平衡，则三只晶闸管将按同样的规律连续不断地循环工作，每管导通 1/3 周期。

晶闸管分别在 ωt_1、ωt_2、ωt_3 时刻自然换相。由图15.20可知，ωt_1、ωt_2、ωt_3 分别对应为三相相电压的交点，这些交点称为自然换相点，即电流由一个晶闸管向另一个晶闸管转移。自然换相点是各相晶闸管被正常触发导通的最早时刻，在该点以前，对应的晶闸管承受反向电压，不能触发导通。所以在三相可控整流电路中，把自然换相点作为计算触发延迟角 α 的起点，即该处 $\alpha=0°$，这与单相半波可控整流电路是不同的。

图15.20所示为三相半波可控整流电路在 $\alpha=0°$ 时的整流输出电压和电流波形，而图15.21是 $\alpha=60°$ 时的整流输出电压电流波形。当导通相的相电压过零变负时，该相晶闸管 VT_1 关断。此时下一相晶闸管 VT_2 承受正向电压，但它的触发脉冲还未到，不能导通，因此输出电压、电流均为零，直到触发脉冲出现为止。在这种情况下，负载电流断续，各晶闸管触发延迟角为 90°。

若 α 继续增大，整流电压将越来越小。当 $\alpha=150°$ 时，整流输出电压为零，故带电阻性负载时 α 的移相范围为 150°。

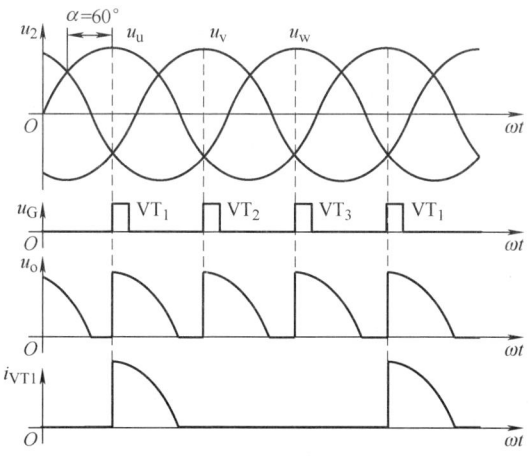

图 15.21 三相半波可控整流电路带电阻性负载及 $\alpha=60°$ 时的波形

(2) 电压与电流的关系　$\alpha \leqslant 30°$ 时，负载电流连续，整流电压平均值有

$$U_\mathrm{o} = \frac{1}{\frac{2\pi}{3}} \int_{\frac{\pi}{6}+\alpha}^{\frac{5\pi}{6}+\alpha} \sqrt{2} U_2 \sin\omega t \mathrm{d}(\omega t) = \frac{3\sqrt{6}}{2\pi} U_2 \cos\alpha = 1.17 U_2 \cos\alpha \tag{15.14}$$

当 $\alpha=0$ 时，U_o 最大，为

$$U_\mathrm{o} = U_{\mathrm{o}0} = 1.17 U_2 \tag{15.15}$$

$\alpha>30°$ 时，负载电流断续，晶闸管触发延迟角减小，此时有

$$U_\mathrm{o} = \frac{1}{\frac{2\pi}{3}} \int_{\frac{\pi}{6}+\alpha}^{\pi} \sqrt{2} U_2 \sin\omega t \mathrm{d}(\omega t) = \frac{3\sqrt{2}}{2\pi} U_2 \left[1 + \cos\left(\frac{\pi}{6}+\alpha\right)\right]$$

$$= 0.675 U_2 \left[1 + \cos\left(\frac{\pi}{6}+\alpha\right)\right] \tag{15.16}$$

负载电流 I_o 平均值为

$$I_\mathrm{o} = \frac{U_\mathrm{o}}{R} \tag{15.17}$$

晶闸管承受的最大反向电压，为变压器二次线电压峰值，即

$$U_\mathrm{RM} = \sqrt{2} \times \sqrt{3} U_2 = \sqrt{6} U_2 = 2.45 U_2 \tag{15.18}$$

晶闸管阳极与阴极间的最大正向电压等于变压器二次相电压的峰值，即

$$U_\mathrm{FM} = \sqrt{2} U_2 \tag{15.19}$$

2. 电感性负载

(1) 电路的结构及工作原理　三相半波可控整流电路带电感性负载如图 15.22 所示。若负载中所含的电感足够大，则由于电感的平波特性，会使负载电流 i_o 的波形近似水平的直线，流过三个晶闸管的电流接近矩形波。

(2) 电压与电流的关系　$\alpha \leqslant 30°$ 时，负载电流连续，整流电压平均值有

$$U_\mathrm{o} = \frac{1}{\frac{2\pi}{3}} \int_{\frac{\pi}{6}+\alpha}^{\frac{5\pi}{6}+\alpha} \sqrt{2} U_2 \sin\omega t \mathrm{d}(\omega t) = \frac{3\sqrt{6}}{2\pi} U_2 \cos\alpha = 1.17 U_2 \cos\alpha \tag{15.20}$$

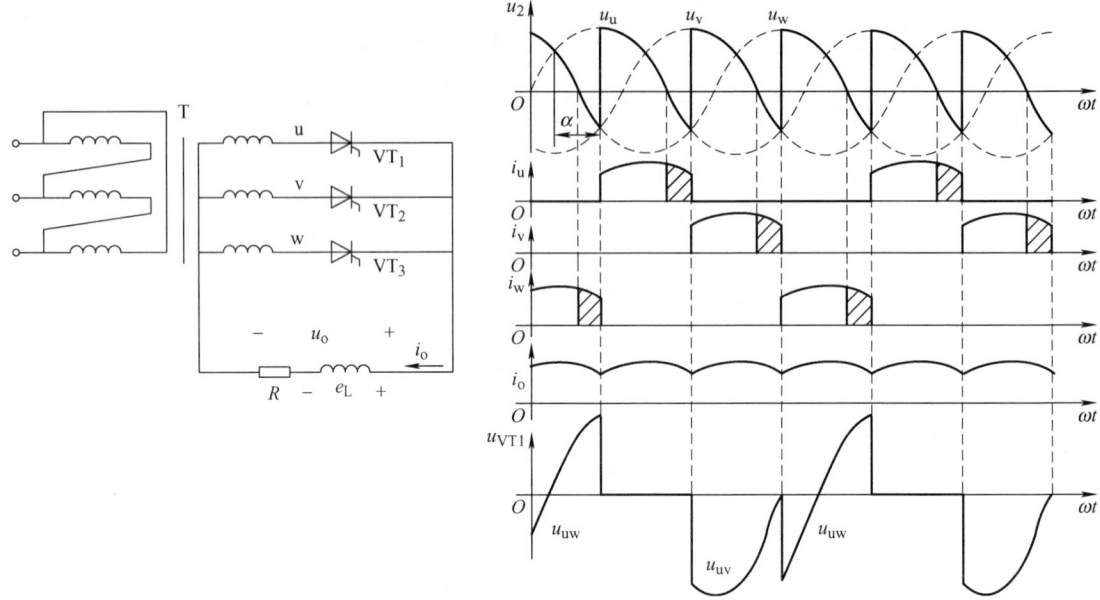

图 15.22 三相半波可控整流电路带电感性负载及 α=60°时的波形

当 α=0 时，U_o 最大，为

$$U_o = U_{o0} = 1.17 U_2 \tag{15.21}$$

α>30°时，负载电流断续，晶闸管触发延迟角减小，此时有

$$U_o = \frac{1}{\frac{2\pi}{3}} \int_{\frac{\pi}{6}+\alpha}^{\pi} \sqrt{2} U_2 \sin\omega t \, d(\omega t) = \frac{3\sqrt{2}}{2\pi} U_2 \left[1 + \cos\left(\frac{\pi}{6} + \alpha\right)\right] \tag{15.22}$$

$$= 0.675 U_2 \left[1 + \cos\left(\frac{\pi}{6} + \alpha\right)\right]$$

负载电流 I_o 平均值为

$$I_o = \frac{U_o}{R} \tag{15.23}$$

晶闸管承受的最大反向电压，为变压器二次线电压峰值，即

$$U_{RM} = \sqrt{2} \times \sqrt{3} U_2 = \sqrt{6} U_2 = 2.45 U_2 \tag{15.24}$$

晶闸管阳极与阴极间的最大正向电压等于变压器二次相电压的峰值，即

$$U_{FM} = \sqrt{2} U_2 \tag{15.25}$$

15.2.5 三相桥式可控整流电路

三相桥式可控整流电路在工业上得到了广泛的应用。它是从三相半波可控整流电路发展起来的，实质上是一组共阴极与一组共阳极的三相半波可控整流电路的串联。

1. 电阻性负载

三相桥式可控整流电路带电阻性负载如图 15.23a 所示。一组晶闸管

三相桥式可控整流电路

VT₁、VT₃、VT₅以共阴极形式连接,另一组晶闸管VT₄、VT₆、VT₂以共阳极形式连接。晶闸管的依次的导通顺序为VT₁、VT₂、VT₃、VT₄、VT₅、VT₆。

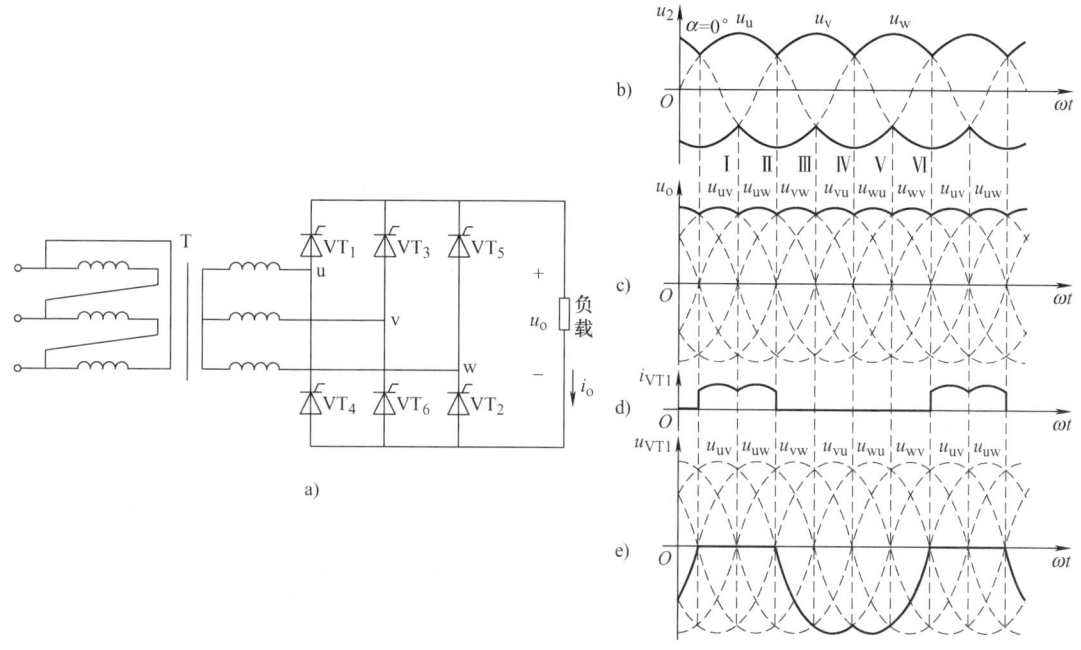

图15.23 三相桥式可控整流电路带电阻性负载及 $\alpha=0°$ 时的波形

当触发延迟角 $\alpha=0°$ 时,对于共阴极组,阳极所接交流电压值最高的一个导通;而对于共阳极组,则是阴极所接交流电压值最低的一个导通。这样,任意时刻共阳极组和共阴极组中各有1个晶闸管处于导通状态,此时电路工作波形如图15.23b、c、d、e所示。三相电压正、负半周各有3个自然换相点,6个自然换相点依次相差60°,它们将波形中的一个周期等分为6段。

在 $\omega t_1 \sim \omega t_2$ 期间(Ⅰ段), u_u 最高,晶闸管VT₁承受正向电压被触发导通, u_v 最低,晶闸管VT₆触发导通。电流从u相流出,经过VT₁、负载、VT₆流回v相。负载上电压 $u_o = u_u - u_v = u_{uv}$。

在 $\omega t_2 \sim \omega t_3$ 期间(Ⅱ段), u_u 最高,晶闸管VT₁继续导通,而 u_w 比 u_v 低,VT₂触发导通,VT₆承受反压而关断。电流从u相流出,经过VT₁、负载、VT₂流回w相。负载上电压 $u_o = u_u - u_w = u_{uw}$。

以此类推。每个时刻均需2个晶闸管同时导通,6个晶闸管的导通顺序为VT₁、VT₂、VT₃、VT₄、VT₅、VT₆,相位依次差60°。共阴极组VT₁、VT₃、VT₅的脉冲依次差120°,共阳极组VT₄、VT₆、VT₂也依次差120°,同一相的晶闸管相位相差180°。 α 的移相范围为0°～120°。

当 $\alpha \leq 60°$ 时,如图15.23所示的整流输出电压 u_o 波形均连续,对于带大电感的反电动势, i_o 波形由于电感的作用为一条平滑的直线并且也连续。

当 $\alpha > 60°$ 时,例如 $\alpha = 90°$ 时,带电阻性负载情况下的波形如图15.24所示。 u_o 波形每60°中有一段为零, u_o 波形不能出现负值。带电阻性负载时三相桥式可控整流电路 α 的移相范围为 0°～120°。

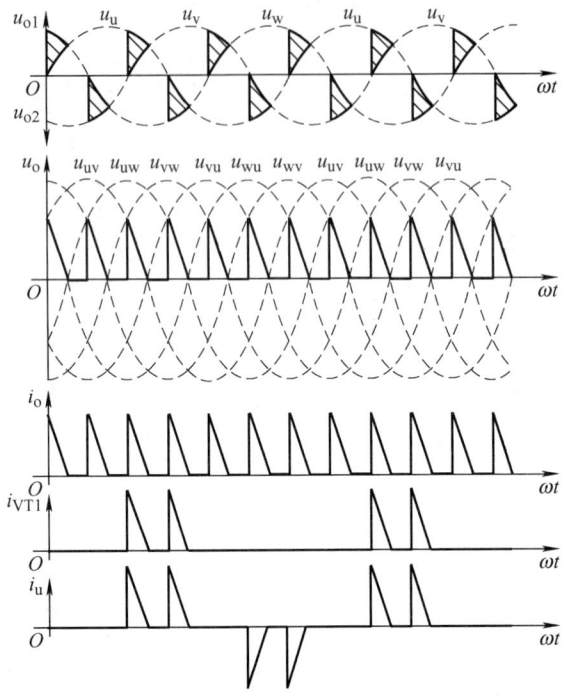

图 15.24　三相桥式可控整流电路带电阻性负载在 α=90°时的波形

2. 电感性负载

α≤60°时，与 α=0°时带电阻性负载的三相桥式可控整流电路的波形相似，如图 15.25 所示。u_o 波形连续，电路的工作情况与带电阻性负载时十分相似，各晶闸管的通断情况、整流输出电压 u_o 波形、晶闸管承受的电压波形等都一样。区别在于负载不同，同样的整流输出电压加到负载上，得到的负载电流 i_o 波形不同。带电阻性负载时，i_o 波形与 u_o 波形形状一样；而带电感性负载时，由于电感的作用，使得负载电流波形变得平直。当电感足够大的时候，负载电流的波形可近似为一条水平线。

当 α>60°，如 α=90°时，带电感性负载的三相桥式可控整流电路的波形如图 15.26 所示，电路的工作情况与带电阻性负载时不同。u_o 平均值继续降低，由于电感的存在延迟了晶闸管的关断时刻，使得 u_o 的值出现负值。当电感足够大时，u_o 中正负面积基本相等，u_o 平均值近似为零。这说明带电感性负载的三相桥式可控整流电路的 α 的移相范围为 0°～90°。

3. 电压与电流的关系

当整流输出电压连续时（即带电阻及电感性负载时，或带电阻性负载且 α≤60°时），平均值 U_o 为

$$U_o = \frac{1}{\frac{\pi}{3}} \int_{\frac{\pi}{3}+\alpha}^{\frac{2\pi}{3}+\alpha} \sqrt{6} U_2 \sin\omega t \, d(\omega t) = 2.34 U_2 \cos\alpha \tag{15.26}$$

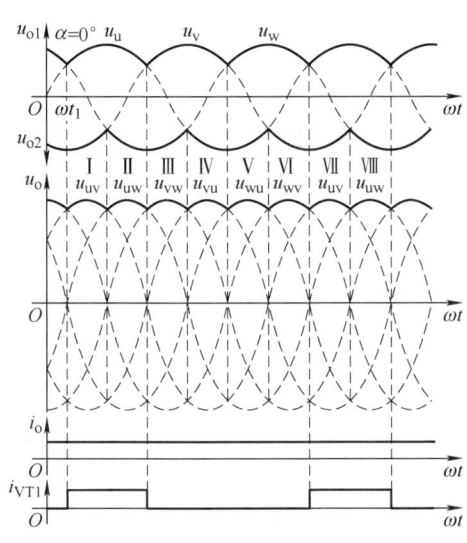
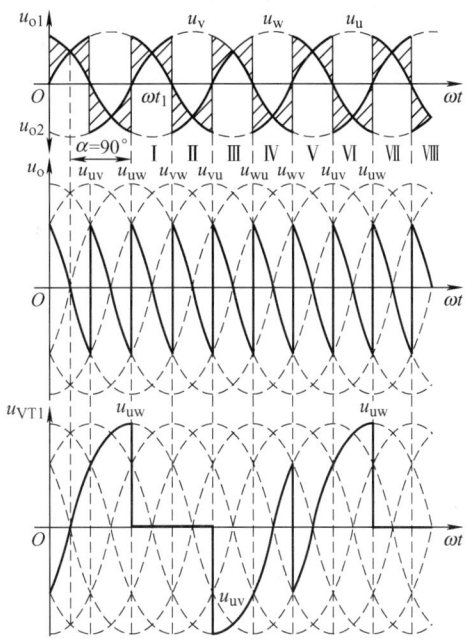

图 15.25　三相桥式可控整流电路带电感性负载在 $\alpha=0°$ 时的波形

图 15.26　三相桥式可控整流电路带电感性负载在 $\alpha=90°$ 时的波形

带电阻负载且 $\alpha>60°$ 时，整流电压平均值 U_o 为

$$U_o = \frac{3}{\pi}\int_{\frac{\pi}{3}+\alpha}^{\pi}\sqrt{6}U_2\sin\omega t\,d(\omega t) = 2.34U_2\left[1+\cos\left(\frac{\pi}{3}+\alpha\right)\right] \tag{15.27}$$

输出电流平均值为

$$I_o = \frac{U_o}{R} \tag{15.28}$$

15.3　逆变电路

逆变电路

与整流电路相对应，把直流电变成交流电的电路称为逆变电路。当蓄电池、干电池、太阳能电池等电源向交流负载供电时，均需要逆变电路。

15.3.1　逆变电路工作过程

1. 基本工作原理

逆变电路包括单相桥式逆变电路和三相桥式逆变电路。下面以单相桥式逆变电路为例分析其基本工作原理。如图 15.27a 所示，$S_1 \sim S_4$ 是桥式电路的四个臂，由电力电子器件及辅助电路组成。当 S_1、S_4 闭合，S_2、S_3 断开时，负载电压 u_o 为正；当 S_2、S_3 闭合时，S_1、S_4 断开时，负载电压 u_o 为负，这样就把直流电变成了交流电。

随着电压的变化，电流从一个桥臂转移到另一个桥臂，这一过程称为换相。因此，逆变器的工作原理为：用双向可控电力电子开关（器件）改变负载电压方向。按规律控制电子开关，便可将输入的直流电能逆变为输出的交流电能。

调节电子开关的切换周期，便可以改变交流电压的频率。当负载为电阻时，负载电流 i_o 和负载电压 u_o 的形状相同；当负载包含电感时，负载电流 i_o 相位滞后于负载电压 u_o，两者波形的形状不同，如图 15.27b 所示。

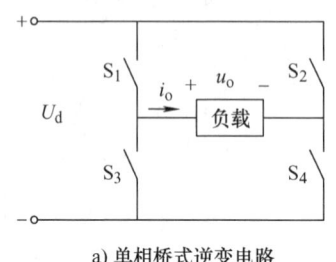 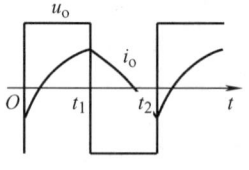

a) 单相桥式逆变电路   b) 负载的电压与电流波形

图 15.27 逆变电路及负载波形

2. 逆变电路的换相方式

电流从一个支路向另一个支路转移的过程称为换相。在图 15.27a 所示的逆变电路中，电流从 S_1 换相到 S_2、电流从 S_4 换相到 S_3。在逆变电路中，换相方式有四种：

（1）器件换相 利用全控器件的自关断能力进行换相。

（2）电网换相 由电网提供换相电压，只要把负的电网电压加在准备换流的器件上即可。

（3）负载换相 当负载为电容性负载，即负载电流超前于负载电压时，可实现负载换相。

（4）强迫换相 设置附加换相电路，给准备关断的器件施加反向电压的换相称为强迫换相。

15.3.2 电压型逆变电路

1. 单相桥式逆变电路

（1）电路的结构形式及工作原理 单相桥式逆变电路如图 15.28a 所示，它有四个桥臂。桥臂 VT_1 和 VT_4 为一对，桥臂 VT_2 和 VT_3 为另一对，$VD_1 \sim VD_4$ 为续流二极管。成对的两个桥臂同时导通，两对桥臂交替导通180°。直流电压接大容量电容 C，使电源电压稳定。

在 $0 \leqslant t \leqslant \dfrac{T_0}{2}$ 期间，VT_1 和 VT_4 有脉冲信号使其导通，VT_2 和 VT_3 无脉冲信号而截止，则输出电压 $u_o = U_d$；在 $\dfrac{T_0}{2} \leqslant t \leqslant T_0$ 期间，VT_2 和 VT_3 有脉冲信号使其导通，VT_1 和 VT_4 无脉冲信号而截止，则输出电压 $u_o = -U_d$。

单相全桥逆变电路输出电压 u_o 的波形为方波，即 $U_{om} = U_d$。电阻性负载输出电流、电感性负载输出电流、电阻电感性负载输出电流各自的波形如图 15.28b 所示。

（2）基本数量关系 将 u_o 展开成傅里叶级数得

$$u_o = \frac{4U_d}{\pi}\left(\sin\omega t + \frac{1}{3}\sin 3\omega t + \frac{1}{5}\sin 5\omega t + \cdots\right) \qquad (15.29)$$

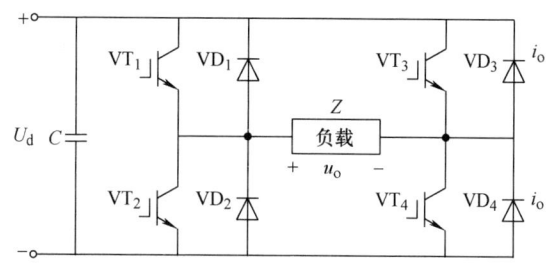

a) 单相桥式逆变电路

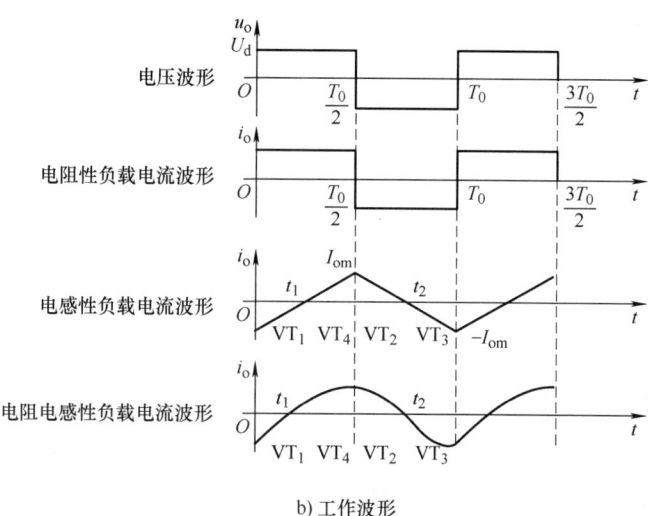

b) 工作波形

图 15.28 单相桥式逆变电路

其中基波的幅值 U_{o1m} 为

$$U_{o1m} = \frac{4U_d}{\pi} = 1.27U_d \tag{15.30}$$

基波有效值 U_{o1} 为

$$U_{o1} = \frac{2\sqrt{2}U_d}{\pi} = 0.9U_d \tag{15.31}$$

2. 三相桥式逆变电路

（1）电路的结构形式及工作原理　三相桥式逆变电路如图 15.29 所示。电路采用每个桥臂的导电角为 180°，同一相上下桥臂交替导电的纵向换相方式，各相开始导电的时间依次相差 120°。在任一瞬间，有三个桥臂同时导通，一种是上一下二桥臂同时导通；另一种是上二下一桥臂同时导通，在逆变电路输出端形成 U、V、W 三相电压。

三相桥式逆变电路的负载为星形联结。在 $0 < \omega t \leq \frac{\pi}{3}$ 期间，VT_1、VT_2 和 VT_3 导通，负载电流经 VT_1 和 VT_3 被送到 U 和 V 相负载上，然后经 W 相负载和 VT_2 流回电源，由此得到 U 相和 V 相负载上电压为 $\frac{U_d}{3}$，W 相负载上电压为 $\frac{2U_d}{3}$。

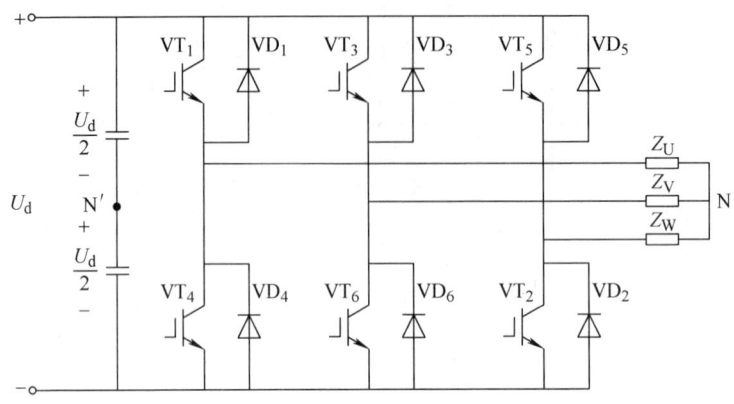

图 15.29 三相桥式逆变电路

在 $\omega t = \dfrac{\pi}{3}$ 时刻,因 VT$_1$ 的触发脉冲下降为零,VT$_1$ 迅速关断,由于电感性负载电流不能突变,U 相电流经 VD$_4$ 导通续流,其他两相电流通路不变。当 VD$_4$ 续流结束,U 相电流反向经 VT$_4$ 流回电源。此时,负载电流由电源流出,经 VT$_3$ 和 V 相负载,然后分流到 U 和 W 相负载,再分别经 VT$_4$ 和 VT$_2$ 流回电源。

在 $\omega t = \dfrac{2\pi}{3}$ 时刻,因 VT$_2$ 的触发脉冲下降为零,VT$_2$ 迅速关断,W 相电流由 VD$_5$ 导通续流。当 VD$_5$ 续流结束时,VD$_5$ 截止,VT$_5$ 导通。此时,负载电流由电源流出,经 VT$_3$、VT$_5$ 和 V 相、W 相负载,然后流到 U 相。按照此规律,可分析三相桥式逆变电路在整个周期中的工作情况。

其中,在 $\dfrac{\pi}{3} \leqslant \omega t \leqslant \dfrac{2\pi}{3}$ 期间,V 相负载上电压为 $\dfrac{2U_d}{3}$,U 相和 W 相负载上电压 $\dfrac{U_d}{3}$。在 $\dfrac{2\pi}{3} < \omega t \leqslant \pi$ 期间,W 相和 V 相负载上电压为 $\dfrac{U_d}{3}$,U 相负载电压为 $\dfrac{2U_d}{3}$。三相桥式逆变电路的波形如图 15.30 所示。

(2)基本数量关系　为便于直流电源中性点 N′ 与三相负载中性点 N 连接,负载应为星形联结,输出电压中的相电压可以用傅里叶级数表示为

$$\begin{cases} u_{\mathrm{UN}} = \dfrac{2U_d}{\pi} \sum\limits_{n=1}^{\infty} \dfrac{1}{n} \sin n\omega t \\ u_{\mathrm{VN}} = \dfrac{2U_d}{\pi} \sum\limits_{n=1}^{\infty} \dfrac{1}{n} \sin(n\omega t - 120°) \\ u_{\mathrm{WN}} = \dfrac{2U_d}{\pi} \sum\limits_{n=1}^{\infty} \dfrac{1}{n} \sin(n\omega t + 120°) \end{cases} \quad (15.32)$$

线电压为

$$\begin{cases} u_{\mathrm{UV}} = u_{\mathrm{UN}} - u_{\mathrm{VN}} \\ u_{\mathrm{VW}} = u_{\mathrm{VN}} - u_{\mathrm{WN}} \\ u_{\mathrm{WU}} = u_{\mathrm{WN}} - u_{\mathrm{UN}} \end{cases} \quad (15.33)$$

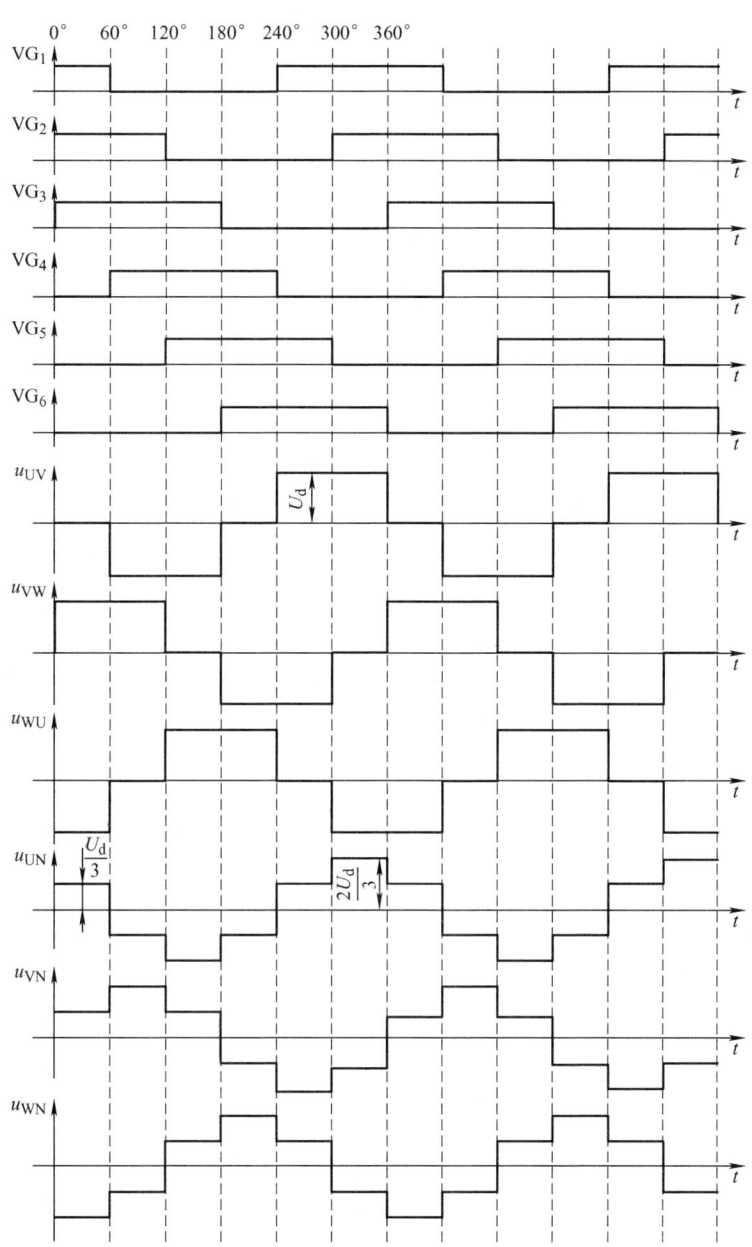

图 15.30 三相桥式逆变电路的波形

线电压的傅里叶级数表达式为

$$u_{UV} = \frac{4U_d}{\pi} \sum_{n=1}^{\infty} \frac{1}{n} \cos\frac{n\pi}{6} \sin\left(n\omega t + \frac{\pi}{6}\right) \tag{15.34}$$

线电压基波有效值为

$$U_{UV} = \frac{4U_d}{\pi} \frac{1}{\sqrt{2}} \cos\frac{\pi}{6} = \frac{\sqrt{6}}{\pi} U_d \tag{15.35}$$

负载相电压分别为

$$\begin{cases} u_{UN} = u_{UN'} - u_{NN'} \\ u_{VN} = u_{VN'} - u_{NN'} \\ u_{WN} = u_{WN'} - u_{NN'} \end{cases} \quad (15.36)$$

15.4 斩波电路

斩波电路

斩波电路一般指能直接将一种电压的直流电变为另一种电压的直流电（改变电压大小）的电力电子电路。斩波电路广泛应用于无轨电车、地铁列车、蓄电池供电的机动车辆和直流开关稳压电源中。

15.4.1 降压斩波电路

降压斩波电路（又称 Buck 斩波电路）的特点是输出电压比输入电压低，而输出电流则高于输入电流。通过该电路的变换可以将电压较高的直流电源电压转换为较低的直流电压。

（1）电路结构及工作原理　降压斩波电路结构如图 15.31 所示。电路由功率开关器件 VT、续流二极管 VD、输出滤波电感 L 和输出滤波电容 C 构成。该电路中的功率开关器件采用的是 IGBT，在实际应用中也可以采用其他的全控型开关器件。

当电路已处于稳定工作状态，在 $t=0$ 时，使 VT 导通，电源 E 通过电感 L 向负载 R 供电。此时电感 L 中的电流 i_L 从 I_1 线性增长至 I_2，电感两端有一个正向电压为 $U_L = E - U_o$，左正右负。在 $t = t_{on}$ 时刻，使 VT 关断，电感产生感应电动势，左负右正，使续流二极管 VD 导通，i_L 通过二极管 VD 续流，$U_L = -U_o$，电感 L 向负载 R 供电，电感 L 的储能逐渐消耗在负载 R 上，电流 i_L 线性衰减。由于 VD 的单向导电性，i_L 只能向一个方向流动，即总有 $i_L \geqslant 0$，从而在负载 R 上获得单极性的直流电压。选择合适的电感和电容值，并控制 VT 周期性地开关，可控制输出电压平均值大小，工作波形如图 15.32 所示。

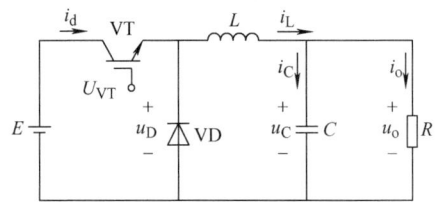

图 15.31　降压斩波电路

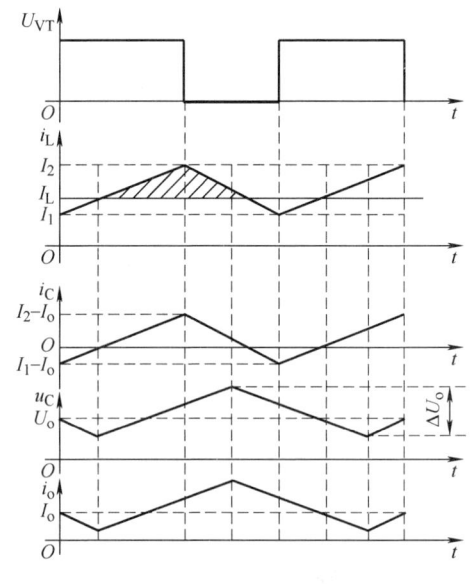

图 15.32　降压斩波电路的波形

（2）基本数量关系　电流连续时负载电压平均值为

$$U_o = \frac{t_{on}}{t_{on} + t_{off}} E = \frac{t_{on}}{T} E = \alpha E \quad (15.37)$$

式中，t_{on} 为 VT 导通的时间；t_{off} 为 VT 关断的时间；T 为开关周期；α 为导通占空比，简称占空比或导通比。

若导通占空比 α 减小，U_o 也相应地减小，所以电路称为降压型斩波电路。

负载电流平均值为

$$I_o = \frac{U_o}{R_a} \tag{15.38}$$

15.4.2 升压斩波电路

升压斩波电路又称 Boost 斩波电路，它能将直流电源电压变换为更高的直流输出电压，实现能量从低压侧电源向高压侧负载的传递。

(1) 电路结构及工作原理　升压斩波电路如图 15.33 所示，与降压斩波电路相比，其功率开关器件 VT、电感 L 和二极管 VD 的位置不同。

假设电感 L 值很大，电容 C 值也很大。功率开关器件 VT 受门极信号 U_{VT} 控制，波形如图 15.34 所示。当门极信号为高电平时 VT 导通，门极信号为低电平时 VT 关断。

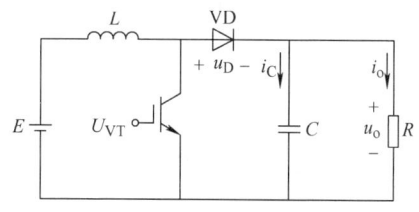

图 15.33　升压斩波电路

设电路已处于稳定工作状态，在 $t=0$ 时，使 VT 导通，二极管 VD 承受反压而截止。此时，电路分成两部分，一部分由电源、L、VT 组成，电源电压 E 全部加到电感 L 上，电感中的电流 i_L 从 I_1 线性增长至 I_2，电源能量转化为电感 L 的磁场能量。另一部分由 C、R 组成，C 放电供给负载 R 能量，负载两端电压逐渐减低。

在 $t=t_{on}$ 时刻，门极信号为低电平，VT 关断。二极管导通，电源、电感、二极管和负载形成回路。由于电感中的电流不能突变，电感两端出现感应电动势，电感和电源一起经二极管给电容充电，使得电容两端的电压（即负载电压）高于电源电压，所以该电路称为升压斩波电路。此时电感中的电流 i_L 从 I_2 线性减少至 I_1。升压斩波电路的波形如图 15.34 所示。

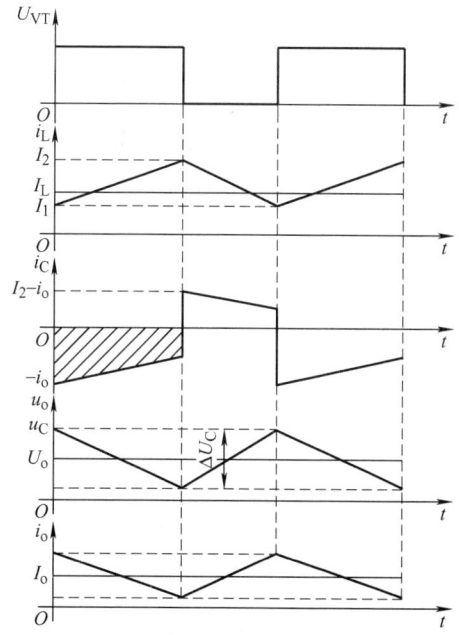

图 15.34　升压斩波电路的波形

(2) 基本数量关系　当电路处于稳态时，一个周期 T 中 L 积蓄能量与释放能量相等，即

$$EI_1 t_{on} = (U_o - E) I_1 t_{off}$$

即

$$U_o = \frac{t_{on} + t_{off}}{t_{off}} E = \frac{T}{t_{off}} E \tag{15.39}$$

升压比 $\frac{T}{t_{off}} > 1$，输出电压高于电源电压，故为升压斩波电路。

升压比的倒数记作 β，即 $\beta = \frac{t_{off}}{T}$，$\beta$ 和 α 的关系为

$$\alpha + \beta = 1$$

故
$$U_o = \frac{1}{\beta}E = \frac{1}{1-\alpha}E \quad (15.40)$$

如果忽略电路中的损耗,则由电源提供的能量仅由负载 R 消耗,即

$$EI_1 = U_o I_o$$

输出电流的平均值 I_o 为

$$I_o = \frac{U_o}{R} = \frac{1}{\beta}\frac{E}{R} \quad (15.41)$$

电源电流的平均值 I_1 为

$$I_1 = \frac{U_o}{E}I_o = \frac{1}{\beta^2}\frac{E}{R} \quad (15.42)$$

15.5 变频电路

变频电路是对交流电的频率进行变换的电路,主要应用于变频调速装置、感应加热装置等。变频电路分直接变频和间接变频两类。直接变频是指不经过任何中间环节,直接将一种频率的交流电变换为另一种频率的交流电。间接变频电路是经过两次以上的频率变换的变频电路。

变频电路

15.5.1 单相变频电路

1. 电路构成和基本工作原理

现以三相输入单相输出的直接变频电路为例分析其工作原理。单相变频电路原理如图 15.35 所示,电路由两组反并联的三相桥式晶闸管可控整流器和单相负载组成。将其中一组整流器称为正组整流器 P,另一组称为反组整流器 N。

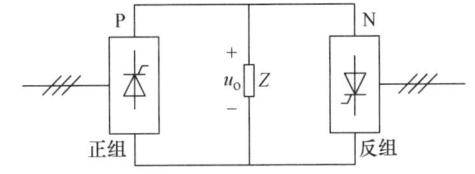

图 15.35 单相变频电路原理

如果正组整流器 P 工作、反组整流器 N 被封锁,则负载端得到的电压 u_o 为上正下负;如果反组整流器 N 工作、正组整流器 P 被封锁,则负载端得到的电压 u_o 为上负下正。这样,只要两组变流器按一定的频率交替工作,负载就得到该频率的交流电。

改变两组整流器的切换频率,就可改变变频电路的输出频率。改变整流器的触发延迟角 α,就可改变交流输出电压 u_o 的幅值。变频电路根据输出电压波形的不同分为方波型和正弦波型。

当在一个周期内触发延迟角 α 固定不变时,输出的电压波形为方波。方波型变频电路控制简单,正、反整流器组工作时维持晶闸管触发延迟角恒定不变,但其输出波形不好,低次谐波大,用于电动机调速传动时会增大电动机损耗,降低运行效率,因此很少采用,而正弦型应用就比较广泛。

当在一个周期内触发延迟角 α 不固定时,输出的电压波形近似为正弦波。为使 u_o 波形接近正弦波,可按正弦规律对 α 角进行调制。在正组整流器工作的半个周期内让 α 角按正弦规律从 90° 逐渐减到 0°,然后再由 0° 逐渐增加到 90°,正组整流电路的平均输出电压就可

以按正弦规律从零增大到最大，再从最大减小到零。另外半个周期可对反组整流电路进行同样的控制，这样就可以得到近似正弦波的输出电压。单相变频电路输出电压波形如图15.36所示，输出电压 u_o 的波形不是平滑的正弦波，而是由若干段电源电压拼接而成。在 u_o 的一个周期内，包含的电源电压段数越多，其波形就越接近正弦波。

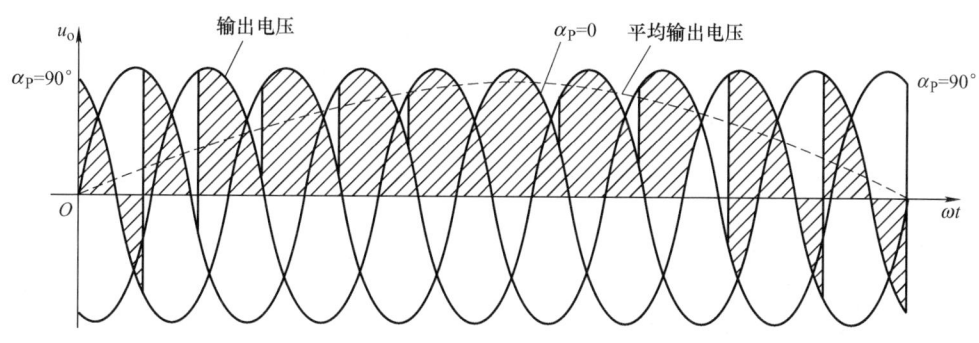

图15.36 单相变频电路输出电压波形

2. 输入输出特性

（1）输出上限频率　输出频率增高时，输出电压一周期内所含电网电压段数减少，波形将严重偏离正弦波，产生畸变，因此应限制输出频率的提高，常用的6脉波三相变频电路，其输出电压频率应为电网频率的1/3～1/2。如电网频率为50Hz，则变频电路的输出上限频率为20Hz。

（2）输入功率因数　由于变频电路采用相位控制方式，输入电流的相位总是滞后于输入电压，需要电网提供无功功率。一周期内，α角以90°为中心变化。输出电压比越小，半周期内α的平均值越靠近90°。负载功率因数越低，输入功率因数也越低。

（3）输出电压谐波和输入电流谐波　输出电压谐波频谱非常复杂，与输入频率 f_i、输出频率 f_o、变频电路的脉波数有关。采用三相桥式电路时，输出电压所含主要谐波的频率为

$$6f_i \pm f_o,\ 6f_i \pm 3f_o,\ 6f_i \pm 5f_o,\ \cdots$$
$$12f_i \pm f_o,\ 12f_i \pm 3f_o,\ 12f_i \pm 5f_o,\ \cdots$$

输入电流波形和可控整流电路的输入波形类似，但其幅值和相位均按正弦规律被调制。采用三相桥式电路的变频电路输入电流谐波频率为

$$f_{in} = |(6k \pm 1)f_i \pm 2lf_o| \tag{15.43}$$
$$f_{in} = f_i \pm 2kf_o \tag{15.44}$$

式中，$k=1, 2, 3, \cdots$；$l=0, 1, 2, \cdots$。

15.5.2　三相变频电路

三相变频电路由三组输出电压相位互差120°的单相变频电路按照一定方式连接而成，其主要应用于大功率交流电动机的变频调速系统。

1. 电路接线方式

（1）公共交流母线进线方式　公共交流母线进线的三相变频电路如图15.37所示。它由三组彼此独立的、输出电压相位相互错开120°的单相变频电路构成。电源进线通过进线电抗器接在公共的交流母线上。因电源进线端公用，所以三组单相变频电路的输出端必须隔

离,交流电动机的三个绕组必须拆开(不能是三角形或星形联结)。电路在工作时,采用合适的触发脉冲来控制各相变频电路的正组和负组整流器,可使单相变频电路输出频率较低且相位相差120°的交流电压,提供给三相电动机。其主要用于中等容量的交流调速系统。

(2)输出星形联结方式 输出星形联结的三相变频电路如图15.38所示。三组变频电路的输出端是星形联结,电动机的三个绕组也是星形联结。电动机中性点不和变频器中性点接在一起,电动机只引出三根线即可。因为三组变频电路的输出连接在一起,其电源进线必须隔离,因此输出星形联结方式的三相变频电路应分别用三个变压器供电。

在三相变频电路的六组桥式整流器中,至少要有不同输出相的两组中的四个晶闸管同时导通,才能构成回路,形成电流。三相变频电路和整流电路一样,同一组整流器内的两个晶闸管靠双触发脉冲保证同时导通。

每组整流器内各晶闸管触发脉冲的间隔为60°,尽管两组整流器触发脉冲之间的相对位置是变化的,但在每个触发脉冲的持续时间里,总会在其前周期或后周期与其他整流器重合,保证四个晶闸管同时导通,形成导通的回路。

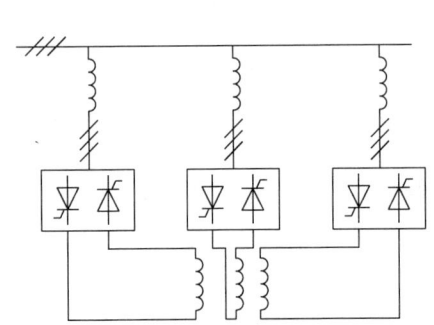

图15.37 公共交流母线进线的三相变频电路

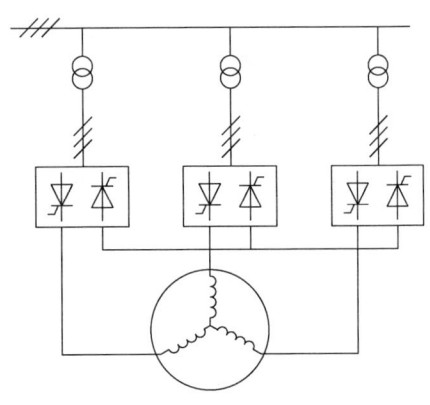

图15.38 输出星形联结的三相变频电路

2. 输入输出特性

三相变频电路输出上限频率与输出电压谐波和单相变频电路是一致的。

(1)输入电流 总输入电流由三个单相变频电路的同一相输入电流合成而得到。因这一过程中有些谐波相互抵消,谐波种类有所减少,总的谐波幅值也有所降低。谐波频率为

$$f_{in} = |(6k \pm 1)f_i \pm 6lf_o| \quad (15.45)$$

和

$$f_{in} = f_i \pm 6kf_o \quad (15.46)$$

式中,$k = 1, 2, 3, \cdots$;$l = 0, 1, 2 \cdots$。

当采用三相桥式电路时,输入谐波电流的主要频率为 $f_i \pm 6f_o$、$5f_i$、$5f_i \pm 6f_o$、$7f_i$、$7f_i \pm 6f_o$、$11f_i$、$11f_i \pm 6f_o$、$f_i \pm 12f_o$ 等。其中频率为 $5f_i$ 的谐波的幅值最大。

(2)输入功率因数 三相变频电路由三组单相变频电路组成,每组单相变频电路都有自己的有功功率、无功功率和视在功率。三相总输入功率因数为

$$\lambda = \frac{P}{S} = \frac{P_U + P_V + P_W}{S} \quad (15.47)$$

三相变频电路总的有功功率为各相有功功率之和，但视在功率却不能简单相加，而应由总输入电流有效值和输入电压有效值来计算，比三组单相变频电路各自的视在功率之和要小，因此三相变频电路总的输入功率因数要高于单相变频电路的输入功率因数。

综上所述，直接变频电路的特点为：

1) 直接变频电路由于其交流输出电压是直接由交流输入电压的某些部分包络所构成，因而其输出频率比输入交流电源的频率低得多，输出波形较好。

2) 直接变频电路因为是直接变换，免去了中间环节，所以电路结构简单，综合效率要高。

3) 直接变频电路由于输出电压频率应为电网频率的 1/3～1/2，受此限制，通常输出电压的频率较低。

4) 直接变频电路采用的是相位控制方式，因此其输入电流的相位总是滞后于输入电压，需要电网提供无功功率。功率因数较低，特别是在低速运行时功率因数更低，需要适当补偿。

5) 由于直接变频电路按电网电压过零自然换相，故可采用普通晶闸管，不需要强迫换相电路。

习题

填空题

15-1　晶闸管属于_____（不可控器件，半控器件，全控器件）。

15-2　晶闸管的管芯是由_____层半导体和_____个 PN 结，三个电极组成，三个电极是_____、_____、_____。

15-3　晶闸管一旦导通后，特性曲线与普通二极管相似，管压降为_____V 左右。

15-4　从晶闸管开始承受正向电压到被触发导通，期间所对应的电角度称为_____，用_____表示。

15-5　晶闸管正常导通后，门极就_____。

15-6　单相半波可控整流电阻性负载电路中，触发延迟角 α 的最大移相范围是_____。

选择题

15-7　三相桥式可控整流电路在脉冲触发方式下，一个周期内所需要的触发脉冲共有 6 个，它们在相位上依次相差（　　）。
A. 60°　　　　　　B. 120°　　　　　　C. 90°　　　　　　D. 180°

15-8　为了让使用晶闸管的可控整流电路带电感性负载时正常工作，应在电路中接入（　　）。
A. 晶体管　　　　B. 续流二极管　　　C. 熔断器　　　　D. 电容

15-9　晶闸管两端并联一个 RC 电路的作用是（　　）。
A. 分流　　　　　B. 降压　　　　　　C. 过电压保护　　D. 过电流保护

15-10　晶闸管导通后维持通态所需的最小阳极电流称为（　　）。
A. 维持电流　　　B. 擎住电流　　　　C. 浪涌电流　　　D. 额定电流

15-11 当晶闸管承受反向电压时，不论门极加何种极性的触发电压，管子都将处于（　　）。
　　A. 导通状态　　　　B. 关断状态　　　　C. 饱和状态　　　　D. 不定状态

15-12 下列功能中（　　）属于变流的功能。
　　A. 有源逆变　　　　B. 交流调压　　　　C. 变压器降压　　　D. 直流斩波

15-13 晶闸管可控整流电路中直流端的蓄电池或直流电动机应该属于（　　）负载。
　　A. 电阻性　　　　　B. 电感性　　　　　C. 反电动势　　　　D. 电容性

15-14 在单相桥式可控整流电路中，带大电感性负载时，α 的有效移相范围是（　　）。
　　A. $0°\sim 90°$　　B. $0°\sim 180°$　　C. $90°\sim 180°$　　D. $90°\sim 360°$

分析计算题

15-15 如图 15.39 所示电路，L 和 R 串联后作为负载，求（1）晶闸管导通的条件；（2）关断时和导通后晶闸管的端电压、流过晶闸管的电流和负载上的电压的决定因素。

15-16 分析如图 15.40 所示的降压斩波电路的工作原理。

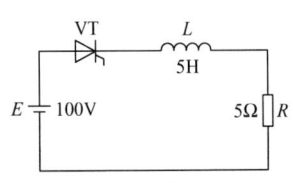

图 15.39　题 15-15 图

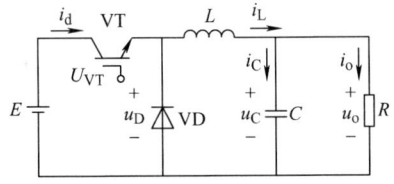

图 15.40　题 15-16 图

15-17 分析如图 15.41 所示的升压斩波电路的工作原理。

15-18 单相桥式可控整流电路，$U_2 = 100\text{V}$，负载中 $R = 2\Omega$，L 值极大，反电动势 $E = 60\text{V}$，当 $\alpha = 30°$ 时，求：（1）u_o、i_o 和 i_2 的波形；（2）整流输出平均电压 U_o、平均电流 I_o，变压器二次电流有效值 I_2；（3）考虑安全裕量，确定晶闸管的额定电压和额定电流。

15-19 某电感性负载采用带续流二极管的单相桥式半控整流电路带动，已知电感线圈的内电阻 $R_d = 5\Omega$，$U_2 = 220\text{V}$，$\alpha = 60°$。试求晶闸管与续流二极管的电流平均值和有效值。

15-20 如图 15.42 所示单相桥式可控整流电路，$U_2 = 100\text{V}$，负载中 $R = 2\Omega$，L 值极大，当 $\alpha = 30°$ 时，求：（1）u_o、i_o 和 i_2 的波形；（2）整流输出平均电压 U_o、平均电流 I_o，变压器二次电流有效值 I_2。

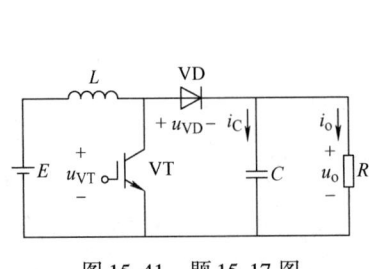

图 15.41　题 15-17 图

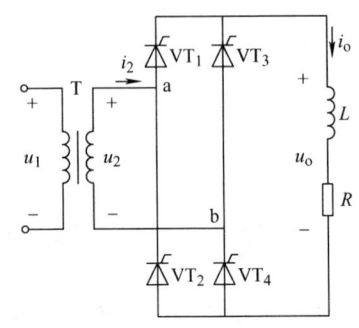

图 15.42　题 15-20 图

15-21 三相桥式可控整流电路，$U_2 = 200\text{V}$，带电阻和电感性负载，$R = 2\Omega$，L 值极大，当 $\alpha = 60°$ 时，计算 U_o、I_o、I_oT、I_2。

15-22 在如图 15.43 所示的降压斩波电路中，已知 $E = 200\text{V}$，$R = 10\Omega$，L 值极大，$E_\text{M} = 30\text{V}$。（1）分析该斩波电路的工作原理；（2）采用脉宽调制控制方式，当 $T = 50\mu\text{s}$，$t_\text{on} = 20\mu\text{s}$ 时，计算输出电压平均值 U_o、输出电流平均值 I_o。

15-23 某一电热装置（电阻性负载），要求直流平均电压为 75V，电流为 20A，采用单相半波可控整流电路直接从 220V 交流电网取电。计算晶闸管的触发延迟角 α、导通角 θ、负载电流有效值。

15-24 升压斩波电路如图 15.44 所示，已知 $E = 50\text{V}$，负载电阻 $R = 20\Omega$，L 值和 C 值极大，采用脉宽调制控制方式，当 $T = 40\mu\text{s}$，$t_\text{on} = 25\mu\text{s}$，计算输出电压平均值 U_o、输出电流平均值 I_o。

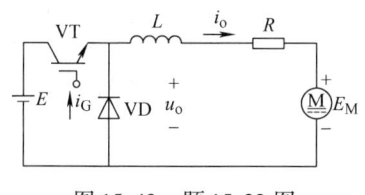

图 15.43 题 15-22 图

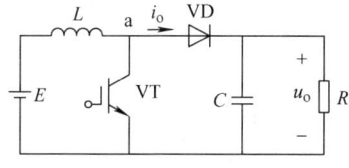

图 15.44 题 15-24 图

第16章

数字电路基础

数字电路不同于模拟电路,它处理的信号是离散的,可以用二进制数表示。数字电路主要研究输入信号状态(0 或 1)与输出信号状态(0 或 1)之间的关系。本章首先介绍数制与编码,然后介绍数字电路的数学工具——逻辑代数,最后介绍逻辑函数的表示方法及化简,还有门电路的基本知识。

16.1 数制与编码

16.1.1 数制

人们在表示物理量的大小或者计数时,通常采用十进制数(decimal number system)。十进制数由 0、1、2、3、4、5、6、7、8、9 十个数字组成,这十个数字称作数码,数码的个数称作基数。十进制计数的基数为 10。十进制计数规则为"逢十进一",同时数码按一定的规律排列表示所计数值。数码处于不同的位置,所代表的数值也不同。例如:十进制数 258.35 可以展开为

数制及
数制转换

$$258.35 = 2 \times 10^2 + 5 \times 10^1 + 8 \times 10^0 + 3 \times 10^{-1} + 5 \times 10^{-2}$$

式中,10^2、10^1、10^0、10^{-1}、10^{-2} 是数码 1 在对应位上所代表的数值,称为权值。

在十进制计数中,每一位的权值为 10^n,n 为该位的位置。小数点前为正数,即 n 从 0 开始向左计位,小数点后是负数,即 n 从 -1 开始向右计位。这样,每一个数都可以写成各位数码与对应权值相乘后再相加。所得到的多项式称作按权展开式。

1. 二进制数

二进制数(binary number system)的基数为 2,每一位的数码只有 0、1 两个数字,二进制计数规则为"逢二进一",每一位的权值为 2^n。数字电路中的记忆器件只有两种状态,正好表示二进制数的两个数码,因此二进制数是数字电路中最常使用的。

把二进制数按权展开,在十进制下计算,就转换成等值的十进制数。二进制数下角标为 B,十进制数下角标为 D,二进制数与十进制数关系可表示为

$$(11010.101)_B = 1 \times 2^4 + 1 \times 2^3 + 0 \times 2^2 + 1 \times 2^1 + 0 \times 2^0 + 1 \times 2^{-1} + 0 \times 2^{-2} + 1 \times 2^{-3} = (26.625)_D$$

$$(101011)_B = (43)_D \qquad (11011.111)_B = (27.875)_D$$

第16章 数字电路基础

二进制数的缺点是位数多、数码单调、容易发生混淆错位等情况，不便于书写记忆。为此在数字电路和早期的机器语言中，还常采用八进制和十六进制数。

2. 八进制数

八进制数（octal number system）的基数为8，有0、1、2、3、4、5、6、7八个数码，计数规则为"逢八进一"，每一位的权值为8^n。八进制下角标为O。

$$(123.54)_O = 1 \times 8^2 + 2 \times 8^1 + 3 \times 8^0 + 5 \times 8^{-1} + 4 \times 8^{-2} = (83.6875)_D$$

$$(3572)_O = 3 \times 8^3 + 5 \times 8^2 + 7 \times 8^1 + 2 \times 8^0 = (1914)_D$$

3. 十六进制数

十六进制数（hexadecimal number system）的基数为16，有0~9、A、B、C、D、E、F十六个数码，其中A~F分别对应十进制的10~15。计数规则为"逢十六进一"，每一位的权值为16^n。十六进制下角标为H。

$$(3A.B5)_H = 3 \times 16^1 + 10 \times 16^0 + 11 \times 16^{-1} + 5 \times 16^{-2} = (58.70703125)_D$$

$$(4FA3)_H = 4 \times 16^3 + 15 \times 16^2 + 10 \times 16^1 + 3 \times 16^0 = (20387)_D$$

4. 任意进制数

如果R进制数的基数为R，有0、1、2、…、$R-1$共R个数码，计数规则为"逢R进一"，每一位权值为R^n，则将R进制数在十进制数下展开为

$$(D_\alpha D_{\alpha-1} D_{\alpha-2} \cdots D_1 D_0 . D_{-1} D_{-2} \cdots D_{-\beta})_R = D_\alpha R^\alpha + D_{\alpha-1} R^{\alpha-1} + \cdots +$$
$$D_1 R^1 + D_0 R^0 + D_{-1} R^{-1} + D_{-2} R^{-2} + \cdots + D_{-\beta} R^{-\beta}$$

将此按权展开式在十进制下计算，就可以将任意进制数转换为十进制数。反之，十进制数也可以转换为任意进制数。

16.1.2 数制转换

1. 十进制数转换成任意进制数

十进制数转换成任意进制数时，整数部分和小数部分因算法不同而要分开进行。下面将主要以十进制数转换成二进制数为例，来说明十进制数转换成其他进制数的方法。只是转换的目标数制不同，参与运算的基数不同而已。

整数部分——基数除法（因为展开时每位乘以权值）：除基取余，依次从低位排向高位，商为零时结束（或商小于基数时结束）。

【例16.1】 将$(109)_D$转换为等值的二进制数。

【解】

```
2 | 109  ------ 1
2 |  54  ------ 0
2 |  27  ------ 1
2 |  13  ------ 1
2 |   6  ------ 0
2 |   3  ------ 1
2 |   1  ------ 1
      0
```

即 $(109)_D = (1101101)_B$

小数部分——基数乘法（因为展开时每位乘以的权值小于 1）：乘基取整，依次从高位排向低位，小数部分为零或达到一定精度时结束。

【例 16.2】 将 $(0.8125)_D$ 转换为等值的二进制数。

【解】

```
                0.8125
            ×       2
1 ------   1.625
            ×       2
1 ------   1.25    ← 将取走1剩余的0.625乘以2所得，以此类推
            ×       2
0 ------   0.5
            ×       2
1 ------   1.0
```

即 $(0.8125)_D = (0.1101)_B$

一般而言，十进制小数转换成二进制数，得到一个有限小数是比较特殊情况，更多的情况会得到一个无限不循环或循环小数，此时需要考虑转换精度。

【例 16.3】 将 $(0.37)_D$ 转换为等值的二进制数。

【解】

```
                0.37
            ×      2
0 ------   0.74
            ×      2
1 ------   1.48
            ×      2
0 ------   0.96
            ×      2
1 ------   1.92
            ×      2
1 ------   1.84
            ×      2
1 ------   1.68
            ×      2
1 ------   1.36
            ×      2
0 ------   0.72
            ×      2
1 ------   1.44
            ×      2
0 ------   0.88
```

这里得到的就是一个无限不循环小数，设取到第 n 位时和原十进制数有近似的精度，则有

$$10^{-2} = 2^{-n}$$

$$n = 2/\lg 2 \approx 7$$

即至少应取到小数点后七位，精确度才能达到 10^{-2}。

所以，$(0.37)_D = (0.0101111)_B$。

用基数乘、除法可实现十进制数向任意进制数的转换。这样，以十进制数为中间转换可以实现任意两种不同进制数的相互转换。

2. 2^n 进制数间的相互转换

由于 3 位二进制数正好等于 1 位八进制数，所以二进制转换成八进制时，以小数点为分界线，分别向左向右每 3 位为一组，将 3 位二进制数写成对应的 1 位八进制数码即可；八进制转换成二进制数时，将每 1 位八进制数码写成所对应的 3 位二进制数即可，如

$$(1\ 011\ 010\ 110.101\ 110\ 01)_B = (001\ 011\ 010\ 110.101\ 110\ 010)_B = (1326.562)_O$$

当高位或低位不足 3 位时，分别在高位或低位补零，补足 3 位即可。

$$(123.65)_O = (001\ 010\ 011.110\ 101)_B$$

同理，4 位二进制数正好等于 1 位十六进制数，所以将二进制数转换成十六进制数时，以小数点为分界线，分别向左向右每 4 位为一组，将 4 位二进制数写成对应的 1 位十六进制数码；十六进制数转换成二进制数时，将 1 位十六进制数写成对应的 4 位二进制数，如

$$(10\ 1101\ 0110.1011\ 1001)_B = (2D6.B9)_H$$
$$(3AF.27)_H = (0011\ 1010\ 1111.00100111)_B$$

进一步地，八进制数与十六进制数间的相互转换，也可以用二进制数为中间转换进行，比以十进制数为中间转换更为简单、方便、精确。

16.1.3 二进制编码与 BCD 编码

1. 二进制编码

所谓编码就是按照特定的规则将源信息转换成为标准的信息代码。以身份证为例，这个数字的组合序列包含了户籍所在地、出生日期等信息。其中的数字不再表示量的大小，而仅代表了特定的信息。同样在数字电路中广为应用的二进制数，也可以按照不同的规则排成特定的 0、1 序列，用以表示特定的信息。此时，二进制数码也不再有量的含义，而只代表不同信息，故称为二进制代码。对于同一系统，代码与所表示的信息之间具有一一对应的关系。

二进制编码

n 位二进制码可以组合成 2^n 个代码。若所需编码的信息数为 N，则所需编码位数 n 与 N 的关系为

$$2^n \geq N$$

这个关系式可以称作码位原则，用以确定二进制编码位数。

2. BCD 编码

人们日常习惯使用十进制数，而在数字系统中，只能采用二进制的形式来表现十进制数，以便参与各种运算。把十进制数的十个数码 0~9 用二进制数码来表示，称作二-十进制编码，即 BCD（binary coded decimal）编码。根据二进制编码位数公式，BCD 码至少由 4 位二进制数码构成。二-十进制编码的方案很多，所以 BCD 码也有很多种。几种常见的 BCD 码见表 16.1。

最常见的 BCD 编码是 8421BCD 编码。8421BCD 码是按权编码，把每个数码按权展开的数值恰好等于它所表示的十进制数码，所以称为有权码。换句话说，8421BCD 码实际上就是十进制数码所对应的 4 位二进制数。相应的 5421 码也是一种有权码，它的权值依次为 5、4、2、1。从表 16.1 可以看出 5421BCD 码对于十进制数码 5、6、7 出现了重码，即对应一

个信息有两种可能的编码方式。实际应用时都采用的是第一列的编码方式。

需要注意的是，BCD 码也是 0、1 序列，从形式上看与二进制数相似，但从本质上却是完全不同的。比如十进制数 58 转换成二进制数有：$(58)_D = (111010)_B$，而它的 8421BCD 码形式为：$(58)_D = (0101\ 1000)_{8421BCD}$。

表 16.1　几种常见的 BCD 码

十进制数	8421BCD 码	5421BCD 码	余 3 码
0	0000	0000	0011
1	0001	0001	0100
2	0010	0010	0101
3	0011	0011	0110
4	0100	0100	0111
5	0101	1000　0101	1000
6	0110	1001　0110	1001
7	0111	1010　0111	1010
8	1000	1011	1011
9	1001	1100	1100

16.2　逻辑代数

除数值计算外，数字电路的另一种基本功能是逻辑运算。逻辑运算的结果反映数字电路输出信号与输入信号之间的逻辑关系，所以数字电路也称为逻辑电路。逻辑代数（logic algebra）是分析和设计逻辑电路的理论基础。

逻辑代数是按一定的逻辑关系进行运算的代数。在逻辑代数中，只有 0 和 1 两种逻辑值，有"与""或""非"三种基本逻辑运算，还有"与或""与非""与或非""异或"等几种组合逻辑运算。

参与逻辑运算的变量称为逻辑变量，逻辑变量的取值只有逻辑 0 和逻辑 1 两种。0 和 1 并不表示数量的大小，而是表示两种对立的逻辑状态。

16.2.1　基本逻辑运算

逻辑是指事物的因果关系，或者说条件和结果的关系。某些事物往往只存在两种对立的状态，在逻辑代数中可以抽象地表示为 0 和 1，也称逻辑 0 状态和逻辑 1 状态。

逻辑门电路

1. 与逻辑

图 16.1a 所示是开关 A 和 B 串联控制指示灯 F 的电路。只有当两个开关同时闭合时，指示灯才亮，而只要一个开关断开，指示灯就灭。在这个电路中，开关作为条件，只有断开、闭合两种对立的状态，分别对应逻辑 0 和 1，而灯的状态作为结果，也只有灭、亮两种对立的状态，也分别对应逻辑 0 和 1。

决定事件结果发生的条件有多个，只有当所有条件都具备时，结果才发生，这种逻辑关系称作与逻辑，也称作逻辑乘。开关 A、B 是事件发生的条件（即因），是输入变量；指示

灯是事件的结果，是输出变量。把因果关系用等式的形式表现出来（即输出与输入之间的关系式），称为表达式。与逻辑的表达式为

$$F = A \cdot B \text{ 或 } F = AB$$

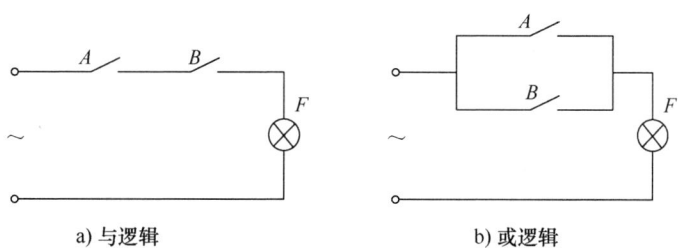

a) 与逻辑　　　　　　　　　　b) 或逻辑

图 16.1　与逻辑和或逻辑示意

另外也可以把输入变量（即条件）的所有可能取值与输出变量（即结果）对应的取值列成表格，来表现输出与输入之间的逻辑关系，这个表被称作真值表。与逻辑的真值表见表 16.2，逻辑符号如图 16.2 所示。

表 16.2　与逻辑真值表

A	B	F
0	0	0
0	1	0
1	0	0
1	1	1

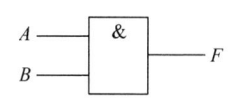

图 16.2　与逻辑的逻辑符号

与逻辑还可以推广到多变量的情况，即

$$F = A \cdot B \cdot C \cdots$$

2. 或逻辑

图 16.1b 所示是开关 A 和 B 并联控制指示灯 F 的电路。只要有一个开关闭合，指示灯就亮，而只有当所有开关都断开时，指示灯才灭。该电路所表明的逻辑关系是或逻辑：决定事件结果的条件有多个，只要有一个条件成立，结果就发生。或逻辑也称作逻辑加，其表达式为

$$F = A + B$$

或逻辑的真值表见表 16.3，图 16.3 所示为或逻辑的逻辑符号。

表 16.3　或逻辑真值表

A	B	F
0	0	0
0	1	1
1	0	1
1	1	1

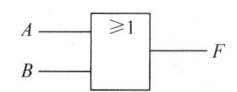

图 16.3　或逻辑的逻辑符号

同样，或逻辑运算也可以推广到多变量情况，即
$$F = A + B + C + \cdots$$

3. 非逻辑

在图 16.4 所示电路中，由开关 A 控制指示灯 F。当开关 A 闭合时，指示灯灭，当开关 A 断开时，指示灯亮。该电路所表明的逻辑关系是非逻辑：当决定事件结果的条件成立时，结果不发生，而当该条件不成立时结果才发生。非逻辑表达式为
$$F = \overline{A}$$

非逻辑真值表见表 16.4，图 16.5 为其逻辑符号。

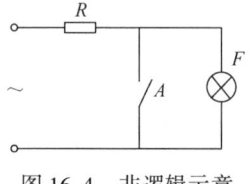

图 16.4 非逻辑示意

表 16.4 非逻辑真值表

A	F
0	1
1	0

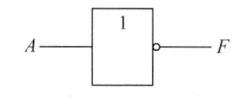

图 16.5 非逻辑的逻辑符号

除了与、或和非逻辑这些基本逻辑关系外，实际应用中，通过把与、或和非逻辑进行组合，可得到比较复杂的逻辑关系。常见的逻辑关系、逻辑符号和含义见表 16.5。

表 16.5 常见的逻辑关系、逻辑符号和含义

逻辑关系	逻辑表达式	逻辑符号	逻辑关系的含义
与	$F = A \cdot B$	&	当所有条件都成立时，结果才发生
或	$F = A + B$	≥1	任意一个条件成立时，结果就发生
非	$F = \overline{A}$	1	条件成立时结果不发生
与非	$F = \overline{A \cdot B}$	&	当所有条件都成立时，结果不发生
或非	$F = \overline{A + B}$	≥1	任意一个条件成立时，结果不发生
异或	$F = A\overline{B} + \overline{A}B$ $= A \oplus B$	=1	两条件同时成立时，结果不发生

(续)

逻辑关系	逻辑表达式	逻辑符号	逻辑关系的含义
同或	$F = AB + \overline{A}\,\overline{B}$ $= A \odot B$		两条件同时成立或同时不成立时，结果发生
与或非	$F = \overline{AB + CD}$		A、B（或 C、D）两个条件同时成立，结果不发生

16.2.2 逻辑代数运算规律

逻辑函数运算规则

与普通代数相似，逻辑代数也有相应的运算规律，这些规律对于逻辑函数的处理非常有用。常见的逻辑代数运算规律如下。

(1) 交换律

$$A \cdot B = B \cdot A \quad A + B = B + A$$

(2) 结合律

$$A \cdot (B \cdot C) = (A \cdot B) \cdot C \quad A + (B + C) = (A + B) + C$$

(3) 分配律

$$A \cdot (B + C) = A \cdot B + A \cdot C$$
$$A + B \cdot C = (A + B)(A + C)$$

(4) 重叠律

$$A \cdot A = A \quad A + A = A$$

(5) 互补律

$$A \cdot \overline{A} = 0 \quad A + \overline{A} = 1$$

(6) 0-1 律

$$0 \cdot A = 0 \quad 1 + A = 1 \quad 0 + A = A \quad 1 \cdot A = A$$

(7) 二次求反律

$$\overline{\overline{A}} = A$$

(8) 吸收律

$$A + AB = A \quad A + \overline{A}B = A + B \quad AB + A\overline{B} = A$$

(9) 冗余律

$$AB + \overline{A}C + BC = AB + \overline{A}C \quad AB + \overline{A}C + BCDE\cdots = AB + \overline{A}C$$

(10) 反演律（摩根定律）

$$\overline{AB} = \overline{A} + \overline{B} \quad \overline{A + B} = \overline{A} \cdot \overline{B}$$

上述逻辑等式中，交换律、结合律、重叠律、互补律、0-1 律、二次求反律及反演律都可以利用真值表的唯一性来证明。等式左右两边看成两个逻辑函数,将对应变量的各个取值组合,两逻辑函数的值相同,则两个逻辑函数相等。真值表法是逻辑等式证明的最基本手段。其他运算规律也都可以采用真值表法证明,或者利用前述运算规律来证明。

下面先证明分配律第二式 $A + B \cdot C = (A + B)(A + C)$。

证明:等式右边 $= (A + B)(A + C) = A \cdot A + AB + AC + BC$

$\qquad\qquad = A + AB + AC + BC$ ←重叠律

$\qquad\qquad = A(1 + B + C) + BC$ ←分配律

$\qquad\qquad = A + B \cdot C$ ←0 - 1 律

$\qquad\qquad =$ 等式左边

所以等式成立。

吸收律 $A + AB = A$ 和 $AB + A\bar{B} = A$ 都可以通过分配律来证明。下面来证明吸收律第二式 $A + \bar{A}B = A + B$。观察发现第二式右边 B 缺少因子 A,所以添加 A,但要保证函数值不变。

证明:$A + \bar{A}B = A + B$。

等式右边 $= A + B = A + B \cdot 1 = A + B \cdot (A + \bar{A})$ ←互补律

$\qquad\quad = A + AB + \bar{A}B$ ←分配律展开

$\qquad\quad = A(1 + B) + \bar{A}B$

$\qquad\quad = A + \bar{A}B$ ←分配律和 0 - 1 律

添加因子是逻辑等式证明、函数变换或公式法化简的重要手段。添加的原则就是保证函数值不变,通常因子具有 $(A + \bar{A})$ 的形式。对于冗余律,读者可以用添加因子的方法自行证明。

如果对分配律 $A + B \cdot C = (A + B)(A + C)$ 足够熟悉,则可以证明为

等式左边 $= A + \bar{A}B$

$\qquad\quad = (A + \bar{A})(A + B)$ ←分配律

$\qquad\quad = A + B$ ←互补律

逻辑等式的证明可以从左边证往右边,或从右边证往左边,或从两边证到一个共同的结果,但绝对不能用左边与右边相减,这是因为在逻辑运算中没有减法(既没有减法对应的逻辑)。

16.2.3 逻辑代数的基本规则

1. 代入规则

在任何一个逻辑等式中,如果将等式两侧所有出现某一变量的位置都代之以一个相同的逻辑表达式,则该等式仍然成立,这个规则称作代入规则,也称置换规则。

例如,在 $\overline{A + B} = \bar{A} \cdot \bar{B}$ 中,若用 $(B + C)$ 代替式中的 B,则有

$$\overline{A + (B + C)} = \bar{A} \cdot \overline{B + C} = \bar{A} \cdot \bar{B} \cdot \bar{C}$$

原来是两个变量的等式,利用代入规则成为三个变量的等式,从而扩大了等式的应用

范围。

2. 反演规则

对于任意一个逻辑式 F，如果把其中所有的"·"换成"+"、"+"换成"·"、0换成1、1换成0、原变量换成反变量、反变量换成原变量，那么得到的结果就是 $\overline{F}$，这就是反演规则。

【例16.4】 已知 $F = A(B+C) + CD$，求 $\overline{F}$。

【解】 利用反演规则，可得

$$\overline{F} = (\overline{A} + \overline{B} \cdot \overline{C}) \cdot (\overline{C} + \overline{D})$$
$$= \overline{A}\,\overline{C} + \overline{A}\,\overline{D} + \overline{B}\,\overline{C}$$

【例16.5】 已知 $F = A\overline{B} + \overline{C+D+\overline{C}}$，求 $\overline{F}$。

【解】 $\overline{F} = (\overline{A}+B) \cdot \overline{\overline{C} \cdot \overline{D} \cdot C}$

这里涉及了逻辑基本运算的优先顺序：先非，然后与，最后或。当然复杂逻辑中有括号要先进行括号内运算。运用反演规则时，为不改变原有的运算顺序，需在必要的地方加括号，几个变量上的公共反号要保留。

反演规则实际上是反演律的推广，当逻辑表达式比较复杂时，用反演规则要比用反演律更为方便。

3. 对偶规则

对于任意一个逻辑式 F，如果把其中所有的"·"换成"+"、"+"换成"·"、0换成1、1换成0，那么会得到一个不同于 F 和 $\overline{F}$ 的新的逻辑式 F'，称为逻辑式 F 对偶式。

同进行反演变换一样，进行对偶变换时，也要保证原有的运算顺序；另外，对偶变换不需要对变量进行变换，所以一般情况下，$F' \neq \overline{F}$，只有特殊情况下，F' 和 $\overline{F}$ 才相等。

例如

$$F = A\overline{B} + A(C+0) \quad \rightarrow \quad F' = (A+\overline{B})(A+C\cdot 1)$$

$$F = \overline{\overline{A}+B+C} \quad \rightarrow \quad F' = \overline{\overline{A}\cdot B\cdot C}$$

如果两个逻辑式 F 和 G 相等，那么它们的对偶式 F' 和 G' 也一定相等，这就是对偶规则。逻辑代数的运算规律中，很多成对出现的表达式都满足对偶规则。

16.3 逻辑函数的表示法

在数字电路中，一般用输入信号表示条件，用输出信号表示结果，所以输出变量是输入变量的逻辑函数。由于决定一个结果的条件往往有多个，因此，一般情况下，逻辑函数是一个多输入变量的函数。

逻辑函数主要有真值表、逻辑函数表达式、逻辑图三种表示法。

逻辑函数表示法

16.3.1 真值表

真值表就是将各逻辑变量的所有可能取值和对应的函数值全部列出来,以描述其逻辑关系的表格。

用真值表描述逻辑关系,首先要根据实际问题确定逻辑变量,明确哪些是输入变量,哪些是输出变量,这是逻辑抽象过程。其次要对逻辑变量进行赋值,即编码过程。根据编码规则,两种对立的状态只需用一位二进制数的两种状态,即 1 或 0 表示。要指出的是,赋值(编码方式)不同,最终所得到的真值表、逻辑函数表达式也不同。最后根据赋值规则将输入逻辑变量的取值组合与相应的函数值列表写出,就得到实际问题的真值表。从本质上讲,这就是一个建立数学模型的过程,n 个变量共有 2^n 个取值组合。

【例 16.6】 列出一个三人(A、B、C)表决逻辑的真值表。每人有一个按钮,如果赞成,就按按钮,表示"1";如果不赞成,就不按按钮,表示"0"。表决结果 F 用指示灯来表示,如果多数赞成,则指示灯亮,$F=1$;反之则不亮,$F=0$。

【解】 由于是三人(A、B、C)的表决,所以输入变量用 A、B、C 表示,输出变量(表决结果)用 F 表示。作为逻辑变量,A、B、C 三人的态度各有两种,而表决结果也只有两种,题中已经进行了赋值,所以可以直接列真值表,见表 16.6。

表 16.6 例 16.6 的真值表

A	B	C	F
0	0	0	0
0	0	1	0
0	1	0	0
0	1	1	1
1	0	0	0
1	0	1	1
1	1	0	1
1	1	1	1

一个逻辑函数的真值表是唯一的。如果两个逻辑函数相等,它们的真值表必然相同。在构建一个逻辑函数时,一般是通过建立真值表来完成的。

16.3.2 逻辑函数表达式

逻辑函数表达式是用与、或、非等逻辑运算符和逻辑变量组成的表达式。

1. 逻辑函数表达式的类型

尽管逻辑函数的表达式形式很多、很复杂,但归纳起来共有以下 8 种类型:

1) 与或式:$F = AB + \bar{A}C$。

2) 与非与非式:$F = \overline{\overline{AB} \cdot \overline{\bar{A}C}}$。

3) 或与式:$F = (A + C)(\bar{A} + B)$。

4) 或非与非式：$F = \overline{\overline{A+C} \cdot \overline{A+B}}$。

5) 与或非式：$F = \overline{\overline{A}\,\overline{C} + A\,\overline{B}}$。

6) 与非与式：$F = \overline{\overline{A}\,\overline{C} \cdot A\,\overline{B}}$。

7) 或非或式：$F = \overline{\overline{A+B} + \overline{A+\overline{C}}}$。

8) 或与非式：$F = \overline{(\overline{A}+\overline{B})(A+\overline{C})}$。

这些类型当中，与或式和或与式是逻辑函数的两种基本形式，特别是与或式的使用更为普遍。

任何一个逻辑函数都可以用以上八种类型来表示，因此，各种类型的表达式之间必然可以互相转换。此外，同一类型的表达式还有简繁之分，例如

$$F = AB + \overline{A}C$$
$$= AB(C+\overline{C}) + \overline{A}C(B+\overline{B})$$
$$= ABC + AB\overline{C} + \overline{A}BC + \overline{A}\,\overline{B}C$$

式中，第一个等号后和第三个等号后都是与或式，很明显，第一式比第三式简单。

2. 逻辑函数的标准与或式

逻辑函数的标准与或式是由标准与项相或构成的。了解标准与或式首先要了解标准与项。由 n 个逻辑变量所构成的与项中，如果每个变量以原变量或反变量的形式仅出现一次，则该与项叫作标准与项。n 个逻辑变量能构成 2^n 个标准与项。如 A、B、C 三个逻辑变量可构成八个标准与项，即

$$\overline{A}\,\overline{B}\,\overline{C}(000) \quad \overline{A}\,\overline{B}C(001) \quad \overline{A}B\,\overline{C}(010) \quad \overline{A}BC(011)$$
$$A\,\overline{B}\,\overline{C}(100) \quad A\,\overline{B}C(101) \quad AB\,\overline{C}(110) \quad ABC(111)$$

对于每一个标准与项来讲，变量的所有取值组合中只有一组取值使它的值为 1，其余的取值组合均使它的值为 0。由于标准与项取值为 1 的概率最小，所以标准与项也叫作最小项。现将三变量所组成的八个最小项作为八个逻辑函数，将其真值表同时列出，见表 16.7。

表 16.7 三变量最小项的真值表

A	B	C	$\overline{A}\,\overline{B}\,\overline{C}$	$\overline{A}\,\overline{B}C$	$\overline{A}B\,\overline{C}$	$\overline{A}BC$	$A\,\overline{B}\,\overline{C}$	$A\,\overline{B}C$	$AB\,\overline{C}$	ABC
0	0	0	1	0	0	0	0	0	0	0
0	0	1	0	1	0	0	0	0	0	0
0	1	0	0	0	1	0	0	0	0	0
0	1	1	0	0	0	1	0	0	0	0
1	0	0	0	0	0	0	1	0	0	0
1	0	1	0	0	0	0	0	1	0	0
1	1	0	0	0	0	0	0	0	1	0
1	1	1	0	0	0	0	0	0	0	1

如果一个逻辑函数的表达式是最小项之和，则该表达式叫作标准与或式，也叫作最小项

表达式，例如
$$F = \overline{A}\,\overline{B}\,\overline{C} + A\overline{B}\,\overline{C} + \overline{A}\,B\,\overline{C} + AB\,\overline{C}$$

一个逻辑函数的最小项表达式具有唯一性。每一个逻辑函数都能转换成与其对应的最小项表达式，具体的方法是先将函数表达式转换成与或式，然后用公式 $A + \overline{A} = 1$ 将所缺变量补齐。

【例 16.7】 将逻辑函数 $F = \overline{(AB + \overline{A}\,\overline{B} + \overline{C})\,\overline{AB}}$ 转换成最小项表达式。

【解】 $F = \overline{(AB + \overline{A}\,\overline{B} + \overline{C})\,\overline{AB}} = \overline{AB + \overline{A}\,\overline{B} + \overline{C}} + AB$

$= (\overline{A} + \overline{B})(A + B)C + AB = \overline{A}BC + A\overline{B}C + AB(C + \overline{C})$ ← 此外添加因子 C

$= \overline{A}BC + A\overline{B}C + AB\overline{C} + ABC$

3. 逻辑函数式与真值表的相互转换

逻辑函数式与真值表只是逻辑函数的不同表示方法，它们之间必然能相互转换。逻辑函数的真值表和最小项表达式都是唯一的，所以真值表和最小项表达式之间有一一对应的关系。将真值表中使逻辑函数值为 1 的输入变量取值组合所对应的最小项依次相加就可得到该逻辑函数的最小项表达式。

【例 16.8】 根据表示三人表决结果的真值表写出对应逻辑函数的最小项表达式。

【解】 表示三人表决结果的真值表见表 16.8。

表 16.8 例 16.8 的真值表

A	B	C	F
0	0	0	0
0	0	1	0
0	1	0	0
0	1	1	1
1	0	0	0
1	0	1	1
1	1	0	1
1	1	1	1

真值表中每一行内各变量的取值关系是与逻辑，行与行之间是或逻辑。在表 16.8 中，逻辑函数值为 1 的变量取值组合共有四个，对应四个与项，即 011 对应 $\overline{A}BC$、101 对应 $A\overline{B}C$、110 对应 $AB\overline{C}$、111 对应 ABC，把这四个最小项相加，得到三人表决结果的逻辑函数的最小项表达式为

$$F = \overline{A}BC + A\overline{B}C + AB\overline{C} + ABC$$

根据逻辑变量的取值组合写最小项的规则是：0 对应反变量，1 对应原变量，每一行变量取值是与的关系，而行与行之间是或的关系。反之，根据逻辑函数的最小项表达式中的最小项也能得到对应的取值组合：是原变量的就取 1，是反变量的就取 0。

例如 $F = \overline{A}\,\overline{B}\,\overline{C} + \overline{A}B\,\overline{C} + A\,\overline{B}\,\overline{C} + ABC$，使该逻辑函数值为 1 的变量取值组合对应 $\overline{A}\,\overline{B}\,\overline{C}$

为 000，对应 $\bar{A}B\bar{C}$ 为 010、对应 $A\bar{B}\bar{C}$ 为 100，对应 ABC 为 111。

16.3.3 逻辑图

逻辑图是将输出与输入之间的逻辑关系表示出来的图形。逻辑图即工程图，按逻辑图去连线就能实现所需的逻辑关系。所以在逻辑图中要包含逻辑运算符，并将运算关系通过相应的连线来表示。逻辑图能完整地描述一个或多个输出变量与输入变量之间的逻辑关系。

1. 根据逻辑函数表达式画逻辑图

将逻辑函数表达式中变量之间的运算关系用相应的逻辑符号表示出来，就可得到函数的逻辑图。

【例 16.9】 试画出函数 $F = AB + \overline{BC} + AC$ 的逻辑图。

【解】 画逻辑图时，首先要分析逻辑函数是由几重运算实现的。本例中的逻辑函数最外层运算为或，第二层运算则分别是与、与非、与运算。把两层运算的逻辑符号排布好之后，直接连线即可，如图 16.6 所示。

对应一个表达式，可以画出一个逻辑图。一个逻辑函数的表达式形式不唯一，所以其逻辑图也不唯一。

2. 根据逻辑图写逻辑函数表达式

根据给定的逻辑图，将每个逻辑符号所表示的逻辑运算关系依次写出，即可得到逻辑函数表达式。

【例 16.10】 试写出图 16.7 所示逻辑图的逻辑函数表达式。

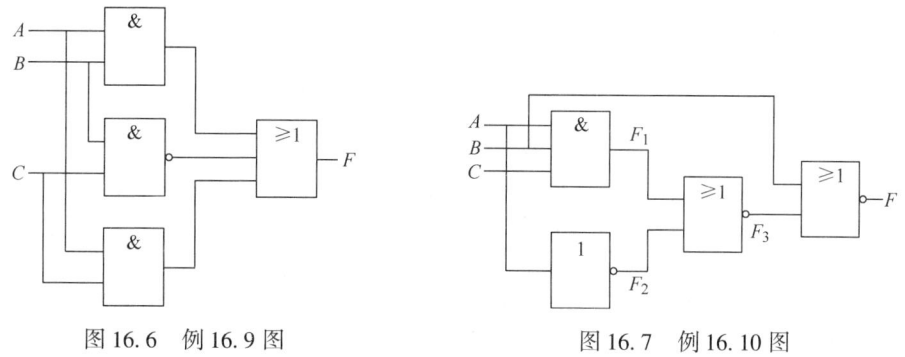

图 16.6　例 16.9 图　　　　图 16.7　例 16.10 图

【解】 $F_1 = ABC \quad F_2 = \bar{A} \quad F_3 = \overline{F_1 + F_2}$

$$F = \overline{B + F_3} = \overline{B + \overline{ABC + \bar{A}}}$$

本节所介绍的逻辑函数的三种表示法之间能够相互转换，只要知道其中一种表示法，就可以获得另外两种。这三种不同的表示法各有特点和用途，要对它们之间的转换方法熟练掌握并能灵活应用。

16.4　逻辑函数的化简

一个逻辑函数表达式有多种类型，各种类型的表达式还有简繁之分。显然，一个逻辑函数的表达式越简单，它所表示的逻辑关系就越明显，实现该逻辑函数所用的器件也就越少，电路的可靠性也就越高。所谓逻辑函数的化简，就是使逻辑函数表达式最简化。

逻辑函数表达式的类型不同，其最简的标准也是不一样的。在各种类型的表达式中，与或式是最基本的，其他各种类型的表达式都可以在与或式的基础上进行相应的转化而得到。因此，下面将主要介绍与或式的化简方法。达到最简与或式的标准有两个：一是表达式中的与项个数最少，二是每个与项中的变量个数最少。

逻辑函数的化简方法主要有代数化简法和卡诺图化简法。

16.4.1 逻辑函数的代数化简法

代数化简法就是直接利用逻辑代数的基本运算规律和规则化简逻辑函数的方法。代数化简法的过程在实质上就是不断应用逻辑代数的基本运算规律对逻辑函数进行等值变换的过程。其中最常用的运算规律主要有吸收律、互补律、冗余律、分配律等。

公式法化简

【例 16.11】 化简下列逻辑函数

$$F_1 = A\,\overline{BCD} + A\,\overline{B}\overline{CD} \quad F_2 = A\,\overline{B} + ACD + \overline{A}\,\overline{B} + \overline{A}CD$$

【解】
$$F_1 = A(\overline{BCD} + \overline{BCD}) = A$$
$$F_2 = (A + \overline{A})\overline{B} + (A + \overline{A})CD = \overline{B} + CD$$

利用吸收律，即 $AB + A\overline{B} = A$ 将两项合并成一项，在减少与项的同时，使与项中所含的变量数也减少。

【例 16.12】 化简下列逻辑函数

$$F_3 = \overline{B} + ABC \quad F_4 = A + \overline{A}CD + \overline{A}\overline{B}\,\overline{C}$$

【解】
$$F_3 = \overline{B} + ABC = \overline{B} + B(AC) = \overline{B} + AC$$
$$F_4 = A + \overline{A}CD + \overline{A}\overline{B}\,\overline{C} = A + \overline{A}(CD) + A + \overline{A}(\overline{B}\,\overline{C})$$
$$= A + CD + A + \overline{B}\,\overline{C} = A + CD + \overline{B}\,\overline{C}$$

利用吸收律，即 $A + \overline{A}B = A + B$ 消去多余因子，虽然与项的数目没有减少，但与项中所含有的变量数减少，也使函数的表达式形式简化。

【例 16.13】 化简下列逻辑函数

$$F_5 = A + \overline{\overline{A}\,\overline{BC}}(\overline{A} + \overline{B}\,\overline{C} + D) + BC$$

【解】 因为 $\overline{\overline{A}\,\overline{BC}} = \overline{\overline{A}} + \overline{\overline{BC}} = A + BC$，有

$$F_5 = (A + BC) + (A + BC)(\overline{A} + \overline{B}\,\overline{C} + D) = A + BC$$

在发现第二个复杂与项含有因子 $A + BC$ 后，因子 $\overline{A} + \overline{B}\,\overline{C} + D$ 不需要变换成与或式再参与化简，可直接利用吸收律 $A + AB = A$ 得到逻辑函数的最简与或式。

【例 16.14】 化简下列逻辑函数

$$F_6 = \overline{AB}\,\overline{C} + \overline{A}BC + ABC \quad F_7 = A\,\overline{B} + \overline{A}B + B\,\overline{C} + \overline{B}C$$

【解】 $F_6 = (\overline{A}B\overline{C} + \overline{A}BC) + (\overline{A}BC + ABC)$ ←根据重叠律 $A + A = A$,与项可重复利用

$= \overline{A}B + BC$

$F_7 = (A\overline{B} + B\overline{C} + A\overline{C}) + \overline{A}B + \overline{B}C$ ←冗余律反向使用,得冗余项 $A\overline{C}$

$= (A\overline{C} + \overline{A}B + B\overline{C}) + (A\overline{C} + \overline{B}C + A\overline{B})$ ←冗余项 $A\overline{C}$ 重复利用

$= A\overline{C} + \overline{A}B + A\overline{C} + \overline{B}C$ ←冗余律正向使用,消除冗余项 $B\overline{C}$、$A\overline{B}$

$= A\overline{C} + \overline{A}B + \overline{B}C$

虽然每个与项所含有的变量没有变化,但与项的数目减少,也达到了化简的目的。

另外,对于 F_7,还可能有

$F_7 = A\overline{B} + B\overline{C} + (\overline{A}B + \overline{B}C + \overline{A}\overline{C})$ ←冗余律反向使用,得冗余项 $\overline{A}C$

$= (A\overline{B} + \overline{A}C + B\overline{C}) + (B\overline{C} + \overline{A}C + \overline{A}B)$ ←冗余项 $\overline{A}C$ 重复利用

$= A\overline{B} + \overline{A}C + B\overline{C} + \overline{A}C$ ←冗余律正向使用,消除冗余项 $B\overline{C}$、$\overline{A}B$

$= A\overline{B} + B\overline{C} + \overline{A}C$

虽然所用方法相同,但因增添的冗余项不同,最终的结果仍然可能不同。可见,逻辑函数的最简与或式的形式也不总是唯一的。

以上例子表明,代数化简法化简的过程中,逻辑代数的基本运算规律和规则往往要反复应用。

【例 16.15】 化简

$$F_8 = AB + \overline{\overline{A}\,\overline{B}} \, \overline{BC} + \overline{B}\,\overline{C}$$

【解】 $F_8 = (AB + \overline{A}\,\overline{B}) + (BC + \overline{B}\,\overline{C}) = AB + \overline{A}\,\overline{B}(C + \overline{C}) + BC(A + \overline{A}) + \overline{B}\,\overline{C}$

$= AB + \overline{A}\,\overline{B}C + \overline{A}\,\overline{B}\,\overline{C} + ABC + \overline{A}BC + \overline{B}\,\overline{C} = AB + \overline{A}BC + ABC + \overline{B}\,\overline{C}$

$= AB + \overline{A}C(B + \overline{B}) + \overline{B}\,\overline{C} = AB + \overline{A}C + \overline{B}\,\overline{C}$

代数化简法有两个缺点:①在化简过程中没有严格固定的步骤可循。化简过程中每一步可用公式很多,如果在某一个结点上的分支过多,化简只能采用试凑的方法进行;②化简过程没有一个明确的方向。一个逻辑函数式是否已经达到最简形式往往难以断定。以上缺点使代数化简法具有一定的局限性。

16.4.2 逻辑函数的卡诺图化简法

以三变量表决逻辑函数为例,其真值表见表 16.9,由真值表可以直接写出该函数的最小项表达式为

$$F = \overline{A}BC + A\overline{B}C + AB\overline{C} + ABC$$

如果将该函数的真值表重新排列为图 16.8 所示样式,则该图所表示的逻辑关系和表 16.9 表示的完全相同。表面上看,图 16.8 只是逻辑函数真值表的二维排列方法,但这种二维排列方法却为逻辑函数的化简带来了极大的方便——由它经过适当的处理,可直接写出逻辑函数的最简与或式。这种表示逻辑函数的方格图是美国工程

卡诺图化简法

师卡诺（Karnaugh）根据逻辑函数的基本规律于 1953 年提出的，被称作卡诺图。

表 16.9　三变量表决逻辑函数真值表

A	B	C	F
0	0	0	0
0	0	1	0
0	1	0	0
0	1	1	1
1	0	0	0
1	0	1	1
1	1	0	1
1	1	1	1

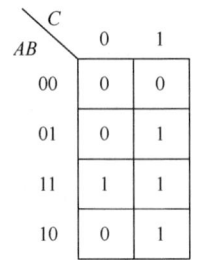

图 16.8　表 16.9 卡诺图

那么卡诺图是如何构成的呢？

首先，图 16.8 中，三变量表决逻辑函数的卡诺图是一个大的矩形分割成 8 个小方格，因为输入变量有 3 个，可以组合成 8 种不同的取值组合。对应变量的每一种取值组合都有相应的函数值，比如 ABC 取值 000 时，$F=0$，则 AB 组合成的行标识 00 行和 C 标识的 0 列交集，恰好对应与运算 000，则该方格中填 0；而 ABC 取值 110 时，则相应应该找 11 行 0 列相交所形成的小方格，在这个方格内填 1。

那么，如果输入变量有 4 个，就应该分割成 16 个小方格，同样将逻辑函数的值填入相应方格中。依此推之，如果是由 n 个输入变量确定的逻辑函数，则应该分割成 2^n 个小方格。所以说卡诺图是逻辑函数真值表的二维排列方法。

另外，注意图 16.8 中对应 AB 取值组合的行标识的排列也不是随意的：00、01 之后并不是按照二进制数递增的顺序出现 10 行标，而是 11 行标，那么行标识这样排列遵循的是怎样的规则呢？

吸收律 $AB+A\bar{B}=A$ 中的 AB 和 $A\bar{B}$ 两个与项只有一个变量不同，可以合并成一项，合并的结果是保留相同变量，去掉变化的变量。在逻辑代数中，这样的两个与项被称作相邻最小项。所谓相邻最小项就是指由 n 个变量构成的两个最小项，只有一个变量不同，而其余变量均相同，简称相邻项。例如，两个三变量的最小项 $\overline{AB}\,\bar{C}$ 和 $AB\bar{C}$ 为相邻项，而 $\overline{AB}\,\bar{C}$ 和 ABC 却不是相邻项。任何一个 n 变量的最小项有 n 个相邻项。现在来看，图 16.8 中 AB 组合的行标正是按照相邻性来排布的。因为相邻项的相邻性排布，可以很容易地利用吸收律进行并项化简。

由图 16.8 发现，代表 $AB\bar{C}$ 的 110 方格和代表 ABC 的 111 方格中，逻辑函数的值均为 1，这两项只有 C 不同，合并的结果是保留相同变量 AB，去掉不同变量 C。

综上所述，卡诺图是逻辑函数的另外一种表示方法。将一个矩形分隔成 2^n 个小方格，每个小方格代表变量的一种取值组合，即一个最小项。同时具有相邻性的最小项所对应的小方格，在空间排布上具有相邻性。对应变量的取值组合使逻辑函数的值为 1，则对应的小方格中填 1，否则填 0。建立逻辑函数卡诺图的过程包括画图和填图两步。

图 16.9 分别为两变量卡诺图、三变量卡诺图和四变量卡诺图。方格中为该格所对应的最小项。读者可尝试找到每个最小项的相邻最小项，并关注其位置。

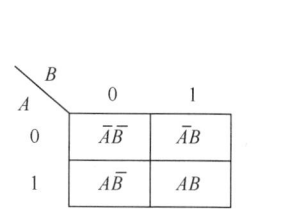

a) 两变量卡诺图　　　　b) 三变量卡诺图　　　　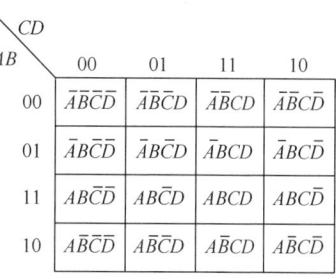

c) 四变量卡诺图

图 16.9　两变量卡诺图、三变量卡诺图和四变量卡诺图

卡诺图可以看成是闭合的图形（类似球面），所以行的首尾和列的首尾也是相邻的。可以在图 16.9c 中尝试寻找 $\overline{A}\,\overline{B}\,\overline{C}\,\overline{D}$ 的所有相邻最小项，看看它们所处的位置。卡诺图可以根据变量数目的不同选择相应的结构。当然卡诺图的构成形式并不唯一，只要符合卡诺图的结构要求即可。

填图当然可以像图 16.8 那样，直接根据真值表来填写，也可以把逻辑函数的表达式化成最小项表达式，那么在对应最小项的方格内填 1 即可。

【例 16.16】　用卡诺图表示逻辑函数

$$F = AB + \overline{A}BC + A\overline{B}\,\overline{C}$$

【解】　先将逻辑函数化成最小项表达式，即

$$F = AB(C + \overline{C}) + \overline{A}BC + A\overline{B}\,\overline{C}$$
$$= ABC + AB\,\overline{C} + \overline{A}BC + A\overline{B}\,\overline{C}$$

因最小项表达式中有 4 个最小项，所以在 4 个最小项所对应的小方格内填 1，其余位置填 0，即为该函数的卡诺图，如图 16.10 所示。也可以只填 $F = 1$ 的小方格，$F = 0$ 的小方格可以不填。每个填 1 的小方格可称为独立"1"格。

1. 最小项合并规律

利用卡诺图合并最小项，就是在反复运用吸收律 $AB + A\overline{B} = A$ 消去不同变量，从而得到最简与或式。

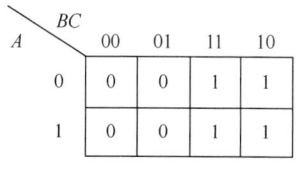

图 16.10　例 16.16 图

由于逻辑函数的最小项表达式对应着卡诺图中的独立"1"格，因此表达式中任意两个相邻项都仅有一个变量不同，可以合并成一项，消去一个不同的变量。即卡诺图中两个相邻的独立"1"格，可以合并成一项，消去一个变量。比如图 16.8 中，代表 $AB\overline{C}$ 的 110 方格和代表 ABC 的 111 方格中，逻辑函数的值均为 1，这两个独立"1"格只有 C 不同，可以合并成一项，合并的结果是保留相同变量 AB，去掉不同变量 C；代表 $\overline{A}BC$ 的 011 方格和代表 ABC 的 111 方格，这两个独立"1"格只有 A 不同，可以合并成一项，合并的结果是保留相同变量 BC，去掉不同变量 A；代表 $A\overline{B}C$ 的 101 方格和代表 ABC 的 111 方格，这两个独立

"1"格只有 B 不同,可以合并成一项,合并的结果是保留相同变量 AC,去掉不同变量 B。

在卡诺图化简法中,可以把这样的两个相邻"1"格用矩形圈圈起来,这样的圈称之为卡诺圈,如图 16.11 所示。这三个卡诺圈彼此交叉,不具备相邻的关系,没有进一步合并化简的可能。而图 16.12 所示卡诺图中,011 和 111 两格具有上下相邻性,可以圈成一个卡诺圈,合并的结果是 BC;010 和 110 两格同样具有上下相邻性,可以圈成一个卡诺圈,合并的结果是 $B\bar{C}$,如图 16.12a 所示。而 BC 和 $B\bar{C}$ 两项也具有相邻性,可以进一步并项,保留相同变量,结果为 B。从图形上来看,这两个卡诺圈可以合并成一个包含四个独立"1"格的卡诺圈,这样的"1"格具有连续相邻性,可以直接圈成一个卡诺圈,去掉两个变量。只有 B 始终为 1,A 和 C 都变了,所以最终结果是 B,如图 16.12b 所示。

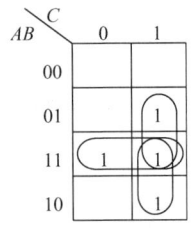
图 16.11 卡诺圈

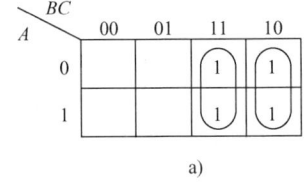
图 16.12 连续相邻"1"格的卡诺圈合并

如图 16.13 所示,$AB\bar{C} + A\bar{B}\bar{C} = B\bar{C}$,两个相邻项合并消去一个变量;如图 16.14 所示,$AB\bar{C} + \bar{A}BC + A\bar{B}\bar{C} + \bar{A}BC = B$,四个相邻项(具有连续相邻性的 2^2 个独立"1"格)可以消去两个不同变量,合并成一项。可以证明,八个相邻项(包含 2^3 个独立"1"格)合并,可消去三个不同变量……以此类推,得到卡诺图的合并的规则:2^n 个相邻项(包含 2^n 个独立"1"格)可以圈成一个卡诺圈,合并成一项,消去 n 个不同变量。

例如 $AB\bar{C}D + ABCD + A\bar{B}CD + A\bar{B}\bar{C}D = AD$,它的卡诺图的合并如图 16.15 所示。

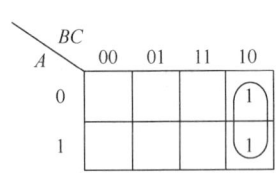
图 16.13 两个相邻项合并

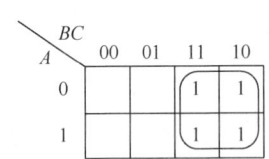
图 16.14 四个相邻项合并(1)

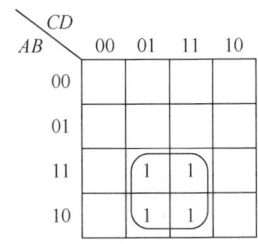
图 16.15 四个相邻项合并(2)

很明显,卡诺圈中所含有的独立"1"格数必须是 2^n。卡诺圈越大,合并成一项时消去的变量就越多。

2. 用卡诺图化简逻辑函数的方法

该方法步骤为:首先建立逻辑函数的卡诺图,其次圈卡诺圈,最后合并卡诺圈,直接写出最简与或式。圈卡诺圈需要遵循以下规则:

1)所有独立"1"格都要被圈到。如果某个独立"1"格未被圈到,则所得函数不是原函数。

2)圈卡诺圈时要注意一定的次序,先圈只有一种圈法的独立"1"格。

3)卡诺圈数要尽可能少。一个卡诺圈合并的结果对应最简与或式中的一个与项,卡诺圈少逻辑函数就简单。

4)卡诺圈要尽可能的大。卡诺圈越大,消去的变量越多,才能满足最简与或式中每个与项中所含的变量最少的要求。

5)"1"格可以重复利用。根据重叠律 $A+A=A$,为了使卡诺圈更大,"1"格可以重复利用。然而在卡诺圈同样大的情况下,应尽量避免重复,保证所有卡诺圈覆盖的总面积最小。

6)圈时要注意行列的首尾相邻性,如图 16.16 所示的最小项都可以合并。

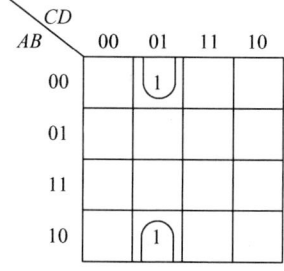
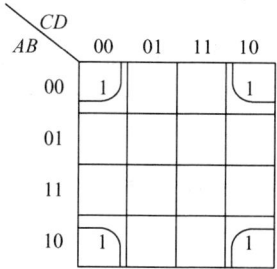

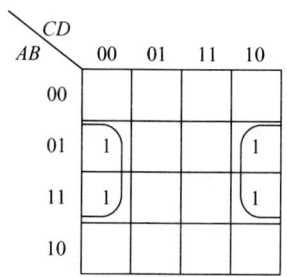
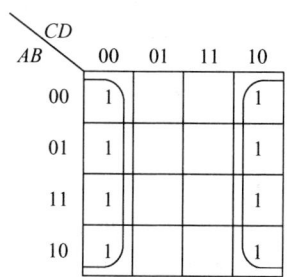
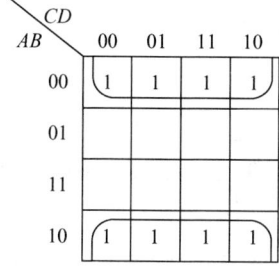

图 16.16 可以合并的最小项

下面举例说明卡诺图化简法。

【例 16.17】 化简

$$F = \overline{B}CD + B\overline{C} + \overline{A}\,CD + A\,\overline{B}C$$

【解】 1)填卡诺图,如图 16.17 所示。

2)圈卡诺圈。

3)合并卡诺圈,写出最简与或式为

$$F = B\overline{C} + \overline{A}\,BD + A\,\overline{B}C$$

【例 16.18】 对图 16.18 所示卡诺图表示的逻辑函数进行化简。

【解】 化简结果为

$$F = \overline{A}BC\,\overline{D} + \overline{B}\,C\,\overline{D} + B\,\overline{C}D + AD + A\,\overline{B}$$

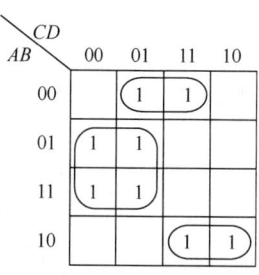

图 16.17 例 16.17 图

【例 16.19】 对图 16.19 所示逻辑函数进行化简。

【解】 按图 16.19a 所示圈法，得

$$F = \bar{A}\bar{B}C + \bar{A}BD + AB\bar{C} + A\bar{B}D$$

按图 16.19b 所示圈法，得

$$F = A\bar{C}\bar{D} + B\bar{C}D + \bar{A}CD + \bar{B}C\bar{D}$$

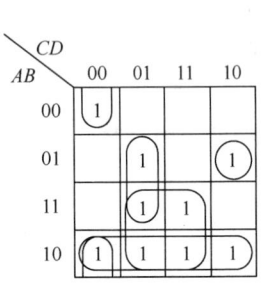

图 16.18　例 16.18 图

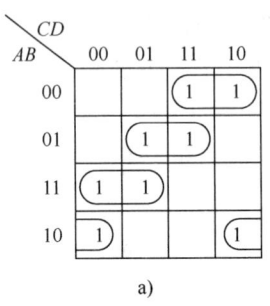

图 16.19　例 16.19 图

【例 16.20】 化简逻辑函数

$$F = ABC + ABD + A\bar{C}\bar{D} + \bar{C}\bar{D} + A\bar{B}C + \bar{A}C\bar{D}$$

【解】 先画出逻辑函数的卡诺图，如图 16.20 所示，可写出

$$\bar{F} = \bar{A}D$$

运用反演律，可写出原函数为

$$F = A + \bar{D}$$

这种先求反函数，再利用反演律求原函数的方法只适用于 $\bar{F}$ 只圈一个卡诺圈的情况。

3. 具有无关项的逻辑函数的化简

所谓无关项，是指在某些逻辑函数中，对一些最小项加以约束，使这些项不出现。例如 8421BCD 编码取的是 0000～1001 这十种，而 1010～1111 这六种变量取值组合是不会出现的，不会出现的最小项无论取值为 0 或 1，对系统结果是没有影响的。在化简具有无关项的逻辑函数时，合理使用无关项，可使表达式大大简化。

例如某具有无关项的逻辑函数卡诺图如图 16.21 所示，图中标有 × 号的表示无关项，其取值既可为 0 也可为 1。如果不考虑无关项，则该函数的最简与或式为

$$F = \bar{A}\bar{B}\bar{C}D + \bar{A}BCD + A\bar{B}\bar{C}\bar{D}$$

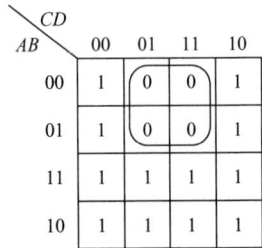

图 16.20　例 16.20 图

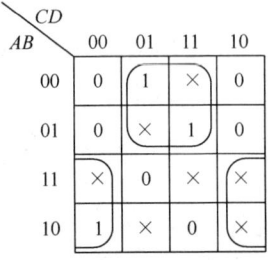

图 16.21　含无关项的卡诺图化简

如将对应无关项的函数值取为 1，可写出最简与或式为

$$F = \overline{A}D + A\overline{D}$$

可见，在化简过程中，如果能够充分利用无关项，可以使逻辑函数的形式更为简单。

※16.5 TTL 门电路

目前各种数字电路都广泛应用集成电路。所谓集成电路就是采用一定的生产工艺，将晶体管、电阻、电容等元器件和连线制作在同一块半导体基片上，作为基础的电路单元。集成门电路具有体积小、可靠性高、工作速度快等许多优点。

TTL电路

按照所采用的基本电子元器件的不同，集成门电路分为 TTL 和 MOS 两大类型。

TTL 数字集成器件内部由双极型晶体管组成，TTL 是晶体管-晶体管逻辑电路（transistor-transistor logic）的简称，由于其结构较简单，制造工艺成熟，因此性能稳定，可靠性高。所以 TTL 集成电路品种较多，应用范围广泛。

TTL 集成门电路有 54（军用品）和 74（民用品）两大系列。每一系列的品种很多，如 74 系列中有 74××（标准型）、74S××（肖特基型）、74LS××（低功耗肖特基型）等。

16.5.1 TTL 与非门电路结构

TTL 与非门电路如图 16.22 所示，它由输入级、中间放大级和输出级三部分组成。

（1）输入级

该级由 VT_1 和 R_1 组成，实现与的作用。其中 VT_1 是一个多发射极晶体管，相当于若干个发射极独立而基极和集电极分别并联在一起的晶体管，其等效电路如图 16.23 所示。

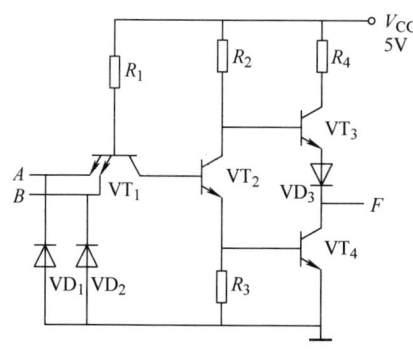

图 16.22 TTL 与非门电路

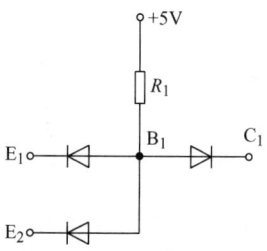

图 16.23 多发射极晶体管等效电路

（2）中间放大级　该级由 VT_2、R_2 及 R_3 组成。从 VT_2 的集电极和发射极输出的是两个反相的信号，用来驱动输出级。

（3）输出级　该级由 VT_3、VT_4 和 R_4、VD_3 组成。其中 VT_4 构成反相器（非门），实现非的逻辑，VT_3 和 VD_3 作为 VT_4 的负载。

16.5.2 TTL 与非门电路工作原理

下面分析图 16.22 所示 TTL 与非门电路的工作原理及逻辑关系，分两种情况讨论。

1) 当输入端全部接高电平（设为 3.6V）时，即 $A = B = 1$，VT_1 的集电结、VT_2 和 VT_4 的发射结相当于三个二极管串联。通过分析可以知道，要使 VT_1 的发射结导通，V_{B1} 必须达到 4.3V，而 VT_1 的集电结、VT_2 和 VT_4 的发射结导通只需要使 $V_{B1} = 2.1V$，所以最终 VT_1 基极电位被钳位在 2.1V。这样 VT_1 相当于一个倒置使用的晶体管：集电结正向偏置（相当于发射结），多发射结反向偏置（相当于集电结）。同时，电源 V_{CC} 通过 R_1 和 VT_1 的集电结向 VT_2 提供足够的基极电流，使 VT_2 饱和导通，VT_2 的发射极电流在 R_3 上产生的电压降使 VT_4 处于饱和状态，输出低电平，约为 0.3V，即 $F = 0$。与此同时，VT_2 的集电极电位为

$$V_{C2} = U_{CE2} + U_{BE4} \approx (0.3 + 0.7)V = 1V$$

由于 $V_{B3} = V_{C2}$，所以此电位值不可使 VT_3 和 VD_3 导通（VT_3 截止）。接负载后，VT_4 的集电极电流全部由负载灌入，这种电流称为灌电流。

2) 当输入端任意一个或几个为低电平（设为 0.3V）时，VT_1 中接低电平的输入端的发射结正偏导通，VT_1 的基极电位等于输入端的低电平加上发射结的导通电压，即 $V_{B1} = V_{E1} + U_{BE1} \approx (0.3 + 0.7)V = 1V$。由于 V_{B1} 加在 VT_1 的集电结以及 VT_2 和 VT_4 的发射结，所以 VT_2 和 VT_4 处于截止状态。

由于 VT_2 截止，电源 V_{CC} 经 R_2 向 VT_3 提供基极电流使 VT_3 导通，VT_3 的发射极电位亦即 VD_3 的阳极电位为

$$V_{D3} = V_{E3} = V_{CC} - I_{B3}R_2 - U_{BE3}$$

因 I_{B3} 很小，$I_{B3}R_2$ 可忽略不计，所以

$$V_{E3} \approx (5 - 0.7)V = 4.3V$$

该电位值使 VD_3 导通。因此输出端电位为

$$V_o = V_{E3} - U_{D3} = (4.3 - 0.7)V = 3.6V$$

即输出为高电平（$F = 1$）。

可见，图 16.22 所示电路输入与输出信号满足与非的逻辑关系，即

$$F = \overline{A \cdot B}$$

为了更清楚地看出上述逻辑关系，把它们列于表 16.10 中。如果用 1 表示高电平、0 表示低电平，即可构成与非逻辑关系表，称为与非门真值表。

图 16.24 是 74LS00 二输入四与非门的引脚排列图。

表 16.10 与非门真值表

输入		输出
A	B	Y
0	0	1
0	1	1
1	0	1
1	1	0

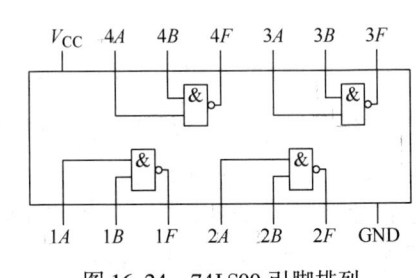

图 16.24 74LS00 引脚排列

16.5.3 TTL 与非门电路电压传输特性

电压传输特性即输出电压随输入电压变化的关系。TTL 与非门电路实际电压传输特性如图 16.25a 所示。一般把它分为 4 段进行分析。

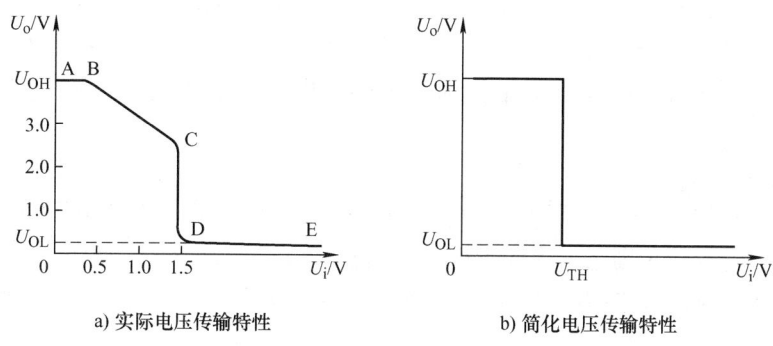

a) 实际电压传输特性   b) 简化电压传输特性

图 16.25 TTL 与非门电路的实际电压传输特性

1. AB 段（截止区）

$U_i < 0.5V$，VT_1 正向饱和导通，$U_{CE1} < 0.1V$，$V_{B2} = U_I + U_{CE1} < 0.7V$，$VT_2$ 和 VT_4 截止，VT_3、VD_3 导通。AB 段的特点是输出是恒定的高电平。

2. BC 段（线性区）

U_i 为 0.5~1.3V，$0.6 < V_{B2} = U_i + U_{CE1} < 1.4V$，$VT_2$ 进入放大区，而 VT_4 仍保持截止状态，输出电压 U_o 随输入电压 U_i 的升高而线性地下降。这一段称为特性曲线的线性区。

3. CD 段（转折区）

U_i 从 1.3V 略有增加，VT_4 由截止变为导通，输出电压急剧地下降为低电平（一般在 0.3V 以下）。

4. DE 段（饱和区）

随着 U_i 的继续增加，VT_2、VT_4 均进入饱和状态，输出不再随输入变化且保持为低电平。这一段称为特性曲线的饱和区。

一般将转折区视作输出高、低电平的分界线。把转折区所对应的输入电压值称为阈值电压或门槛电压，用 U_{TH} 表示。根据分析，$U_{TH} \approx 1.4V$。在实际应用中，可以把传输特性简化成如图 16.25b 所示的二值特性曲线。

16.5.4 TTL 与非门主要参数

TTL 与非门参数很多，下面介绍几个反映 TTL 与非门特性的主要参数，以便于今后能够正确选择和使用 TTL 与非门。

1. 输出高电平 U_{OH}

输出高电平 U_{OH} 是指任意一个（或几个）输入端接低电平时的输出电平。即在电压传输特性曲线上对应于 AB 段的输出电压值。U_{OH} 的典型值约为 3.6V，产品规范值 $U_{OH} \geq 3.6V$。

2. 输出低电平 U_{OL}

输出低电平 U_{OL} 是指输入端全为高电平时的输出电平。对应于电压传输特性曲线上 DE 段的输出电压值。产品规范值 $U_{OL} \leq 0.4V$。

3. 开门电平 U_{ON}

在额定负载下，使输出电平达到标准低电平所对应的输入高电平的下限值称为开门电平 U_{ON}。U_{ON} 表示使与非门开通的最小输入电平。当输入高电平受外界干扰而有所下降时，只要不低于开门电平 U_{ON}，则输出电平仍为确定的低电平。因此，U_{ON} 越小，则抗干扰能力越强。

4. 关门电平 U_{OFF}

输出端空载，输出电平达到标准高电平时所对应的输入低电平的上限值称作关门电平 U_{OFF}。它表示使与非门关断的最大输入电平。当输入低电平受外界干扰而有所上升时，只要不高于关门电平，则输出仍为确定的高电平，因此，关门电平 U_{OFF} 越大，则抗干扰能力越强。

5. 输入低电平电流 I_{IL}

当与非门的一个输入端接低电平而其余输入端接高电平时，流出该输入端的电流称为输入低电平电流 I_{IL}。在实际应用中，I_{IL} 是流入前级的灌电流，影响前级门电路所能带负载的个数，因此必须把 I_{IL} 限制在一定数值之下。

6. 输入高电平电流 I_{IH}

当与非门的一输入端接高电平而其余输入端接低电平时，流入该输入端的电流称为输入高电平电流 I_{IH}。在与非门串联使用时，当前级门输出高电平，后级门就是拉电流负载，I_{IH} 过大会使前级门输出高电平下降，因此必须把 I_{IH} 限制在一定数值之下，一般 $I_{IH} < 50\mu A$。

7. 扇出系数 N

一个与非门能够驱动同类与非门的最大个数称为扇出系数，它标志着门电路的带负载能力。

8. 平均传输延迟时间 t_{pd}

平均传输延迟时间 t_{pd} 是用来表示电路开关速度的参数。由于各晶体管动作（由导通到截止或由截止到导通）都需要一定的时间，所以与非门的输出和输入信号之间总是有一定的延时，如图 16.26 所示。从输入波形的上升沿的 50% 处到输出波形下降沿的 50% 处的时间延迟称为导通延迟时间 t_{don}；从输入波形下降沿的 50% 处到输出波形上升沿 50% 处的时间延迟叫作截止延迟时间 t_{doff}。t_{don} 与 t_{doff} 的平均值定义为平均传输延迟时间 t_{pd}，即

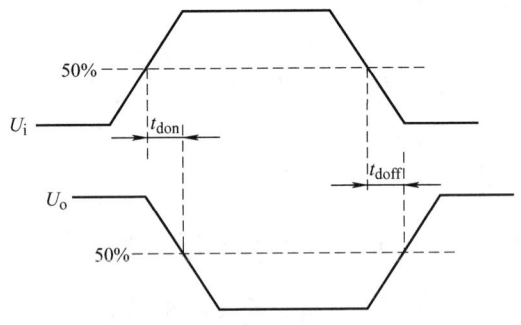

图 16.26 平均传输延迟时间的定义

$$t_{pd} = \frac{t_{don} + t_{doff}}{2}$$

t_{pd} 越小越好。

9. 空载功耗

空载功耗是指当与非门空载时电源总电流 I_{CC} 与电源电压的乘积，即 $P = I_{CC}V_{CC}$。

当输出为低电平时的功耗称为空载导通功耗 P_{ON}，当输出为高电平时的功耗称为空载截止功耗 P_{OFF}，P_{ON} 总比 P_{OFF} 大。一般情况下，电源电压是固定的，所以用空载时的电源电流也可衡量空载功耗的大小。

需要指出的是，门电路的速度与功耗之间往往是矛盾的。降低功耗会增加延时，使门电路速度降低，而提高门电路速度又要以增加功耗为代价。因此通常用功耗与平均传输延迟时间的乘积作为门电路的一个性能指标。习惯上称之为速度-功耗积，用 M 表示，即 $M = Pt_{pd}$。M 值越小，表明门电路的性能越好。

表 16.11 为 TTL 与非门主要参数的数据范围。由于产品种类繁多，生产厂家不同，所以不同型号的产品，乃至同一型号产品的主要参数都有相当大的差异，使用时就要以产品说明书为准。

表 16.11 TTL 与非门主要参数

参数名称	符号	单位	指标
输出高电平	U_{OH}	V	≥3.6
输出低电平	U_{OL}	V	≤0.4
开门电平	U_{ON}	V	≤1.8
关门电平	U_{OFF}	V	≥0.8
输入短路电流	I_{IS}	mA	≤2.2
输入高电平电流	I_{IH}	μA	<50
扇出系数	N	个	≥8
传输延迟时间	t_{pd}	ns	≤40
功耗	P	mW	≤50

16.5.5 集电极开路与非门（OC 门）

在实际使用中，有时需要将若干个与非门的输出再进行逻辑与。从逻辑关系上看，最简单的办法是把各个门的输出端直接并联，如图 16.27 所示，当 F_1 或 F_2 为低电平时，F 为低电平，只有当 F_1 和 F_2 均为高电平时，F 才为高电平。因此这个电路实现的功能是 $F = F_1 \cdot F_2$，即它能实现两输出端相与的功能。

将门的输出端直接并联实现逻辑与的连接，这种方式称为线与接法，相应的逻辑关系称为线与逻辑。

但是，一般的 TTL 与非门的输出端是不能直接相连的，因为性能良好的 TTL 与非门的输出电阻很小，如果将它们的输出端相连，可能会在处于截止状态的和处于导通状态的与非门输出管之间形成一条自 V_{CC} 到地的低阻通路（见图 16.28），形成较大的电流，使输出低电平升高，造成输出逻辑的混乱。同时还可能因功耗过大而损坏与非门。因此，一般的 TTL

与非门不能采用线与连接，而要采用集电极开路（open collector）门。

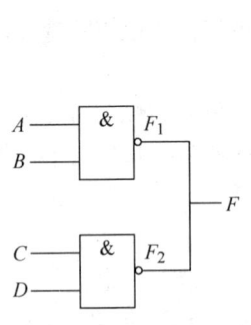

图 16.27 输出端并联（逻辑与）

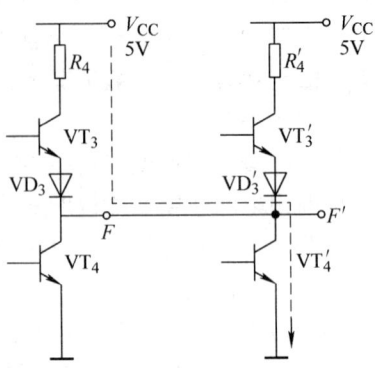

图 16.28 两个 TTL 与非门输出端直接相连

集电极开路门简称 OC 门。图 16.29 是 TTL OC 与非门的电路及逻辑符号，由于其输出级改为集电极开路的晶体管结构，故可实现线与连接。

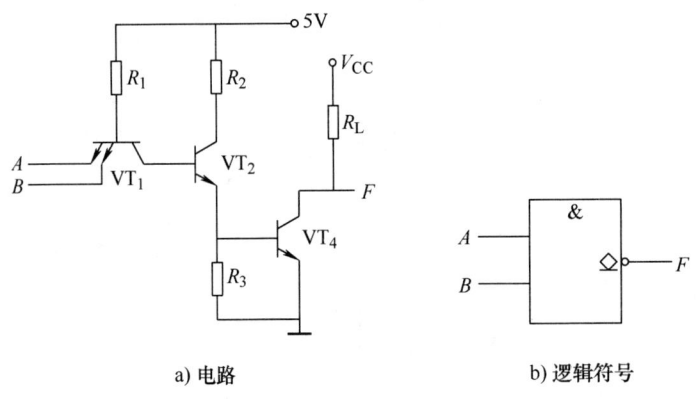

a) 电路　　　　　　　　b) 逻辑符号

图 16.29 TTL OC 与非门

OC 门工作时需外接负载电阻和电源，只要电阻的阻值和电源电压选择适当，就可以保证输出电平正确，而输出管的电流又不会过大。当 n 个 OC 门线与连接时，一般共用一个负载电阻 R_L，如图 16.30 所示。当其中只有一个门（假设为 OC_1 门）输出为低电平时，其输出管导通，而其余门的输出管截止，负载电流将全部流入 OC_1 门的输出管。只要 R_L 足够大，OC_1 的输出管饱和，F 即为确定的低电平。因为 R_L 足够大，所以在电源和地之间不会形成低阻通路。当所有 OC 门的输出均为低电平时，所有输出管均导通，通过每个输出管的电流为总电流的 $1/n$，各输出管的饱和程度更深，输出低电平更接近 0V。当所有输出门均为高电平时，所有输出管均截止，F 为高电平。可见，n 个 OC 门输出端并联实现了线与逻辑。

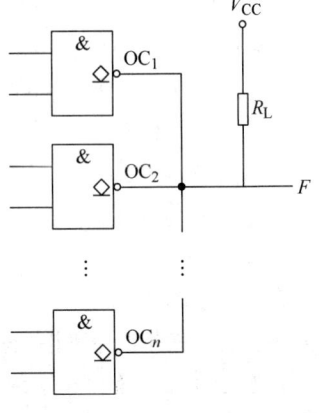

图 16.30 n 个 OC 门线与连接

OC 门的应用很广，其主要优点是利用 OC 门的线与功能，减少门的个数和电路级数，缩短电路传输时间。但 OC 门的缺点是工作速度慢，平均传输延迟时间长，带负载能力也较小。

16.5.6 三态与非门（TSL 门）

三态门电路简称 TSL（tri-state logic）门。与普通 TTL 门相比，它的输出有三种状态：高电平、低电平和高阻抗状态。其中高阻抗状态简称为高阻态，又称为禁止态。当电路处于这种状态时，其输出实质上是与所连的电路断开。

三态门电路是在普通门电路的基础上增加了控制端构成的。图 16.31 所示为一种高电平有效三态与非门的电路结构和逻辑符号，其主要部分与一般 TTL 与非门相似，不同之处是增加了一个控制端，也称使能（enable）端，用 EN 表示。控制信号经一个二极管 VD_1 接到 VT_2 的集电极和 VT_3 的基极。

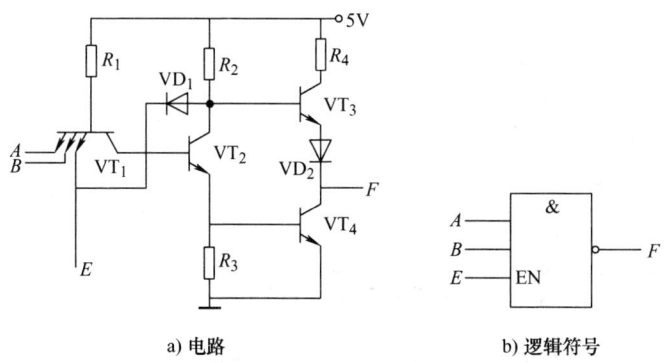

a) 电路　　　　　　b) 逻辑符号

图 16.31　高电平有效三态与非门

当控制端为高电平时，二极管 VD_1 截止，电路输出与输入的逻辑关系与一般与非门相同。当控制端为低电平时，VT_1 导通，使 VT_2 和 VT_4 截止，同时由于 VD_1 导通，又使 VT_3 和 VD_2 截止，这里的输出端等效于通过两个极高的电阻分别接到电源和地，因此表现为高阻抗状态。

由于图 16.31a 所示电路在控制端为高电平时处于工作状态，所以称为控制端高电平有效三态与非门，简称高电平有效三态与非门，其状态表见表 16.12。

图 16.32a 是控制端低电平有效三态与非门电路。其控制端经非门后再和 VT_1 的一个发射极和二极管 VD_1 相连。图 16.32b 是低电平有效三态与非门的逻辑符号，控制信号为 $\overline{E}$，此处 E 上的横线只表明低电平有效，而不是代表对 E 求反。低电平有效三态与非门的状态表见表 16.13。

表 16.12　高电平有效三态与非门状态表

$E = 1$	$F = \overline{A \cdot B}$
$E = 0$	高阻态

表 16.13　低电平有效三态与非门状态表

$\overline{E} = 0$	$F = \overline{A \cdot B}$
$\overline{E} = 1$	高阻态

三态与非门的一个主要用途是作为 TTL 系统和总线间的接口电路。所谓总线就是一组传输导线，相当于一个公共通道。在任何时刻，总线只允许接受某一个逻辑电路的信号，其他电路都应与它断开，这个要求就可以用三态门来实现，电路接法如图 16.33 所示，只要各三态与非门的控制信号轮流为 1，并且任何时刻只有一个为 1，这样就可以用同一总线分时地传送各个门的输出信号。在实际应用中，可以允许 128 个三态与非门连接到同一总线上，因而大大减少了连接线的数目。

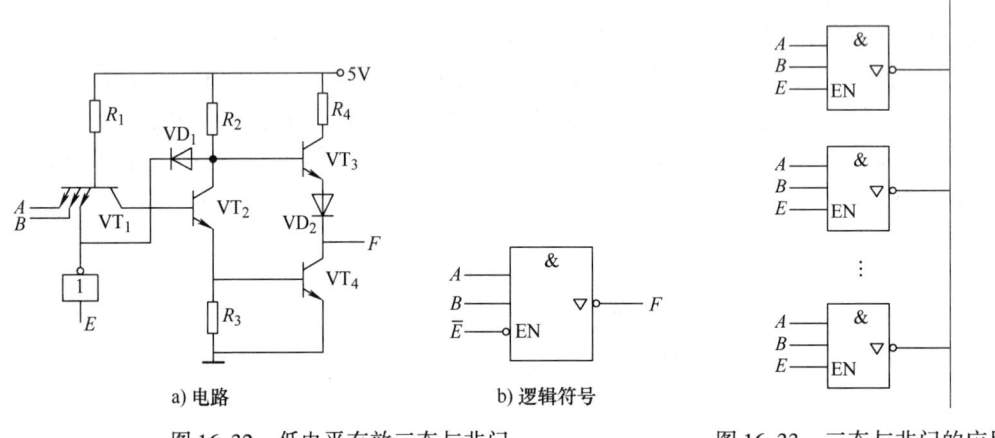

图 16.32　低电平有效三态与非门　　　图 16.33　三态与非门的应用

※16.6　NMOS 和 CMOS 门电路

本节介绍由 MOS 场效应晶体管组成的集成逻辑门电路。与 TTL 门电路相比，MOS 门电路优点是制造工艺简单、集成度高、体积小、功耗低、抗干扰能力强、扇出系数大，但其工作速度较低。通过改进工艺，将增强型 NMOS 场效应晶体管和 PMOS 场效应晶体管做在同一块芯片上，可构成互补对称（complementary）的 MOS 电路，称为 CMOS 电路。这样 MOS 门电路就存在三种类型：由 PMOS 管构成基础的 PMOS 门电路，由 NMOS 管构成基础的 NMOS 门电路，以及由 PMOS 管和 NMOS 管组合而成的 CMOS 门电路。NMOS 门电路和 CMOS 门电路性能优于 PMOS 门电路，特别是 CMOS 门电路工作速度快、功耗低、性能优越，较适宜制作大规模集成器件，所以 CMOS 门电路应用更广泛。

场效应管

下面主要介绍 NMOS 和 CMOS 两种门电路。至于 PMOS 门电路，其工作原理与 NMOS 门电路相同，只是电源极性相反，而且由于其工作速度低、采用负电源、输出电平为负、不便于与 TTL 电路相连等原因，目前几乎不单独使用。

16.6.1　NMOS 门电路

NMOS 门电路是全部使用 N 沟道增强型 MOS 管制成的集成门电路。

1. NMOS 非门电路

NMOS 非门电路是 MOS 集成电路中最基本的单元。NMOS 非门电路由一个增强型 NMOS 管和一个负载电阻 R_D 串联组成，如图 16.34 所示。NMOS 管的栅极 G 作为逻辑输入端，源极 S 接地，漏极 D 经负载电阻 R_D 接正电源 V_{DD} 上，V_{DD} 取 5～10V。逻辑输出端由漏极 D 引出。

NMOS 管的开启电压 U_{ON} 为 0.5～2V，当输入端接低电平（设为 0.3V）时，因 $U_{GS} < U_{ON}$，管子截止（$I_D = 0$），输出为高电平；当输入端接高电平时，因 $U_{GS} > U_{ON}$，管子导通，输出为低电平。可见，电路具有"非"逻辑功能。

由于用集成电路工艺制造 MOS 管比制造电阻容易得多，因此一般都不用电阻，而是用栅极和漏极相连的增强型 NMOS 管代替负载电阻 R_D，如图 16.35 所示，图中 VT_2 称为负载管，VT_1 称为驱动管。

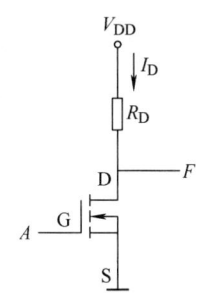

图 16.34　NMOS 非门电路

顺便指出，PMOS 非门电路如图 16.36 所示，与图 16.35 所示电路相比，两者差别是电源极性相反。

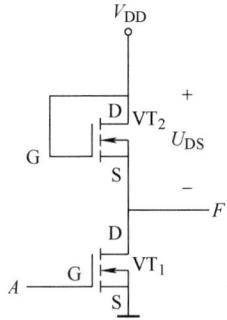

图 16.35　用负载管代替负载电阻的 NMOS 非门电路

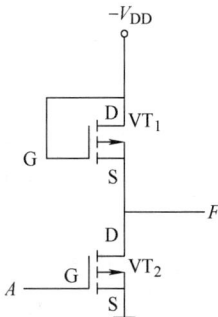

图 16.36　PMOS 非门电路

2. NMOS 与非门电路

图 16.37 所示为 NMOS 管构成的两输入端与非门电路。VT_3 为负载管，驱动管 VT_1 和 VT_2 串联起来实现逻辑与的功能。它们的栅极接输入逻辑变量，输出逻辑变量取自 VT_2 的漏极。

当两个输入端均为高电平时，VT_1 和 VT_2 均导通，二者的导通电阻远小于 VT_3 的导通电阻，经分压后输出电压近似为零，即输出为低电平。

当两个输入端中任意一个为低电平时，与该输入端相连的 MOS 管截止，相当于开路，输出为高电平。因此，输出端与两个输入端之间实现了"与非"的逻辑关系。

若要构成多输入端与非门电路，表面上看只需增加串联驱动管的数目即可，但随着驱动管数目的增加，必将使与非门电路的输出低电平抬高。为了保持低电平不致过高，并有一定的裕度，实际上 NMOS 与非门电路的输入端数不超过 4 个。

3. NMOS 或非门电路

图 16.38 所示为 NMOS 管构成的两输入端或非门电路。VT_3 为负载管，驱动管 VT_1 和 VT_2 的漏极和源极分别并联实现或的功能。它们的栅极作为逻辑变量输入端，输出端从 VT_1 和 VT_2 的漏极引出。整个电路实现"或非"的逻辑功能。

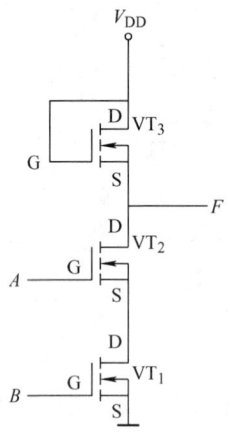
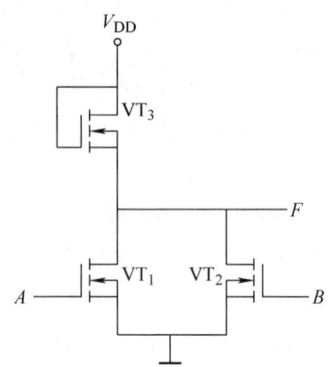

图 16.37　NMOS 与非门电路　　　图 16.38　NMOS 或非门电路

16.6.2　CMOS 门电路

CMOS 门电路是由 PMOS 管和 NMOS 管构成的互补 MOS 集成门电路。CMOS 门电路具有功耗低、抗干扰能力强、工作电源电压范围宽、负载能力强、温度稳定性好等一系列优点，其使用范围包括各种工业控制设备和民用电子产品。

1. CMOS 非门电路

CMOS 非门电路如图 16.39a 所示，由 NMOS 管 VT_1 和 PMOS 管 VT_2 按互补对称结构连接而成。VT_1 为驱动管，VT_2 为负载管，两管栅极相连引出输入端，两管漏极相连引出输出端。VT_1 的源极接地，VT_2 的源极接正电源 V_{DD}。

当输入端接高电平（$A=1$）时，其等效电路如图 16.39b 所示，此时，VT_1 导通，其导通电阻很小，相当于一个开关闭合；VT_2 截止，截止电阻非常大，相当于一个开关断开。电源电压几乎全部降落在 VT_2 上，所以输出为低电平。

当输入端为低电平（$A=0$）时，其等效电路如图 16.39c 所示。此时 VT_1 截止而 VT_2 导通，电源电压全部降落在 VT_1 上，输出为高电平。

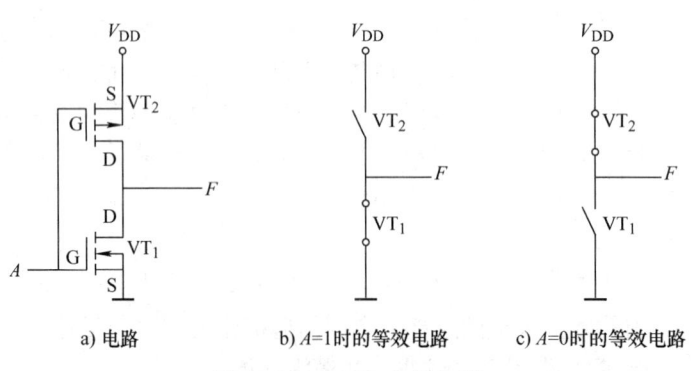

a) 电路　　　b) $A=1$ 时的等效电路　　　c) $A=0$ 时的等效电路

图 16.39　CMOS 非门电路

2. CMOS 与非门电路和与门电路

图 16.40 所示为一个两输入端的 CMOS 与非门电路。VT_1 和 VT_2 为 NMOS 管，两者串联作为驱动管，VT_3 和 VT_4 为 PMOS 管，两者并联作为负载管。VT_2 和 VT_4 的栅极相连作为输入端 A，VT_1 和 VT_3 的栅极相连作为输入端 B，输出端 F 取自 VT_3 和 VT_4 的漏极。

当两个输入端均为高电平时，VT_1 和 VT_2 导通，VT_3 和 VT_4 截止，这时电源电压全部降落在负载管上，故输出为低电平。当输入端中有一个为低电平时，与之相连的驱动管截止，而与之相连的负载管导通，这时电源电压全部降落在串联的驱动管上，故输出为高电平。可见，该电路可实现"与非"的逻辑关系。

在上述与非门电路之后接一个 CMOS 非门电路，即构成 CMOS 与门电路，实现"与"的逻辑关系。

3. CMOS 或非门和或门电路

图 16.41 所示为一个两输入端的 CMOS 或非门电路。它的结构正好和 CMOS 与非门电路相反。将两个 NMOS 管 VT_1 和 VT_2 并联作为驱动管，而将两个 PMOS 管 VT_3 和 VT_4 串联作为负载管。

当两个输入端均为低电平时，驱动管 VT_1、VT_2 截止，负载管 VT_3 和 VT_4 导通，电源电压全部降落在驱动管上，故输出为高电平。当输入端中有一个为高电平时，与之相连的驱动管导通，而与之相连的负载管截止，电源电压全部降落在负载管上，故输出为低电平。可见，该电路可实现"或非"的逻辑关系。

在上述或非门电路之后接一个 CMOS 非门电路，即构成 CMOS 或门电路，实现"或"的逻辑关系。

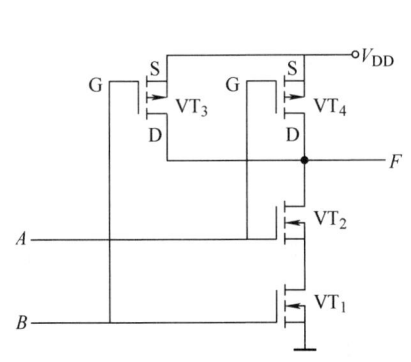

图 16.40 CMOS 与非门电路

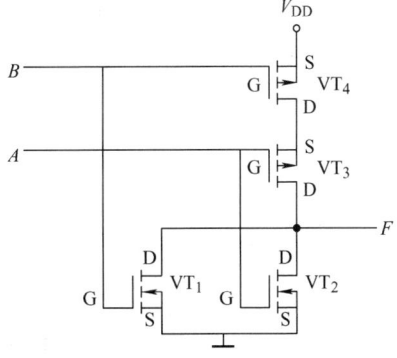

图 16.41 CMOS 或非门电路

习 题

填空题

16-1 数制与数制之间的转换：$(1011110.1011001)_B = ($ _____ $)_O = ($ _____ $)_H$，$(135)_D = ($ _____ $)_B = ($ _____ $)_O$。

16-2 4 输入变量逻辑电路如图 16.42 所示，则输出最简逻辑表达式 $F = $ _____ 。

16-3 3 输入变量逻辑电路如图 16.43 所示，则输出最简逻辑表达式 $F = $ _____ 。

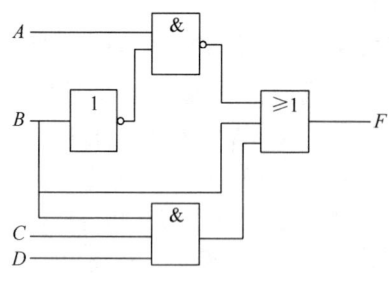
图 16.42　题 16-2 图

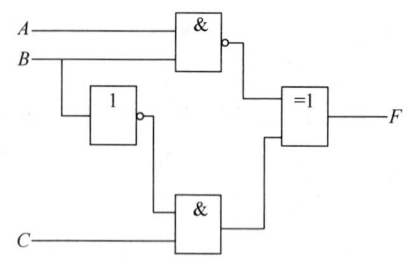
图 16.43　题 16-3 图

16-4　2 输入逻辑电路如图 16.44 所示，则输出变量 F 的最简表达式为_____。

16-5　已知逻辑函数 $F = (A+BC)\overline{CD}$，当 $ABCD$ 取值为 1001 时，$F =$ _____。

16-6　用二进制数码对计算机的 108 键键盘进行编码，至少需要_____位二进制数。

16-7　已知一个组合逻辑电路的输入和对应的输出波形如图 16.45 所示，分析可知它是_____（例如与非、或非等）电路，其中 A、B 为输入变量，F 为输出变量。

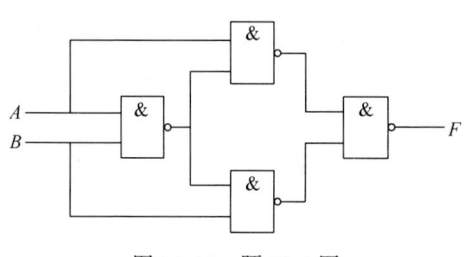
图 16.44　题 16-4 图

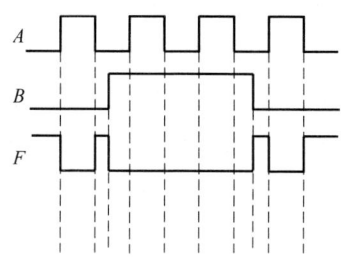
图 16.45　题 16-7 图

16-8　组合逻辑电路如图 16.46 所示，列举使 $F=1$ 的所有 ABC 取值组合：_____。

16-9　逻辑函数 $F = AB\overline{C} + AB + \overline{B}C$ 的最小项表达式为_____。

16-10　根据真值表 16.14，写出输出 F 的最简表达式为_____。

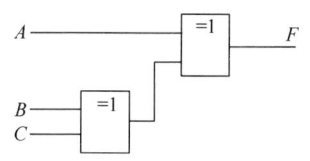
图 16.46　题 16-8 图

表 16.14　题 16-10 表

A	B	C	F
0	0	0	0
0	0	1	0
0	1	0	1
0	1	1	0
1	0	0	1
1	0	1	1
1	1	0	1
1	1	1	0

选择题

16-11 已知 $A=(110000000)_B$、$B=(376.125)_D$、$C=(17A2)_H$，则三个数的大小关系是（　　）。

A. $A<B<C$　　B. $B<A<C$　　C. $B<C<A$　　D. $C<A<B$

16-12 化简 $AB+\bar{A}\bar{B}+A\bar{B}=$（　　）。

A. $A+\bar{B}$　　B. $A+\bar{AB}$　　C. A　　D. $A+B$

16-13 下列各式哪个是四个变量 A、B、C、D 的最小项（　　）。

A. $A+B+C+D$　　　　　　B. $AB+CD$

C. $ABCD$　　　　　　　　D. ABD

16-14 电路如图 16.47 所示，"1"表示开关闭合、"0"表示开关断开；$F=1$ 表示灯亮、$F=0$ 表示灯灭，则 F 的表达式为（　　）。

A. $AB+AC$　　B. ABC　　C. $AC+BC$　　D. $A+BC$

16-15 一个 4 变量组成的最小项，有（　　）个相邻最小项。

A. 2　　B. 3　　C. 4　　D. 5

16-16 电路如图 16.48 所示，则 F 的表达式为（　　）。

A. $A+B+C$　　B. ABC　　C. $AC+BC$　　D. $A+BC$

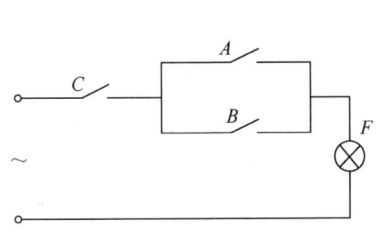
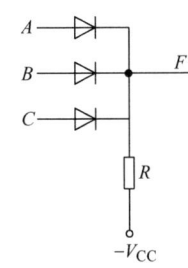

图 16.47　题 16-14 图　　　　图 16.48　题 16-16 图

16-17 已知逻辑表达式 $(ED+ABC)(ED+\bar{A}+\bar{B}+\bar{C})$，化简后为（　　）。

A. ED　　B. BC　　C. ABC　　D. $A+BC$

16-18 电路和输入 A、B 的波形如图 16.49 所示，则 t 瞬间输出 F 为（　　）。

A. 1　　B. 0　　C. 1 和 0　　D. 1 或 0

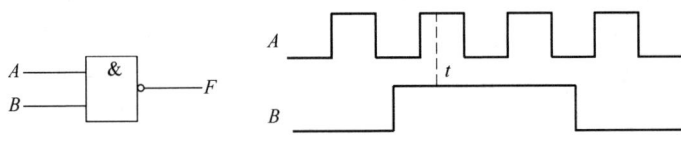

图 16.49　题 16-18 图

16-19 电路如图 16.50 所示，则输出 F 最简表达式为（　　）。

A. $\bar{A}B+A\bar{B}$　　B. $AB+\bar{A}\bar{B}$　　C. AB　　D. $\bar{A}\bar{B}$

16-20 如图 16.51 所示的 3 变量的卡诺图，其最简与或表达式为（　　）。

A. $AB+AC+BC$　　　　　B. $A\bar{B}+\bar{B}C$

C. $AB + C$ D. $AB + AC$

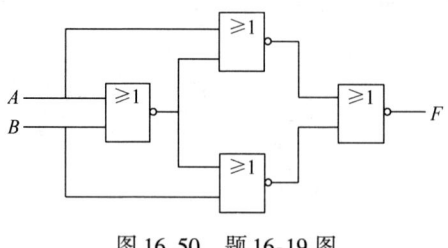

图 16.50　题 16-19 图　　　　　　　图 16.51　题 16-20 图

分析计算题

16-21　电路如图 16.52 所示。若开关闭合为 1、开关断开为 0；灯亮为 1、灯灭为 0。试列出两个电路的指示灯 F 与 A、B、C 三个开关的逻辑关系表达式。

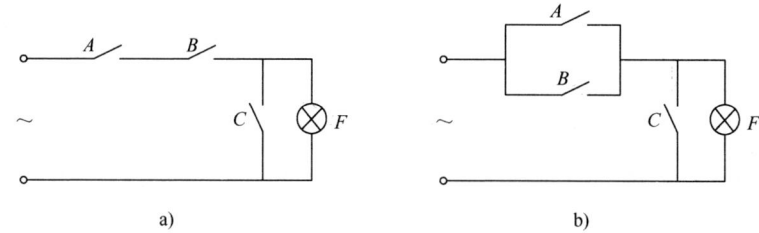

图 16.52　题 16-21 图

16-22　电路和输入信号的波形如图 16.53 所示，请画出输出信号波形。

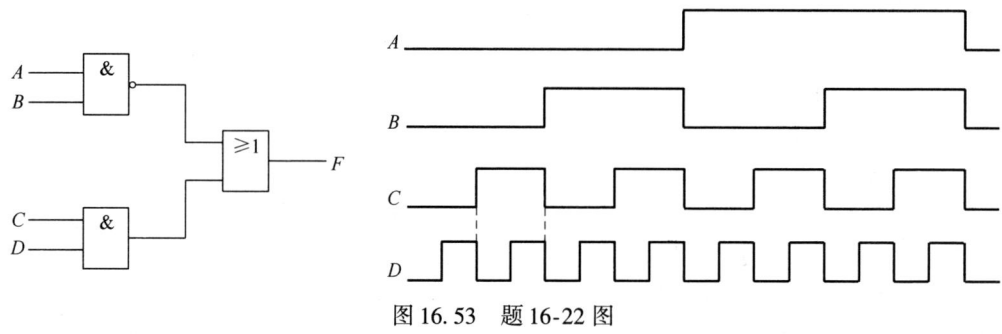

图 16.53　题 16-22 图

16-23　根据图 16.54 所示电路写出输出逻辑表达式，并进行化简。

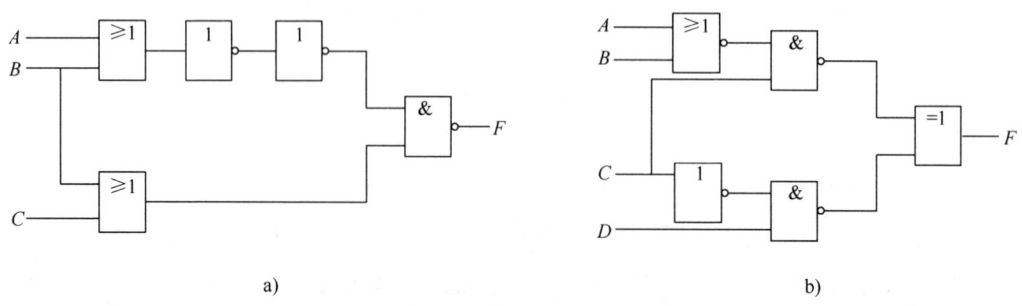

图 16.54　题 16-23 图

16-24 用代数法化简下面的逻辑函数。

(1) $F = A\bar{B}\bar{C} + ABC + A\bar{B}C + AB\bar{C}$；

(2) $F = AB + \bar{A}C + \bar{B}C + \bar{B}\bar{C} + \bar{B}D + \bar{B}\bar{D} + ADE(F+G)$；

(3) $F = \bar{A}C + \bar{A}\bar{B} + BC + \bar{A}\bar{C}\bar{D}$；

(4) $F = AC + \overline{\bar{A}BC} + \overline{\bar{B}C} + AB\bar{C}$。

16-25 卡诺图法化简下面的逻辑函数：

(1) $F = \bar{A}BC + \bar{A}CD + \bar{A}\bar{B}\bar{C} + \bar{A}\bar{C}D$；

(2) $F = A\bar{B} + C + B\bar{C}D + \bar{A}\bar{C}D$；

(3) $F = BCD + ACD + B\bar{C}D + A\bar{C}D$；

(4) $F = A\bar{B}\bar{C} + \bar{A}\bar{B} + \bar{A}D + C + BD$。

第17章

组合逻辑电路

按照逻辑功能的不同，逻辑电路可分成组合逻辑电路（combinational logic circuit）和时序逻辑电路（sequential logic circuit）两大类，分别简称为组合电路和时序电路。本章将介绍组合逻辑电路分析与设计的基本方法，然后以加法器、编码器、译码器、数值比较器、数据选择器等几种常用组合逻辑电路为例，介绍组合逻辑电路的分析与设计。

17.1 组合逻辑电路的特点

组合逻辑电路任意时刻的输出信号仅取决于该时刻的输入信号，而与之前的电路状态无关。

组合逻辑电路可以有一个或多个输入，同样输出也可以是一个或多个。组合逻辑电路的一般框图如图17.1所示。其每个输出都是输入的组合逻辑函数，即

图 17.1 组合逻辑电路的一般框图

$$F_1 = f_1(A_1, A_2, \cdots, A_n) \quad F_2 = f_2(A_1, A_2, \cdots, A_n) \quad \cdots \quad F_m = f_m(A_1, A_2, \cdots, A_n)$$

组合逻辑电路由各种门电路构成。由于在电路的输出与输入之间不存在反馈通路，所以输出与原来的电路状态无关。

研究组合逻辑电路有三项任务：
1) 对已给定的组合逻辑电路分析其逻辑功能。
2) 根据逻辑命题的需要，设计组合逻辑电路。
3) 掌握常用组合逻辑单元电路的逻辑功能，以便在工程实际中合理选择并正确应用。

17.2 组合逻辑电路的分析与设计

17.2.1 组合逻辑电路的分析

组合逻辑电路的分析是从逻辑电路图开始的，一般过程为：
1) 根据给定的逻辑电路图写出逻辑函数表达式。

组合逻辑电路分析

2）对写出的逻辑函数表达式进行化简，得到最简与或表达式。

3）根据最简与或表达式列真值表。

4）根据真值表或表达式确定逻辑功能。

对于中、大规模集成组合逻辑电路，还可以直接根据给定的集成芯片的真值表，来了解电路的逻辑功能、使用方法等。

【例17.1】 分析图17.2所示的逻辑电路。

【解】 图17.2所示为四个门电路构成的三级组合逻辑电路。组合逻辑电路中的"级"数是指从某一输入信号发生变化至引起输出端发生变化所经历的逻辑门的最大数目。

1）列出图17.2的逻辑函数表达式，并进行化简，得到

$$F = A\overline{B} + B + BCD = A\overline{B} + B(1 + CD) = A + B$$

2）列出真值表，见表17.1。

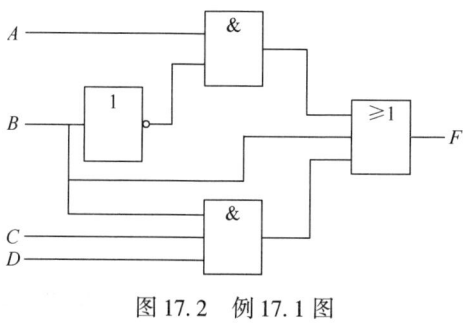

图17.2 例17.1图

表17.1 例17.1真值表

C	D	A	B	F
×	×	0	0	0
×	×	0	1	1
×	×	1	0	1
×	×	1	1	1

3）确定电路的功能。由真值表可以看出：输出端 F 的状态仅取决于输入变量 A、B 的状态，有1出1，全0出0，是或逻辑。

17.2.2 组合逻辑电路的设计

组合逻辑电路设计

组合逻辑电路的设计是从一个给定的实际逻辑命题出发，最终设计出符合命题要求的逻辑电路。组合逻辑电路的设计过程如下：

1）逻辑抽象。从一个具体的命题出发，判断输入、输出变量，对变量的两种对立状态进行赋值。这是一个非常重要的步骤，所有的后续过程都要在此基础上进行。

2）根据逻辑命题要求列真值表。

3）由真值表写逻辑函数表达式，并化简。

4）根据需要将逻辑函数表达式转化成相应的形式。

5）画出相应的逻辑电路图。

【例17.2】 有三台电动机带动某机械设备工作，它们的工作信号为 A、B、C。要求：必须有两台且只许有两台电动机同时工作，但电动机 B 与电动机 C 不能同时工作，否则发出中断信号。试设计一个逻辑电路以满足上述工作逻辑要求（用与非门实现）。

【解】 1）首先根据命题，可以看出三台电动机的工作信号是输入变量，用 A、B、C 表示（设工作时为1、不工作为0）。输出变量是中断信号，用 F 表示，发出中断信号为0、无中断信号为1。

2) 根据上述逻辑抽象列真值表,见表 17.2。
3) 根据真值表写表达式(不发出中断信号时为 1),即

$$F = A\overline{B}C + AB\overline{C} = A\overline{B}C + AB\overline{B} + AB\overline{C} + AC\overline{C}$$
$$= AC(\overline{B}+\overline{C}) + AB(\overline{B}+\overline{C}) = AC(\overline{BC}) + AB(\overline{BC}) = \overline{\overline{AC(\overline{BC})}\cdot\overline{AB(\overline{BC})}}$$

4) 根据所得到的逻辑函数表达式画逻辑电路图,如图 17.3 所示。

表 17.2　例 17.2 真值表

A	B	C	F
0	0	0	0
0	0	1	0
0	1	0	0
0	1	1	0
1	0	0	0
1	0	1	1
1	1	0	1
1	1	1	0

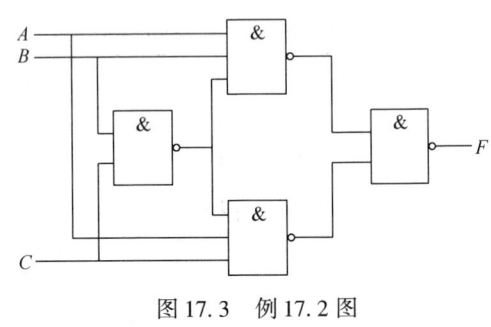

图 17.3　例 17.2 图

17.3　加法器

加法器

在计算机和数字系统中,往往要对"数"进行加、减、乘、除等算术运算,并且后三种运算在系统内部都是通过加法实现的,所以加法器是最基本的运算单元。

加法器,顾名思义,是实现加法功能的逻辑电路。以两个 4 位二进制数相加为例,如 1011、1010,很显然,在运算过程中存在两种情况:一种是最低位相加时,只涉及两个加数自身;另一种是其余各位的加法,除了要考虑本位数码外,还要考虑来自低位的进位。能够完成第一种加法的称之为半加器 (half-adder),能够完成第二种加法的称之为全加器 (full-adder)。

17.3.1　半加器

设两个加数分别为 A、B,是逻辑电路的输入变量,而和为 S;另外加法会产生进位,设进位为 C,可以看出 S、C 为输出变量。根据二进制加法运算规则,可以得到半加器的真值表,见表 17.3。

根据真值表,可以写出输出变量 S、C 的表达式为

$$S = A\overline{B} + \overline{A}B = A \oplus B \quad C = AB$$

最后只要根据上述逻辑函数表达式画出逻辑电路图,就完成了半加器的设计,如图 17.4a 所示。逻辑符号如图 17.4b 所示。

第17章 组合逻辑电路

表 17.3 半加器真值表

A	B	S	C
0	0	0	0
0	1	1	0
1	0	1	0
1	1	0	1

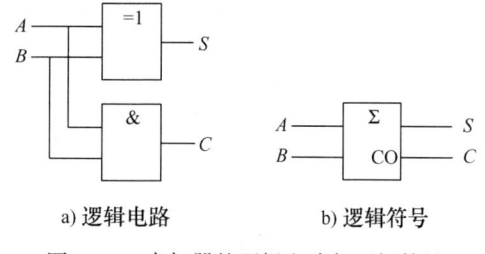

a) 逻辑电路　　b) 逻辑符号

图 17.4　半加器的逻辑电路与逻辑符号

在半加器的设计过程中，输入的两个加数是二进制数，其取值只有 0、1 两种情况，所以在逻辑抽象过程中，变量的赋值过程并没有体现出来。由于对采用的门电路没有限制，所以也不需要对函数的形式进行变换，直接画出逻辑电路图即可。

17.3.2　全加器

在对中间位进行加法时，除了要考虑两个本位数码 A_i、B_i 外，还要考虑来自低位的进位 C_{i-1}，这样输入变量就变成了三个。两个本位数以及来自低位的进位数三者相加，称为全加，实现全加功能的电路称为全加器。

根据二进制加法规则，得到全加器的真值表，见表 17.4。

表 17.4　全加器真值表

A_i	B_i	C_{i-1}	S_i	C_i
0	0	0	0	0
0	0	1	1	0
0	1	0	1	0
0	1	1	0	1
1	0	0	1	0
1	0	1	0	1
1	1	0	0	1
1	1	1	1	1

由表 17.4 可写出全加器的逻辑表达式为

$$S_i = \overline{A_i}\,\overline{B_i}C_{i-1} + \overline{A_i}B_i\overline{C_{i-1}} + A_i\overline{B_i}\,\overline{C_{i-1}} + A_iB_iC_{i-1}$$
$$= \overline{A_i}(\overline{B_i}C_{i-1} + B_i\overline{C_{i-1}}) + A_i(\overline{B_i}\,\overline{C_{i-1}} + B_iC_{i-1})$$
$$= \overline{A_i}(B_i \oplus C_{i-1}) + A_i(\overline{B_i \oplus C_{i-1}})$$
$$= A_i \oplus B_i \oplus C_{i-1}$$

$$C_i = \overline{A_i}B_iC_{i-1} + A_i\overline{B_i}C_{i-1} + A_iB_i\overline{C_{i-1}} + A_iB_iC_{i-1}$$
$$= (A_i\overline{B_i} + \overline{A_i}B_i)C_{i-1} + A_iB_i$$
$$= (A_i \oplus B_i)C_{i-1} + A_iB_i$$

用异或门实现全加器的逻辑电路和逻辑符号如图 17.5 所示。

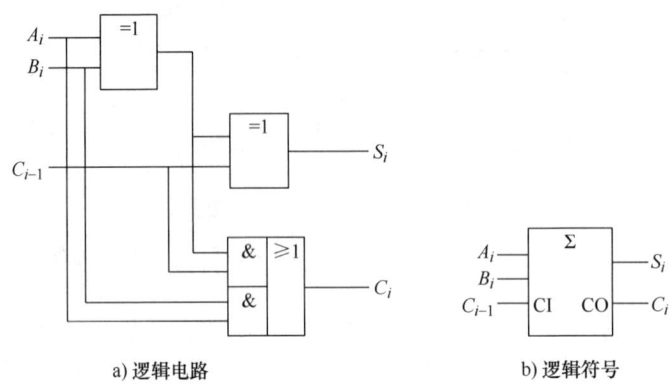

图 17.5 全加器逻辑电路和逻辑符号

这里对 C_i 的化简不是直接得出 C_i 最简与或表达式,而是找到了 C_i 与 S_i 表达式中的一个公共项 $A_i \oplus B_i$,可节省器件。

图 17.5 所示的全加器实质上只是一位全加器。实用中会把两个一位全加器制作在一块集成电路芯片上,构成 2 位二进制加法器。SN7482 是常用的 2 位二进制全加器集成电路,如图 17.6 所示。它能实现 2 位二进制数 A_1A_2、B_1B_2 以及来自低位的进位 C_0 的加法运算。如果两片全加器的输入线和输出线从集成电路芯片中都引出到引脚上,则构成所谓双全加器。由 TTL 电路组成的双全加器集成芯片 74LS183 如图 17.7 所示。这种集成全加器有独立的和输出及进位输出。每个全加器既可单独使用,又可将一个全加器的输出端接到另一个全加器的输入端,构成 2 位串行进位全加器。

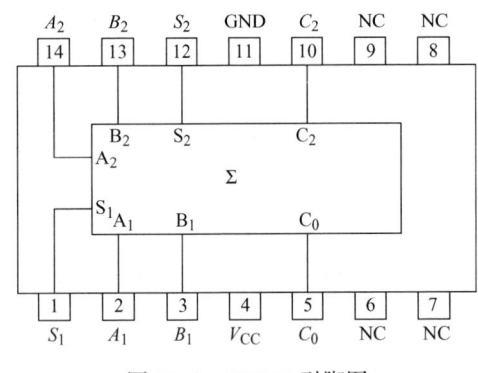

图 17.6 SN7482 引脚图

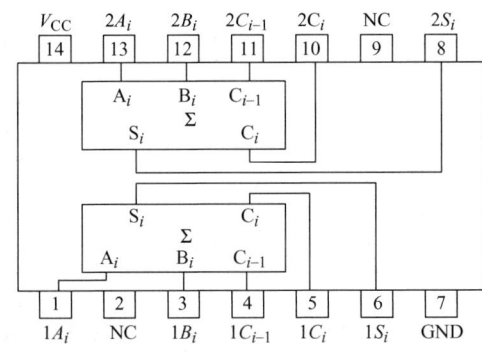

图 17.7 74LS183 引脚图

17.3.3 串行进位加法器

两个多位二进制数相加时,除最低位外,每一位都要考虑进位相加,所以必须用全加器。这时,只要依次将低位的进位输出接到高位的进位输入,就可由若干全加器级联成多位全加器。

图 17.8 所示为 4 位串行进位加法器,它由 4 个全加器构成。最低有效位全加器是 FA_0,它的进位输入端 C_{-1} 接地。输出数码 $C_3S_3S_2S_1S_0$ 表示了二进制数 $A_3A_2A_1A_0$ 和 $B_3B_2B_1B_0$ 之和。显然,每一位的加法运算必须要等到低一位的进位产生后才能进行,因此,把这种结构

的电路称为串行进位（或逐位进位）加法器。

串行进位加法器结构比较简单，但是它的运算速度受进位信号逐次传递时间的限制，所以运算速度慢。若要提高运算速度，一般采用超前进位（又称先行进位）的方法，即每一位的进位直接由两个加数决定，而不需依赖低位的进位。

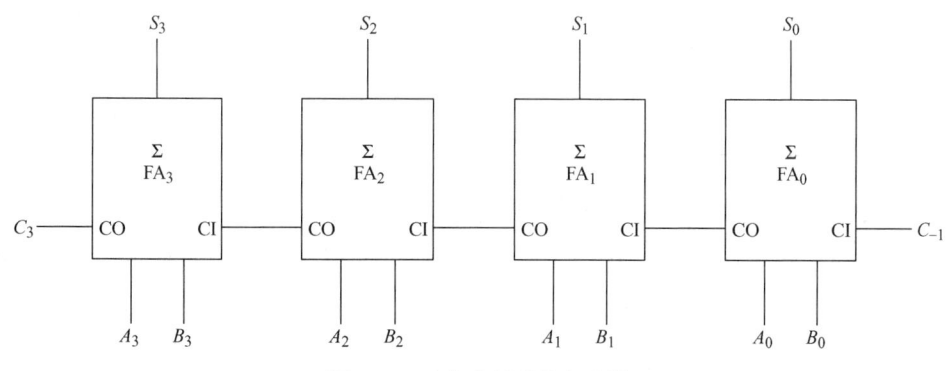

图17.8　4位串行进位加法器

17.4　编码器

在介绍二进制编码时已经知道，二进制数除了表示数的含义外，还可以将二进制的数码0和1按一定的规律排列成不同的代码，用以代表特定的信息，即二进制编码。用来实现编码功能的电路称为编码器（encoder）。

编码器的输入是待编码的信号，输出则是所采用的二进制代码。编码器广泛应用于键盘电路。按照被编码信号的不同特点和要求，编码器有二进制编码器、二-十进制（8421BCD码）编码器、优先编码器等。

编码器

17.4.1　二进制编码器

用二进制代码来表示特定的信息的过程叫作二进制编码。若待编码的信息数目为 N，则二进制编码位数 n 与 N 应满足 $2^n \geqslant N$。如果用 n 位二进制代码对 $N = 2^n$ 个一般信息进行编码，实现该功能的电路称为二进制编码器。

【**例 17.3**】 已知待编码的信息 $N = 8$，试设计对应的编码器。

【**解**】 由于待编码的信息 $N = 8 = 2^3$，所以设计的编码器应该是一个3位二进制编码器，即输入是8个待编码的信息，用 Y_0、Y_1、$\cdots$、Y_7 表示，输出是3位二进制代码，用 C、B、A 表示。这种编码器按其输入和输出端的数量（线数）又被称为8线-3线编码器。

编码器要求任意时刻电路只能有一个有效的输入信号，即只能有一个输入信号是1，其余的输入信号必须是0。列出8线-3线编码器真值表，见表17.5。

表17.5　8线-3线编码器真值表

Y_0	Y_1	Y_2	Y_3	Y_4	Y_5	Y_6	Y_7	C	B	A
1	0	0	0	0	0	0	0	0	0	0
0	1	0	0	0	0	0	0	0	0	1

(续)

Y_0	Y_1	Y_2	Y_3	Y_4	Y_5	Y_6	Y_7	C	B	A
0	0	1	0	0	0	0	0	0	1	0
0	0	0	1	0	0	0	0	0	1	1
0	0	0	0	1	0	0	0	1	0	0
0	0	0	0	0	1	0	0	1	0	1
0	0	0	0	0	0	1	0	1	1	0
0	0	0	0	0	0	0	1	1	1	1

现将 8 线-3 线编码器真值表简化成一个编码表,见表 17.6。

然后根据真值表或编码表写出输出逻辑函数表达式。使对应输出变量取值为 1 的变量取值组合依次相加,有

$$C = Y_4 + Y_5 + Y_6 + Y_7 \quad B = Y_2 + Y_3 + Y_6 + Y_7 \quad A = Y_1 + Y_3 + Y_5 + Y_7$$

若用与非门实现逻辑表达式的关系,可变换为

$$C = \overline{\overline{Y_4}\,\overline{Y_5}\,\overline{Y_6}\,\overline{Y_7}} \quad B = \overline{\overline{Y_2}\,\overline{Y_3}\,\overline{Y_6}\,\overline{Y_7}} \quad A = \overline{\overline{Y_1}\,\overline{Y_3}\,\overline{Y_5}\,\overline{Y_7}}$$

最后画逻辑电路图,如图 17.9 所示,图中采用一个单刀多掷开关 S 作为 8 个信息的反码输入。当 S 位于 $\overline{Y_7}$ 时,$\overline{Y_7}=0$,其余输入端均为 1。由与非逻辑式可知,输出端 $C=1$、$B=1$、$A=1$,即 $CBA=111$,从而实现了将第 7 信息编成二进制代码 111。

表 17.6 编码表

信息	C	B	A
Y_0	0	0	0
Y_1	0	0	1
Y_2	0	1	0
Y_3	0	1	1
Y_4	1	0	0
Y_5	1	0	1
Y_6	1	1	0
Y_7	1	1	1

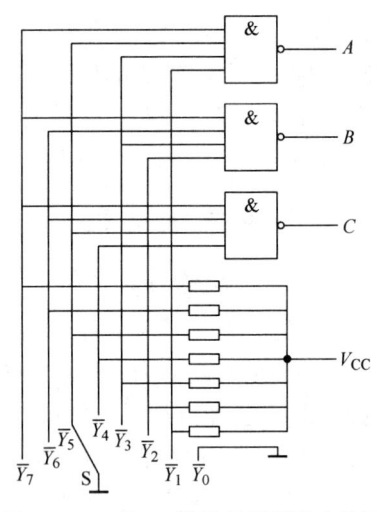

图 17.9 8 线-3 线编码器逻辑电路图

17.4.2 二-十进制编码器

用 4 位二进制代码来表示 1 位十进制数字 0、1、2、…、9,称为二-十进制编码(即 BCD 编码)。实现 BCD 编码的电路称为二-十进制编码器(binary coded decimal encoder)。最常用的 BCD 编码为 8421BCD 码,对应的编码器称为 8421BCD 编码器。

8421BCD 编码器输入的是十进制的 10 个数码,即输入变量有 10 个,可以用 Y_0、Y_1、…、

Y_9 表示,输出的是 4 位 BCD 代码,从高位到低位依次用 D、C、B、A 表示。由此可直接列出 8421BCD 编码器的编码表,见表 17.7。

表 17.7　8421BCD 编码器的编码表

十进制数	D	C	B	A
0（Y_0）	0	0	0	0
1（Y_1）	0	0	0	1
2（Y_2）	0	0	1	0
3（Y_3）	0	0	1	1
4（Y_4）	0	1	0	0
5（Y_5）	0	1	0	1
6（Y_6）	0	1	1	0
7（Y_7）	0	1	1	1
8（Y_8）	1	0	0	0
9（Y_9）	1	0	0	1

8421BCD 编码器同样要求任意时刻只能有一个有效的待编码的输入信号,即只有一个输入信号为 1,而其余输入信号全部为 0。

根据编码表得到输出端的表达式为

$$\begin{cases} D = Y_8 + Y_9 \\ C = Y_4 + Y_5 + Y_6 + Y_7 \\ B = Y_2 + Y_3 + Y_6 + Y_7 \\ A = Y_1 + Y_3 + Y_5 + Y_7 + Y_9 \end{cases}$$

最后根据逻辑函数表达式画出逻辑电路图,如图 17.10 所示,此电路应使用原码(高电平)输入。

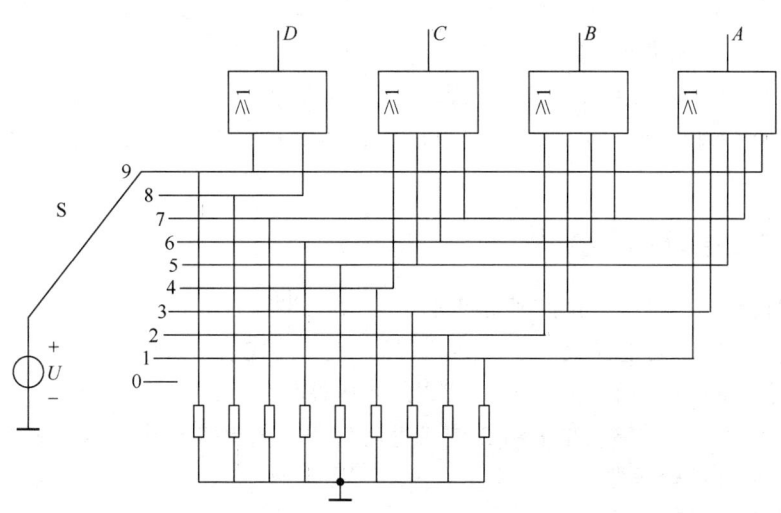

图 17.10　8421BCD 编码器的逻辑电路图

例如对十进制数字 9 进行编码时，S 拨到数字"9"，输入端"9"=1，其余输入端均为 0。这时输出端 $D=1$、$C=0$、$B=0$、$A=1$，即 $DCBA=1001$，也就是将十进制数字 9 编成了二进制代码 1001。其他编码原理和过程基本类似。

17.4.3 优先编码器

普通的编码器有一个缺点，即在某一时刻只允许有一个有效的输入信号，如果同时有两个或两个以上的输入信号要求编码，输出端一定会发生混乱，出现错误。为了解决这一问题，人们设计了优先编码器（priority encoder）。

优先编码器允许多个输入端同时有输入信号，但会按输入信号排定的优先顺序，只对优先级别（优先权）最高的一个信号进行编码。优先编码器中各输入信号优先级别的高低，是根据各信号的轻重缓急情况人为设定的。优先编码器由于能自动判别各电路信号的优先级别，并自动对优先级别高的信号进行编码，因而这种编码器在控制系统中有时是十分重要的。例如，电子计算机中，"中断"控制就存在优先级别的问题，因此会采用优先编码器解决。

常用的优先编码器有 8 线-3 线优先编码器，如 74LS148，以及 10 线-4 线 8421BCD 优先编码器，如 74LS147 等。

17.5 译码器

译码是编码的逆过程，是将具有特定含义的一组代码"翻译"出它的原意。例如将二进制数码或二-十进制数码译成数字显示出来，或译成控制电平去进行操作。能完成译码功能的电路叫作译码器（decoder）。根据逻辑功能的不同，译码器可分为通用译码器和数字显示译码器两大类。

译码器

通用译码器包括二进制译码器、二-十进制译码器等，这些就是习惯上所说的译码器。

数字显示译码器，是将数字文字或符号的代码翻译成它们的原本样子的逻辑电路，用以驱动各类显示器件，如半导体数码管、液晶数码管或荧光数码管等。

译码器的使用场合颇为广泛，例如数字仪表中的各种数字显示译码器、计算机中的地址译码器、指令译码器，通信设备中由译码器构成的分配器，以及各种代码变换译码器等。

17.5.1 二进制译码器

将二进制代码的各种状态按照其原来的"含义"翻译过来的译码器，叫作二进制译码器。如二进制代码 001 可能代表"1"字形灯丝，也可能代表 1 号机组等。

【例 17.4】 试设计一个 2 位二进制代码的译码器。

【解】 这个译码器的输入是一组 2 位二进制代码，输出是与代码状态相对应的 4 个信号，即一个 2 线-4 线译码器。

其真值表见表 17.8。

表17.8　2线-4线译码器真值表

输入		输出			
B	A	Y_0	Y_1	Y_2	Y_3
0	0	1	0	0	0
0	1	0	1	0	0
1	0	0	0	1	0
1	1	0	0	0	1

$Y_0 \sim Y_3$ 是相互独立的4个信号，分别对应输入的4种状态，这里为了方便才把它们的真值表列在一起。

然后写出逻辑函数表达式为

$$Y_0 = \overline{B}\,\overline{A}、Y_1 = \overline{B}A、Y_2 = B\,\overline{A}、Y_3 = BA$$

最后画出逻辑电路图。上述各逻辑表达式可用TTL与非门实现。图17.11即为用多个TTL与非门组成的2线-4线译码器的逻辑电路图，由于该电路采用了与非门，所以输出为反函数。

为了扩展译码器的输入端，采用中规模集成电路结构的2线-4线译码器、3线-8线译码器、4线-16线译码器都有使能端，应用使能端可以扩展译码器的输入端。

74LS138是3线-8线译码器，其逻辑电路和引脚排列如图17.12所示。相应引脚连接的控制输入端（又称片选端）S_1、$\overline{S}_2$、$\overline{S}_3$ 作为扩展功能或级联时使用，其真值表（功能表）见表17.9。该译码器有效输出电平为低电平。

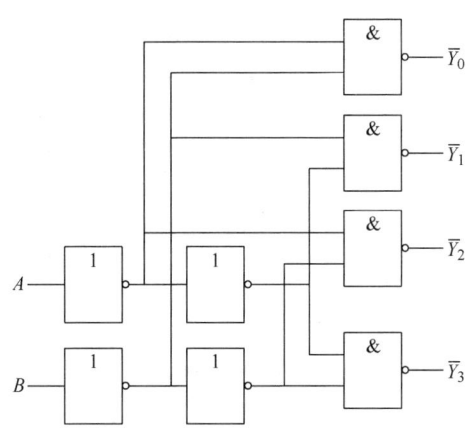

图17.11　2线-4线译码器的逻辑电路图

表17.9　74LS138译码器真值表

输入					输出							
S_1	$\overline{S}_2 + \overline{S}_3$	A_2	A_1	A_0	$\overline{Y}_0$	$\overline{Y}_1$	$\overline{Y}_2$	$\overline{Y}_3$	$\overline{Y}_4$	$\overline{Y}_5$	$\overline{Y}_6$	$\overline{Y}_7$
0	×	×	×	×	1	1	1	1	1	1	1	1
×	1	×	×	×	1	1	1	1	1	1	1	1
1	0	0	0	0	0	1	1	1	1	1	1	1
1	0	0	0	1	1	0	1	1	1	1	1	1
1	0	0	1	0	1	1	0	1	1	1	1	1
1	0	0	1	1	1	1	1	0	1	1	1	1
1	0	1	0	0	1	1	1	1	0	1	1	1
1	0	1	0	1	1	1	1	1	1	0	1	1
1	0	1	1	0	1	1	1	1	1	1	0	1
1	0	1	1	1	1	1	1	1	1	1	1	0

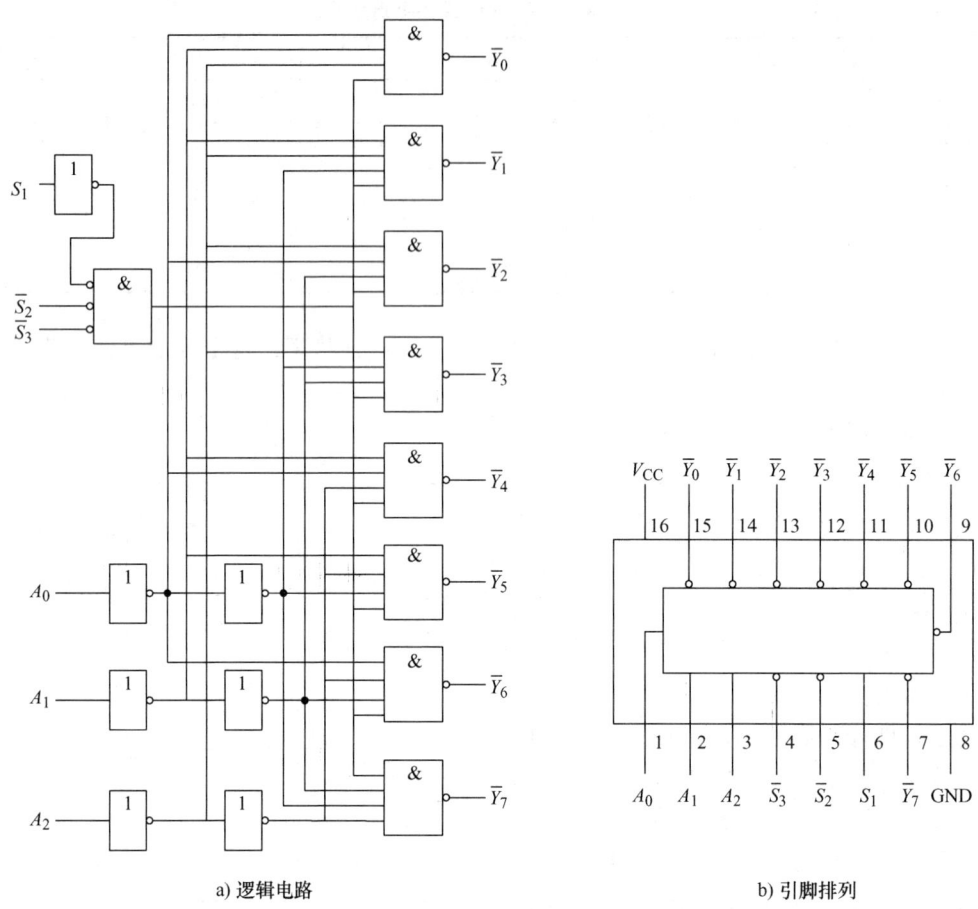

a) 逻辑电路　　　　　　　　　　b) 引脚排列

图 17.12　3 线-8 线译码器 74LS138

由表 17.9 可知，3 个片选端 S_1、$\bar{S}_2$、$\bar{S}_3$ 的状态决定了电路的状态。其逻辑关系为

$$S = S_1 \bar{S}_2 \bar{S}_3 = \overline{\bar{S}_1 + S_2 + S_3}$$

只有当 $S_1 = 1$、$\bar{S}_2 = \bar{S}_3 = 0$ 时，才能使译码器处于工作状态，否则译码器被禁止译码，输出端全部为高电平。

【例 17.5】　试用 3 线-8 线译码器 74LS138 扩展成 4 线-16 线译码器。

【解】　由表 17.9 可知，要使输出端达到 16 根，必然用两片芯片，而每片芯片只有 3 个代码输入端，现在要对 4 位二进制数译码，需要 4 个输入端，因此利用一个片选端（S_1 或 $\bar{S}_2$ 或 $\bar{S}_3$），即可实现 4 线-16 线译码器，电路如图 17.13 所示。

其工作过程为：当 4 位二进制数码 $D_3 D_2 D_1 D_0$ 在 0000~0111 这前 8 个状态时，D_3 始终为 0，低位片（L）的 $\bar{S}_2 = \bar{S}_3 = 0$，因此片（L）处于译码状态，按 $D_2 D_1 D_0$ 状态译码，输出端为 $\bar{Y}_0 \sim \bar{Y}_7$，而高位片（H）的 $S_1 = 0$，片（H）处于禁止译码状态；当在 1000~1111 这后 8 个状态时，D_3 始终为 1，片（L）的 $\bar{S}_2 = \bar{S}_3 = 1$，因此片（L）处于禁止译码状态，而片（H）处于译码状态，输出为 $\bar{Y}_8 \sim \bar{Y}_{15}$。这样就实现了 4 位二进制译码。

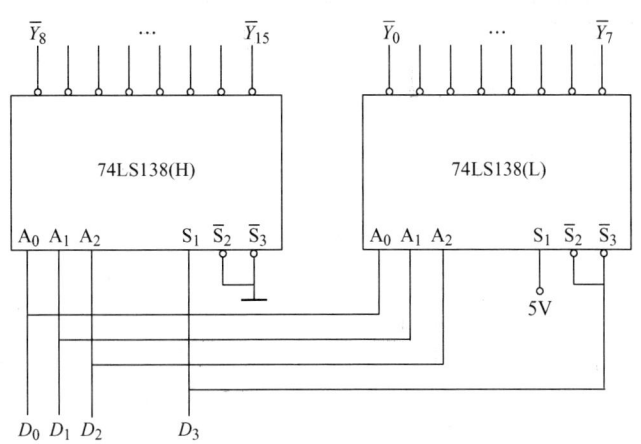

图 17.13 例 17.5 图

将二进制代码翻译成十进制数的逻辑电路叫作二-十进制译码器。这种译码器的原理与 3 线-8 线译码器类同，只不过它有 4 个输入端、10 个输出端，可输出 10 个独立的高、低电平信号。4 位输入代码共有 16 个组合状态，但其中 6 个没有与其对应的输出端，这 6 个代码称为伪码。

17.5.2 BCD 七段显示译码器

在数字系统中，经常需要直观地观察十进制数字，BCD 七段显示译码器的功能就是将 BCD 码直接译成十进制数。目前相关显示译码器的种类较多，但我国字形标准为七段字形，故本节只介绍 BCD 七段显示译码器的设计。BCD 七段显示译码器是将 0～9 的十进制数字用七段字画（笔画）亮灭的不同组合来表示。与之对应的七段字形显示器的字画排列如图 17.14 所示，七画的亮灭能够组成的字形如图 17.15 所示。

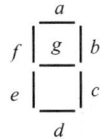

图 17.14 七段字形显示器的字画排列

图 17.15 七画的亮灭能够组成的字形

BCD 七段显示译码器由 A、B、C、D 输入的是 8421BCD 码，而输出的 $a \sim g$ 用以驱动相应字画。其设计步骤如下：

1）根据译码要求列出真值表。由 8421BCD 码的编码表和十进制某数字所要求显示的字段，列出输入变量和输出变量之间的真值表，见表 17.10。

表 17.10 四个输入变量（A、B、C、D）和七个输出变量（a、b、c、d、e、f、g）之间的真值表

数字	编码				字段							字形
	D	C	B	A	a	b	c	d	e	f	g	
0	0	0	0	0	1	1	1	1	1	1	0	0
1	0	0	0	1	0	1	1	0	0	0	0	1
2	0	0	1	0	1	1	0	1	1	0	1	2
3	0	0	1	1	1	1	1	1	0	0	1	3
4	0	1	0	0	0	1	1	0	0	1	1	4
5	0	1	0	1	1	0	1	1	0	1	1	5
6	0	1	1	0	1	0	1	1	1	1	1	6
7	0	1	1	1	1	1	1	0	0	0	0	7
8	1	0	0	0	1	1	1	1	1	1	1	8
9	1	0	0	1	1	1	1	1	0	1	1	9

2) 根据真值表填出各显示字段的卡诺图，如图 17.16 所示。因 1010～1111 这 6 种状态没有使用，正常情况下不会出现，故可当无关项（约束项）处理。卡诺图中用 × 表示无关项。

3) 根据卡诺图写出 BCD 七段显示译码器的逻辑函数表达式，并变换为与非-与非表达式，即

$$\overline{a} = C\overline{B}\overline{A} + \overline{D}\,\overline{C}\,\overline{B}A \quad \overline{b} = C\overline{B}A + CB\overline{A} \quad \overline{c} = \overline{C}B\overline{A} \quad \overline{d} = C\overline{B}\,\overline{A} + CBA + \overline{D}\,\overline{C}\,\overline{B}A$$

$$\overline{e} = C\overline{B}\,\overline{A} + A \quad \overline{f} = \overline{D}\,CA + CBA + \overline{C}\,\overline{B}A \quad \overline{g} = \overline{D}\,\overline{C}\,\overline{B} + CBA$$

4) 根据逻辑函数表达式画出逻辑电路图。

由前面的分析可知，与七段字形显示器配合的译码器只能有 $a \sim g$ 这 7 个输出端和 4 个输入端。

17.5.3 数码显示器件

半导体数码管是广泛应用的显示器件之一，它是用发光二极管（LED）组成的七段字形显示器。发光二极管是用磷砷化镓、磷化镓或砷化镓等半导体材料制成的，且杂质浓度很高。当它正向导通时，将产生辐射发光。

在半导体数码管的内部有两种连接方式，图 17.17a 所示为共阳极接法。当高电平（例如 5V）经过串联的限流电阻 R 接到任一个发光二极管（例如 g）的阳极时，则该段发光。图 17.17b 所示为共阴极接法，当任一个发光二极管（例如 g）的阴极经过串联的限流电阻 R 接地时，该段即发光。因此，与共阳极半导体数码管相连的译码器的输出端必须是低电平

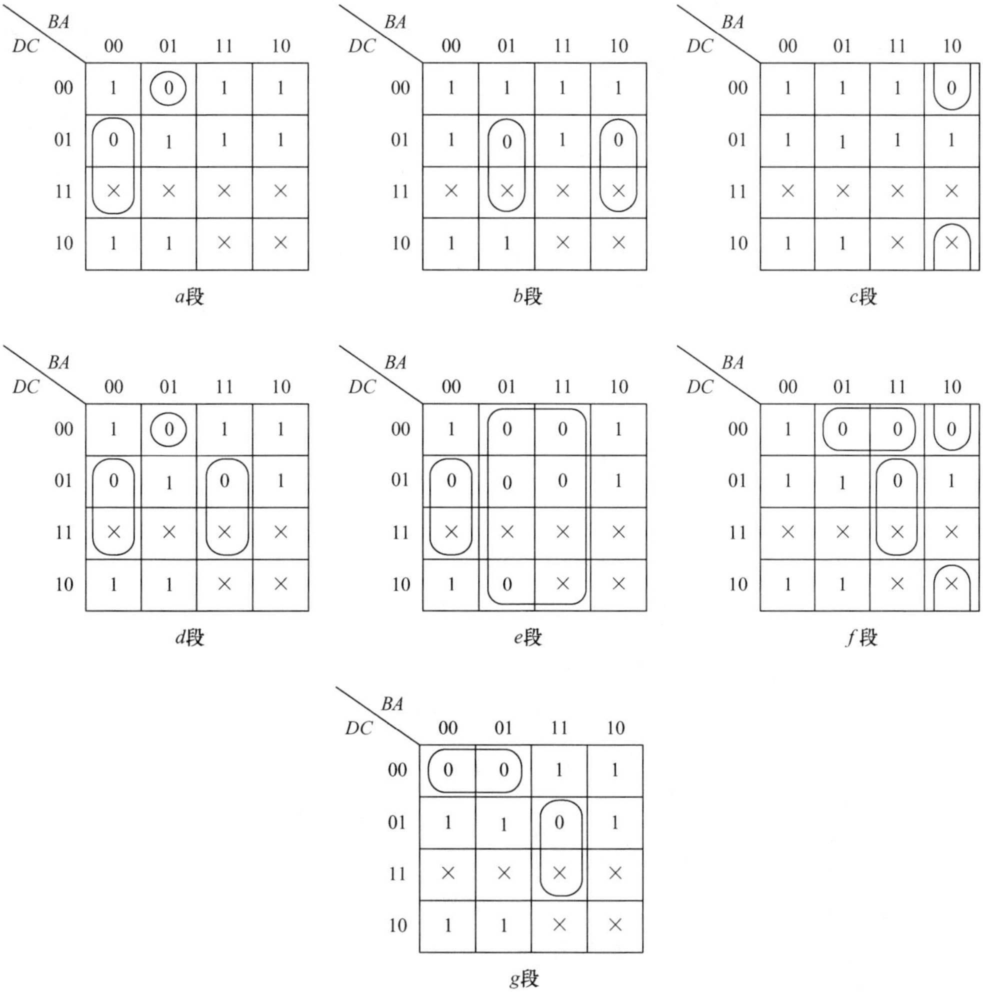

图 17.16 BCD 七段显示译码器各段的卡诺图

有效;与共阴极半导体数码管相连的译码器的输出端必须是高电平有效。使用时注意选用适当。

半导体数码管的特点是工作电压低、体积小、可靠性高、寿命长、响应速度快(1~100ns)、亮度较高,但工作电流较大。

17.6 数值比较器

在计算机和其他数字系统中,常常需要对两个二进制数或十进制数进行比较。用来比较 A 和 B 两个正数的大小逻辑的电路,称为数值(或数字)比较器(digital compara-

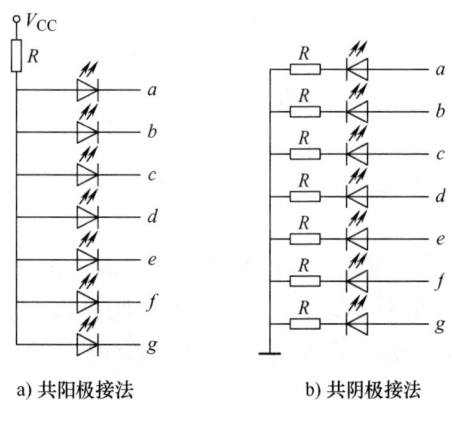

a) 共阳极接法　　b) 共阴极接法

图 17.17 半导体数码管的连接方式

tor）。数值比较器主要用于反馈量与给定量的比较。

17.6.1　1位数值比较器

数据比较与数据选择器

两个1位二进制数 A 和 B 相比较，有三种情况：$A>B$、$A<B$、$A=B$。由此可见，A 和 B 为数值比较器的输入，$A>B$、$A<B$ 和 $A=B$ 为数值比较器的输出，列出的真值表见表17.11。

表17.11　1位数值比较器的真值表

输	入	输		出
A	B	$A>B$	$A<B$	$A=B$
0	0	0	0	1
0	1	0	1	0
1	0	1	0	0
1	1	0	0	1

由真值表可写出输出逻辑函数表达式为

$$F(A>B) = A\overline{B}$$

$$F(A<B) = \overline{A}B$$

$$F(A=B) = \overline{A}\,\overline{B} + AB = \overline{A \oplus B} = A \odot B$$

式中，⊕为异或运算符号；⊙为同或运算符号，且 $\overline{A \oplus B} = A \odot B$。

根据逻辑函数表达式，画出1位数值比较器的逻辑电路，如图17.18所示。

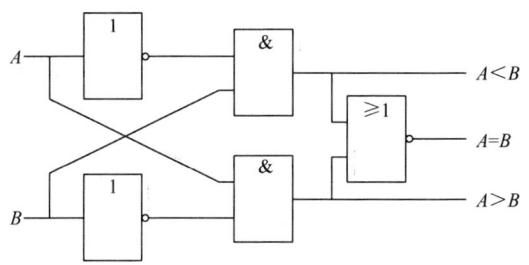

图17.18　1位数值比较器的逻辑电路图

17.6.2　4位数值比较器

4位数值比较器可从高位到低位逐位比较 A、B 两组数值的大小。设 $A = A_3A_2A_1A_0$，$B = B_3B_2B_1B_0$。A_3、B_3 为最高位，如果两数的最高位比较结果不相等（$A_3 \neq B_3$），即可决定两组数值的大小。如果两数的最高位相等（$A_3 = B_3$），就对次高位（A_2、B_2）进行比较，看是否相等，依此类推，一直比较到最低位（A_0、B_0）为止。

4位数值比较器74LS85的引脚图如图17.19所示，其真值表见表17.12。它有8个数码输入（A_3、A_2、A_1、A_0；B_3、B_2、B_1、B_0）端，3个比较输出端（$A>B$、$A<B$、$A=B$）和3个级联输入端（>、<、=）。

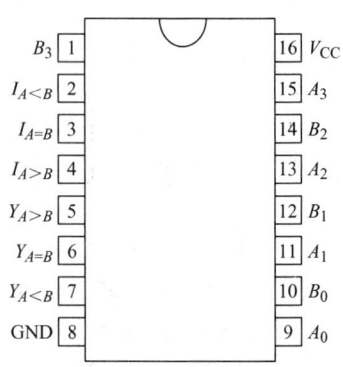

图17.19　74LS85的引脚图

表 17.12 4 位数值比较器 74LS85 的真值表

比较输入				级联输入			输出		
A_3B_3	A_2B_2	A_1B_1	A_0B_0	>	<	=	$A>B$	$A<B$	$A=B$
$A_3>B_3$	×	×	×	×	×	×	1	0	0
$A_3<B_3$	×	×	×	×	×	×	0	1	0
$A_3=B_3$	$A_2>B_2$	×	×	×	×	×	1	0	0
$A_3=B_3$	$A_2<B_2$	×	×	×	×	×	0	1	0
$A_3=B_3$	$A_2=B_2$	$A_1>B_1$	×	×	×	×	1	0	0
$A_3=B_3$	$A_2=B_2$	$A_1<B_1$	×	×	×	×	0	1	0
$A_3=B_3$	$A_2=B_2$	$A_1=B_1$	$A_0>B_0$	×	×	×	1	0	0
$A_3=B_3$	$A_2=B_2$	$A_1=B_1$	$A_0<B_0$	×	×	×	0	1	0
$A_3=B_3$	$A_2=B_2$	$A_1=B_1$	$A_0=B_0$	1	0	0	1	0	0
$A_3=B_3$	$A_2=B_2$	$A_1=B_1$	$A_0=B_0$	0	1	0	0	1	0
$A_3=B_3$	$A_2=B_2$	$A_1=B_1$	$A_0=B_0$	0	0	1	0	0	1

由表 17.12 可以看出，四位数值比较器 74LS85 的逻辑功能如下：

若 $A>B$，则输出端 $A>B$ 为 1，其余输出端为 0；若 $A<B$，则输出端 $A<B$ 为 1，其余输出端为 0；若 $A=B$，只要级联输入端 = 为 1，级联输入端 > 和 < 均为 0，则输出端 $A=B$ 为 1，其余输出端为 0。

数值比较器的 3 个级联输入端用于扩展参加比较的数据位数。当应用一个芯片对两组 4 位二进制数进行比较时，应将级联输入端 = 接高电平，而 > 端和 < 端两个级联输入端接低电平。

17.7 数据选择器（多路转换器）

数据选择器（multiplexer，MUX），又称多路开关或多路转换器，它可从多个输入数据中选择一个送至输出端。4 选 1 数据选择器的逻辑电路如图 17.20 所示。根据逻辑电路可写出逻辑函数表达式，当使能端 $\overline{E}=0$ 时，有

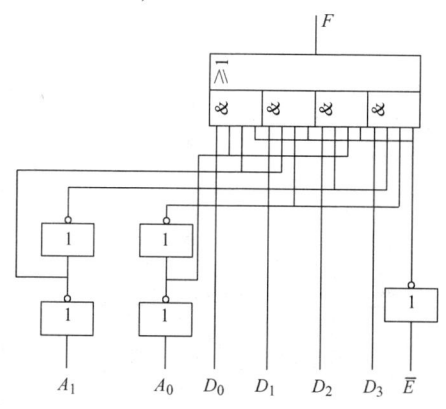

图 17.20 4 选 1 数据选择器的逻辑电路图

$$F = \bar{A}_1\bar{A}_0D_0 + \bar{A}_1A_0D_1 + A_1\bar{A}_0D_2 + A_1A_0D_3$$

由逻辑函数表达式可写出真值表，见表 17.13。

表 17.13　4 选 1 数据选择器的真值表

	输		入				输出
$\bar{E}$	A_1	A_0	D_3	D_2	D_1	D_0	F
1	×	×	×	×	×	×	0
0	0	0	×	×	×	D_0	D_0
0	0	1	×	×	D_1	×	D_1
0	1	0	×	D_2	×	×	D_2
0	1	1	D_3	×	×	×	D_3

由真值表可看出：当使能端 $\bar{E}=1$ 时，不论其他输入端的状态如何，都不会有输出，$F=0$；只有当 $\bar{E}=0$ 时，输出数据才决定于地址输入 A_1A_0 的不同组合。4 选 1 数据选择器相当于一个被地址码控制的 4 选 1 多路开关。

数据选择器是一种灵活方便、开发性很强的组合逻辑电路，在数字系统中应用比较广泛。中规模集成电路数据选择器有 TTL 型和 CMOS 型多种系列产品，常用的有 2 选 1、4 选 1、8 选 1、16 选 1 等，如 74LS151 即为 8 选 1 数据选择器。

习　题

填空题

17-1　写出图 17.21 所示逻辑电路的输出逻辑函数表达式：图 17.21a 中，$F=$ ＿＿＿＿＿；图 17.21b 中，$F=$ ＿＿＿＿＿。

17-2　经分析可知，表 17.14 为＿＿＿＿＿的真值表（或非门、与非门、同或门、异或门）。

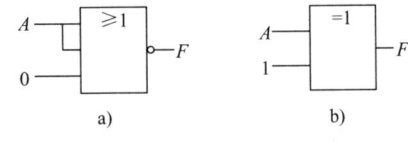

图 17.21　题 17-1 图

17-3　已知双输入双输出的组合逻辑电路，其真值表见表 17.15，则它的输出最简逻辑函数表达式是 $F_1=$ ＿＿＿＿＿、$F_2=$ ＿＿＿＿＿。

17-4　若 $Y = AB + AC = 1$，则 $ABC=$ ＿＿＿＿＿（001、110、101）。

表 17.14　题 17-2 表

A	B	F
0	0	1
1	0	0
0	1	0
1	1	0

表 17.15　题 17-3 表

A	B	F_1	F_2
0	0	0	0
1	0	1	0
0	1	1	0
1	1	0	1

17-5　若输入变量 A、B 和输出变量 Y 的波形如图 17.22 所示，则最简输出逻辑函数表达式为 $Y=$ ＿＿＿＿＿。

17-6　逻辑电路如图 17.23 所示，其输出端的逻辑函数表达式为 $Y=$ ＿＿＿＿＿。

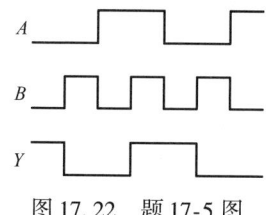

图 17.22　题 17-5 图

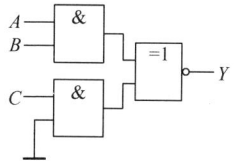

图 17.23　题 17-6 图

选择题

17-7　逻辑电路如图 17.24 所示，则 $Y=1$ 的是图（　　）。

A. 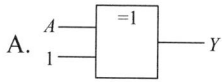　　B. 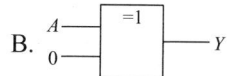　　C. 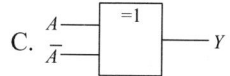　　D.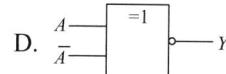

图 17.24　题 17-7 图

17-8　组合逻辑电路如图 17.25 所示，其逻辑函数表达式为（　　）。

A. $Y=\overline{A}$　　　B. $Y=A$　　　C. $Y=1$　　　D. $Y=0$

17-9　组合逻辑电路如图 17.26 所示，其逻辑逻辑函数表达为（　　）。

A. $Y=\overline{AB}$　　B. $Y=\overline{A}B$　　C. $Y=A\overline{B}+\overline{A}B$　　D. $Y=AB$

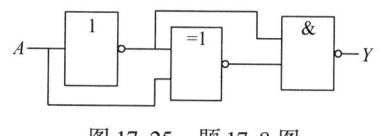

图 17.25　题 17-8 图

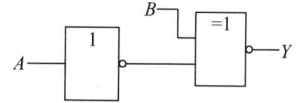

图 17.26　题 17-9 图

17-10　组合逻辑电路如图 17.27 所示，其逻辑函数表达式为（　　）。

A. $Y=AB\cdot \overline{B}C$

B. $Y=\overline{AB\cdot \overline{B}C}$

C. $Y=AB+\overline{B}C$

D. $Y=\overline{AB+\overline{B}C}$

17-11　组合逻辑电路如图 17.28 所示，其逻辑函数表达式为（　　）。

A. $Y=\overline{AB+BC+CA}$

B. $Y=AB+BC+CA$

C. $Y=\overline{AB}+\overline{BC}+\overline{CA}$

D. $Y=\overline{A}\,\overline{B}+\overline{B}\,\overline{C}+\overline{C}\,\overline{A}$

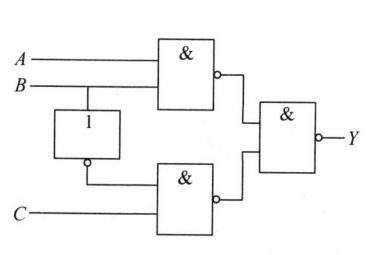

图 17.27　题 17-10 图

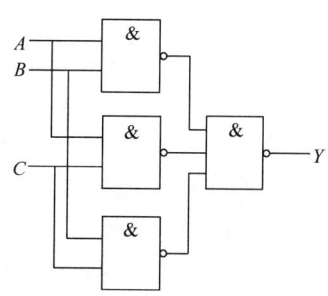

图 17.28　题 17-11 图

17-12 在如图 17.29 所示的四个逻辑电路中，能实现 $Y = (A+B) \cdot (C+D)$ 的是（　　）。

A. 图 17.29a　　B. 图 17.29b　　C. 图 17.29c　　图 17.29d

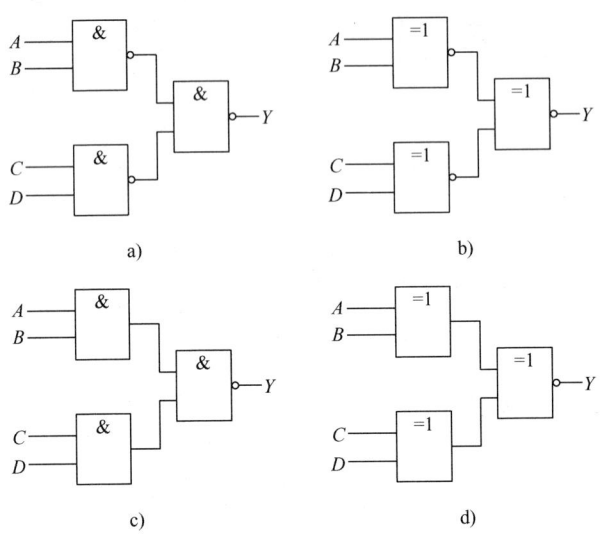

图 17.29　题 17-12 图

分析设计题

17-13 已知三变量组合逻辑电路的状态如表 17.16 所示，请写出 Y 的逻辑函数表达式并化简。

表 17.16　题 17-13 表

A	B	C	Y
0	0	0	0
0	0	1	0
0	1	0	0
0	1	1	1
1	0	0	1
1	0	1	1
1	1	0	1
1	1	1	1

17-14 某车间有 A、B、C、D 四台电动机，今要求：①A 必须开机；②其他三台电动机中至少有两台开机。若不满足上述要求，则指示灯熄灭。设指示灯亮为"1"，熄灭为"0"，电动机的开机信号通过某种装置送到各自的输入端，使该输入端为"1"，否则为"0"。试用与非门组成指示灯的逻辑电路。

17-15 设 A、B、C 三个按钮分别控制三个指示灯 F_A、F_B、F_C，要求当 A 按下时，不论 B、C 是否按下，指示灯 F_A 亮；当 A 没有按下且 B 按下时，不论 C 是否按下，指示灯 F_B 亮；只有 A、B 没有按下而 C 按下时，指示灯 F_C 才亮。设计控制三个指示灯的逻辑电路。

17-16 现有 A、B、C、D 四门课程。其中 A 为必修课，B、C、D 为选修课。要求必修课必须通过，选修课至少通过两门才能毕业。设计判断是否毕业的逻辑电路。

17-17 数据分配器可把一路数据根据分配信号的控制分配到不同的输出端。图 17.30 所示电路是一个四路数据分配器，其中 D 是一路数据输入，A_1、A_0 是分配控制端。分析该逻辑电路，并判断若将数据分配给 F_2 端，分配信号 A_1 和 A_0 该如何设置。

17-18 组合逻辑电路如图 17.31 所示。分析该逻辑电路功能。

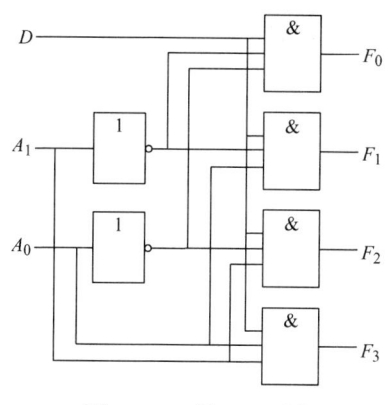

图 17.30 题 17-17 图

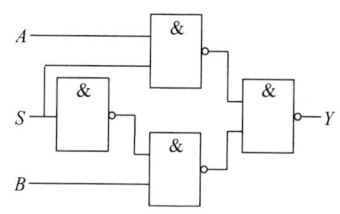

图 17.31 题 17-18 图

17-19 列出图 17.32 所示逻辑电路的真值表，分析其功能。

17-20 有一个 T 字形走廊，在相会处有一盏灯，在进入走廊的 A、B、C 三地各有灯的开关，都能独立进行开闭，任意闭合一个开关，灯亮；任意闭合两个开关，灯灭；三个开关同时闭合，灯亮。设开关闭合为 1，断开为 0；灯 Y（输出变量）亮为 1，灯 Y 灭为 0。试画出其逻辑电路，要求：(1) 由与门、或门、非门组成；(2) 由异或门组成。

17-21 试设计一个能驱动七段半导体数码管的译码电路，输入变量 A、B、C 来自计数器，按顺序从 000 至 111 计数，当 ABC = 000 时，字画全灭，然后要求依次显示 H、O、P、E、F、U、L 七个字母，采用共阴极半导体数码管。

17-22 某人有三箱贵重物品，分放三处，每只箱内隐藏水银开关，平时开关断开，当箱子被挪动时，水银开关因倾斜而闭合，立即发出声光报警，并显示出何处被盗，试采用 2 线-4 线译码器画出三路防盗报警原理电路（该译码器见图 17.33）。

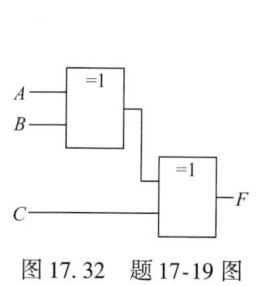

图 17.32 题 17-19 图

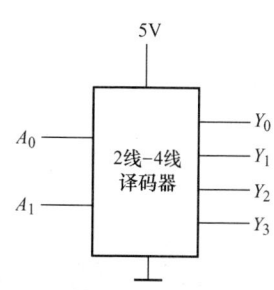

图 17.33 题 17-22 图

第18章

时序逻辑电路

数字系统中除了需要具有逻辑运算和算术运算能力的组合逻辑电路外，还需要具有记忆功能的逻辑电路。本章讨论的时序逻辑电路（sequential circuit），其任一时刻的输出不仅与当时的输入状态有关，而且与输出的原（前一个）状态有关，即时序逻辑电路具有记忆功能。

18.1 双稳态触发器

双稳态触发器（bistable flip-flop）是具有记忆功能的逻辑单元电路。它有两个稳定的工作状态（稳态），且在外加信号触发下电路可从一种稳态转换到另一种稳态。

为了对触发器有一个整体的了解，首先介绍一下触发器的分类。

1) 按稳定工作状态不同，触发器分为双稳态、单稳态、无稳态（多谐振荡器）三种。

2) 按电路结构和工作特点不同，触发器分为基本触发器、同步触发器、主从触发器和边沿触发器等。

3) 按逻辑功能不同，触发器分为 RS 触发器、JK 触发器、D 触发器、T 触发器和 T′触发器等。

18.1.1 基本 RS 触发器

由集成门电路构成的基本 RS 触发器是最简单的触发器，它是构成其他触发器的基本单元。

1. 基本 RS 触发器的组成

基本 RS 触发器（basic RS flip-flop）是由两个与非门交叉耦合构成，如图 18.1 所示。

1) $\overline{S}_D$ 是置 1 端（置位端）、$\overline{R}_D$ 是置 0 端（复位端），S_D 与 R_D 上的逻辑非符号，表示低电平有效（触发）。

2) Q 和 $\overline{Q}$ 是两个输出端，两者的逻辑状态在正常条件下保持相反。

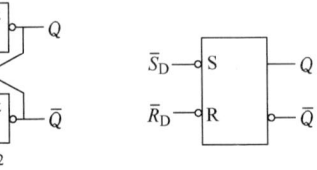

a) 逻辑电路　　　　b) 逻辑符号

图 18.1　基本 RS 触发器

3）逻辑符号中的 S、R 端的小圆圈表示输入低电平有效。

2. 基本 RS 触发器的工作原理

与非门只要有一个输入端为低电平，输出就是高电平；只有所有输入端均为高电平时，输出才是低电平。依据这一逻辑关系，分析如下：

1）当 $\bar{S}_D = \bar{R}_D = 1$ 时，触发器保持原态。

通常以 Q 端的逻辑电平表示触发器的状态，即 $Q = 1$、$\bar{Q} = 0$ 时，称为"1"态，反之为"0"态。

设触发器原态为"0"（即 $Q = 0$、$\bar{Q} = 1$），则 G_1 门两输入端都为 1，G_1 输出为 $Q = 0$、$\bar{R}_D = 1$；G_2 门输出为 $\bar{Q} = 1$，触发器保持原有"0"态；

设触发器原态为"1"（即 $Q = 1$、$\bar{Q} = 0$），则 G_1 门输入端有 0，G_1 输出 $Q = 1$、$\bar{R}_D = 1$，G_2 输出为 $\bar{Q} = 0$，触发器保持原有"1"态。

经过以上分析可知，当 $\bar{S}_D = 1$、$\bar{R}_D = 1$ 时，触发器仍保持原来状态不变。

2）当 $\bar{S}_D = 0$、$\bar{R}_D = 1$ 时，触发器置"1"。

设触发器原态为"0"，因 $\bar{S}_D = 0$，使 G_1 门输出 $Q = 1$，此时 G_2 门两输入端均为高电平，$\bar{Q} = 0$，触发器由"0"态翻转为"1"态；

设触发器原态为"1"，因 $\bar{S}_D = 0$，使 G_1 门输出 $Q = 1$；此时 G_2 门两输入端均为高电平，则输出 $\bar{Q} = 0$，触发器保持"1"态不变。

3）当 $\bar{S}_D = 1$、$\bar{R}_D = 0$ 时，触发器置"0"。

按对称性原理分析可知，当 $\bar{S}_D = 1$、$\bar{R}_D = 0$ 时，触发器的输出端 $Q = 0$、$\bar{Q} = 1$。

4）当 $\bar{S}_D = \bar{R}_D = 0$ 时，触发器状态不定。

无论 Q 与 $\bar{Q}$ 为何种状态，根据与非门"有 0 出 1"的功能，可知两个与非门输出必定都是高电平，即 $Q = \bar{Q} = 1$，这破坏了 Q 与 $\bar{Q}$ 相反的逻辑关系，使触发器失效。当 $\bar{S}_D$ 和 $\bar{R}_D$ 同时由"0"变为"1"时，触发器变为什么状态，取决于两个与非门的翻转速度。当两输入端均由 0 变为 1 时，触发器状态不能预测，因此称 $\bar{S}_D = \bar{R}_D = 0$ 为不定态。实际应用中要避免此状态出现。

将以上分析结论归纳整理以后，列出基本 RS 触发器的真值表，见表 18.1，Q^n 为触发信号到来之前的状态，Q^{n+1} 为触发后的状态。

表 18.1 基本 RS 触发器的真值表

$\bar{R}_D$	$\bar{S}_D$	Q^{n+1}	逻辑功能
0	0	不定	不允许
0	1	0	置"0"
1	0	1	置"1"
1	1	Q^n	保持原态

18.1.2 可控 RS 触发器

可控 RS 触发器（clocked flip-flop）又称同步 RS 触发器（synchronous flip-flop）。基本 RS 触发器只要输入信号发生变化，触发器的状态就会立即发生变化。而在实际使用中，常常要求系统中的各触发器按一定的时间节拍同时触发翻转，即受时钟脉冲 CP 的控制。

1. 电路的结构及工作原理

图 18.2 所示为可控 RS 触发器的逻辑电路和逻辑符号。该电路分两部分构成，分别是由与非门 G_1、G_2 组成的基本 RS 触发器和由与非门 G_3、G_4 组成的输入控制电路。

$\overline{S}_D$ 端是直接置位端（低电平有效，不受时钟脉冲控制）；$\overline{R}_D$ 端是直接复位端（低电平有效，不受时钟脉冲控制）。至于 S、R 端信号，它们受时钟脉冲的控制。

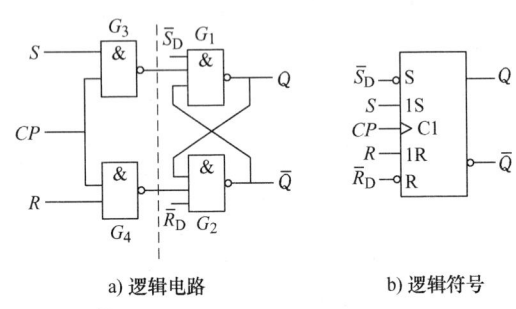

a) 逻辑电路　　b) 逻辑符号

图 18.2　可控 RS 触发器

当 $CP = 0$ 时，G_3、G_4 门被封锁（输出均为 1），输入信号 R、S 不起作用，触发器保持原状态不变。

当 $CP = 1$ 时，G_3、G_4 门打开，R、S 信号通过 G_3、G_4 反相加到 G_1、G_2 门组成的基本 RS 触发器上，使 Q、$\overline{Q}$ 状态随输入触发信号的改变而改变。它的真值表见表 18.2，显然，这是一个高电平有效的 RS 触发器。

表 18.2　可控 RS 触发器的真值表

R	S	Q^{n+1}	逻辑功能
0	0	Q^n	保持
0	1	1	置 1
1	0	0	置 0
1	1	不定	不允许

需要说明的是，在 $CP = 1$ 期间，若输入信号 S、R 出现多次变化，就会引起触发器的输出信号的多次变化，出现所谓的"空翻"现象。为了克服"空翻"现象可以采用主从结构的主从 JK 触发器。

2. 可控 RS 触发器的主要特点

1）时钟电平控制。在 $CP = 0$ 期间，触发器保持原来状态不变；在 $CP = 1$ 时，接收输入信号。

2）R、S 之间仍有约束，不能同时为 1。

3）存在"空翻"现象。想要避免出现"空翻"现象，必须要求输入信号 R、S 在 $CP = 1$ 期间保持不变。

【例 18.1】　已知可控 RS 触发器如图 18.2 所示，其输入端 R、S 和 CP 的波形如图 18.3 所示，试画出 Q、$\overline{Q}$ 的波形。假设触发器初始状态为"0"。

第18章 时序逻辑电路

【解】 根据可控RS触发器的工作原理可知：

第一个$CP=1$期间，$S=1$、$R=0$，可知$Q=1$、$\bar{Q}=0$。在第二个$CP=1$来之前，触发器保持$Q=1$、$\bar{Q}=0$；

第二个$CP=1$期间，$S=0$、$R=1$，可知$Q=0$、$\bar{Q}=1$。在第三个$CP=1$来之前，触发器保持$Q=0$、$\bar{Q}=1$；

第三个$CP=1$期间，$S=1$、$R=0$，同第一个$CP=1$分析，可知$Q=1$、$\bar{Q}=0$；

第四个$CP=1$期间，$S=0$、$R=1$，同第二个$CP=1$分析，$Q=0$、$\bar{Q}=1$；

第五个$CP=1$期间，$S=1$、$R=1$，触发器$Q=1$、$\bar{Q}=1$，当CP由"1"变为"0"时，触发器的状态不确定。Q、$\bar{Q}$的波形如图18.3所示。

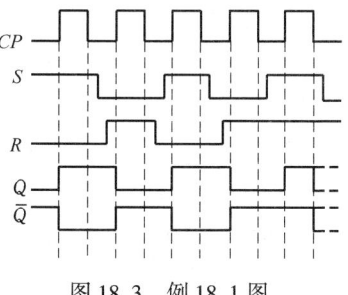

图18.3 例18.1图

18.1.3 主从JK触发器

1. 电路的组成

为了解决可控RS触发器的缺点，人们设计出了主从JK触发器。主从JK触发器是由两个可控RS触发器串联，并加以输出反馈构成的，如图18.4所示。当$CP=0$时，主触发器状态不变，从触发器的状态与主触发器的输出状态相同；当$CP=1$时，输入信号J、K影响主触发器，而从触发器状态不变；当CP从1变成0时，主触发器的状态传送到从触发器，即主从触发器在CP下降沿到来时才使从触发器（输出）翻转。

主从JK触发器

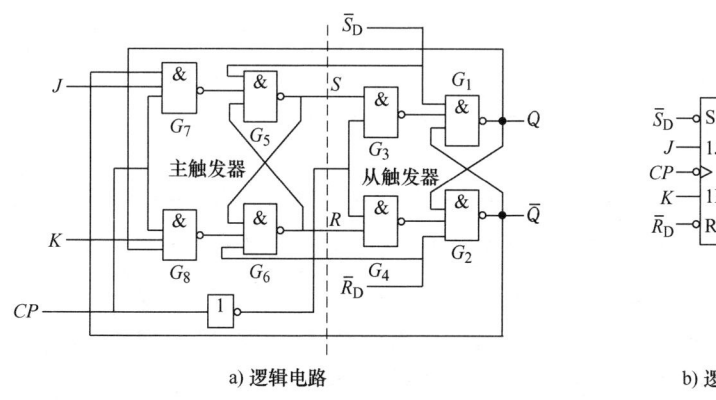

a) 逻辑电路   b) 逻辑符号

图18.4 主从JK触发器

2. 电路的逻辑功能

1) 当$J=0$、$K=0$时，$Q^{n+1}=Q^n$。

这时，门G_7、G_8均被封锁，CP脉冲到来之后，触发器的状态不会改变，输出保持原来状态，即$Q^{n+1}=Q^n$。

163

2) 当 $J=1$、$K=1$ 时，$Q^{n+1}=\overline{Q^n}$。

$J\overline{Q}$（逻辑与）相当于可控 RS 触发器的 S 端，记作 $S_1=J\overline{Q}$；KQ（逻辑与）相当于可控 RS 触发器的 R 端，记作 $R_1=KQ$。

若触发器的初始状态为"0"，主触发器 $S_1=J\overline{Q}=1$，$R_1=KQ=0$。当 $CP=1$，主触发器的 $S_1=1$，$R_1=0$，处于置"1"状态；当 $CP=0$ 时，从触发器的 $S=1$、$R=0$，从触发器翻转为"1"状态；反之，设触发器的初始状态为"1"，这时主触发器的 $S_1=J\overline{Q}=0$，$R_1=KQ=1$。当 $CP=1$ 时，主触发器翻转为"0"状态，当 CP 下降变为"0"时，从触发器也翻转为"0"状态。

可见，当 $J=1$，$K=1$ 的情况下，来一个时钟脉冲，触发器就会翻转一次。

3) 当 $J=1$、$K=0$ 时，$Q^{n+1}=1$。

若触发器的初始状态为"0"，即 $Q^n=0$、$\overline{Q^n}=1$。在 $CP=1$ 时，门 G_7 输出 0、G_8 输出为 1，主触发器置"1"；当 $CP=0$ 时，主触发器的状态转存到从触发器，触发器转为"1"态，即 $Q^{n+1}=1$；若触发器的原始状态为"1"，即 $Q^n=1$、$\overline{Q^n}=0$。则 G_7、G_8 输出均为"1"（高电平），主触发器保持原态 $Q^n=1$，所以 CP 脉冲到来后，触发器仍然保持原来的"1"态，即 $Q^{n+1}=1$。

可见，当 $J=1$、$K=0$ 的情况下，无论触发器原来处于何种状态，CP 脉冲过后触发器均置"1"。

4) 当 $J=0$、$K=1$ 时，$Q^{n+1}=0$。

仿照 3) 中分析可知，无论触发器原来处于何种状态，此时 CP 脉冲过后触发器均置"0"。根据以上分析，可得到主从 JK 触发器的真值表，见表 18.3。

表 18.3 主从 JK 触发器的真值表

J	K	Q^{n+1}	逻辑功能
0	0	Q^n	保持
0	1	0	置"0"
1	0	1	置"1"
1	1	$\overline{Q^n}$	翻转

注意：对于主从 JK 触发器，尽管在 $CP=1$ 时主触发器可以接收输入信号，但是由于 Q、$\overline{Q}$ 经过两条反馈线回送到与非门的输入端，使得在 $Q^n=1$ 时，主触发器只能接收置"0"输入信号（即与 K 有关），而在 $Q^n=0$ 时，主触发器只能接收置"1"输入信号（即与 J 有关），这样将会使主触发器在 $CP=1$ 期间最多只能翻转一次，且状态一旦改变，就没有可能再翻转回原来的状态，即整个触发器在一个周期内也最多只能翻转一次。

主从 JK 触发器不但解决了同步 RS 触发器的空翻现象，同时也解决了 RS 触发器存在的状态不定问题，所以得到了广泛应用。

【例 18.2】 设图 18.4 所示主从 JK 触发器的初始状态为"0"，试根据图 18.5 中的 CP、J、K 的波形，画出输出端 Q 的波形。

【解】 主从 JK 触发器的工作是分两步进行的。在 $CP=1$ 期间，主触发器接收输入信号。而当 CP 的下降沿到来后，主触发器的状态再转换到从触发器中。可见，CP = 1 时的 J、K 状态，决定触发器的下一个状态。而 CP 的下降沿是触发器状态翻转的基准线。当第一个 CP = 1 时，J = 1、K = 0，这样主触发器将置"1"，当第一个 CP 下降沿之后，从触发器就置 1。同样的方法分析可得输出波形如图 18.5 中的 Q 波形所示。

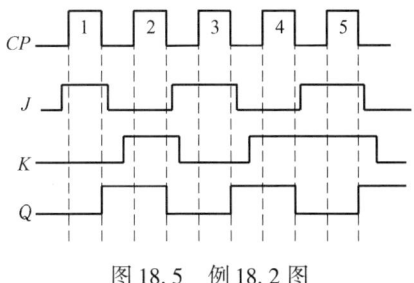

图 18.5　例 18.2 图

【**例 18.3**】　设图 18.4 所示主从 JK 触发器的初始状态为"0"，已知 CP、J、K 的波形如图 18.6 所示，画出输出端 Q 的波形。

【**解**】　由图 18.6 可见，第 1 个 CP 高电平期间 J = 1、K = 0，CP 下降沿到来之后触发器置"1"。

第 2 个 CP 高电平期间 K 的值发生了变化，所以不能简单地以 CP 下降沿到来时的 J、K 值来决定触发器的下一个状态。因为在 CP 高电平期间出现过短暂的 J = 0、K = 1 状态，主触发器被置"0"，尽管 CP 下降沿到来时输入状态回到了 J = K = 0 的正常状态，但从触发器仍然按主触发器的状态被置"0"，即 $Q^{n+1} = 0$。

第 3 个 CP 下降沿到来时，J = 0、K = 1，若以此时的输入状态决定触发器的次态，应保持 $Q^{n+1} = 0$。但由于 CP = 1 期间曾出现 J = 1、K = 1，CP 下降沿到来之前主触发器已经被置"1"，所以 CP 下降沿到达后从触发器便被置"1"。

因此输出端 Q 的波形如图 18.6 所示。

从例 18.3 可以看出，主从 JK 触发器（master-slave flip-flop）存在一次性空翻现象，在 CP = 1 的整个期间，主触发器可随时接收输入信号，但是无论信号变化多少次，由于输出信号的反馈作用，主触发器最多只能变化一次。

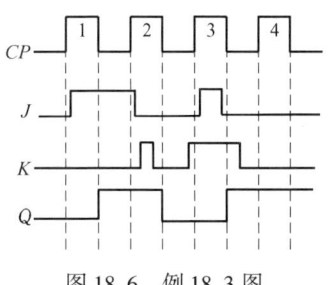

图 18.6　例 18.3 图

为了克服主从 JK 触发器存在的一次性空翻现象，人们研制了边沿 JK 触发器。这两种触发器尽管逻辑功能相似，但电路结构不同。差别在于：边沿触发器（edge triggered flip-flop）的工作只在一个时刻完成，即只在时钟的上升沿或下降沿，输出状态才会根据输入状态做相应的变化。而在其他时刻，触发器一直保持原状态。此种类型的触发器抗干扰能力强。

18.1.4　维持阻塞型 D 触发器

维持阻塞型 D 触发器是一种边沿触发器，其逻辑电路和逻辑符号如图 18.7 所示。它是由 6 个与非门组成的，G_1、G_2 构成基本 RS 触发器，G_3、G_4、G_5、G_6 构成引导电路，其中 $\overline{S}_D$、$\overline{R}_D$ 分别为直接置位端和复位端，正常工作时，$\overline{S}_D$、$\overline{R}_D$ 需要接高电平。

D 触发器

1）D = 0　当 CP = 0 时，G_3、G_4 和 G_6 的输出均为 1，G_5 因输入端全 1 而输出 0。这时触发器的状态不变。当时钟脉冲从 0 上跳到 1，即 CP = 1 时，G_3、G_5、G_6 的输出保持原状态未变，而 G_4 因输入端全为 1，其输出由 1 变为 0。这个脉冲一方面使基本 RS 触发器置"0"，同时反馈到 G_6 的输入端，使在 CP = 1 期间不论 D 怎样变化，触发器保持"0"不变。

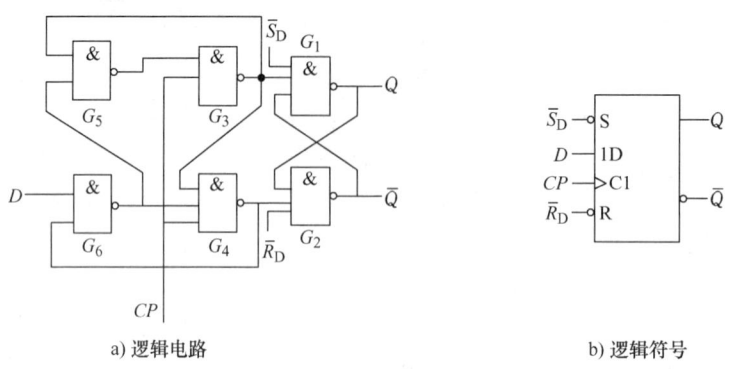

a) 逻辑电路　　　　　　　　b) 逻辑符号

图 18.7　维持阻塞型 D 触发器

2）$D=1$　当 $CP=0$ 时，G_3 和 G_4 的输出均为 1，G_6 的输出为 0，这时触发器的状态保持不变。当 $CP=1$ 时，G_3 的输出由 1 变为 0，这个负脉冲一方面使基本触发器置"1"，同时反馈到 G_4 和 G_5 的输入端，使在 $CP=1$ 期间无论 D 怎样变化，只能改变 G_6 的输出状态，而其他门均保持不变，即触发器保持"1"不变。

由上可知，维持阻塞型 D 触发器在时钟脉冲上升沿触发，其逻辑功能为：输出端 Q 的状态随输入端 D 的状态而变化。所以维持阻塞型 D 触发器存在

$$Q^{n+1}=D$$

维持阻塞型 D 触发器的工作波形如图 18.8 所示，其真值表见表 18.4。

表 18.4　维持阻塞型 D 触发器真值表

D	Q^{n+1}
0	0
1	1

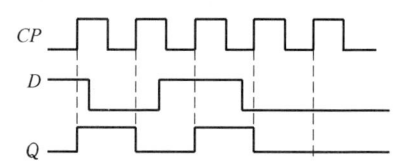

图 18.8　维持阻塞型 D 触发器的工作波形

18.1.5　触发器的相互转换

根据需要，可将某种逻辑功能的触发器经过改接或附加一些门电路后，转换为另一种触发器。

1. JK 触发器转换为 D 触发器

如图 18.9a 所示，当 $D=1$ 时，$J=1$、$K=0$，在 CP 脉冲的下降沿，触发器翻转为（或保持）"1"态；当 $D=0$ 时，即 $J=0$、$K=1$，在 CP 脉冲的下降沿，触发器翻转为（或保持）"0"态。

2. JK 触发器转换为 T 触发器

首先介绍 T 触发器功能。T 触发器只有一个输入端 T，当 $T=0$，触发器不变，即 $Q^{n+1}=Q^n$；当 $T=1$，触发器翻转，即 $Q^{n+1}=\overline{Q^n}$。

如图 18.9b 所示，将 J、K 端连在一起，构成 T 端。当 $T=0$，时钟脉冲作用后触发器状态不变；当 $T=1$，触发器具有计数逻辑功能，即 $Q^{n+1}=\overline{Q^n}$。

3. JK 触发器转换为 T′触发器

T′触发器称为翻转触发器，每来一个脉冲输出翻转一次，即 $Q^{n+1} = \bar{Q}^n$，具有计数功能。如图 18.9c 所示，将 D 触发器的 D 端和 $\bar{Q}$ 端相连，就转化为 T′触发器。

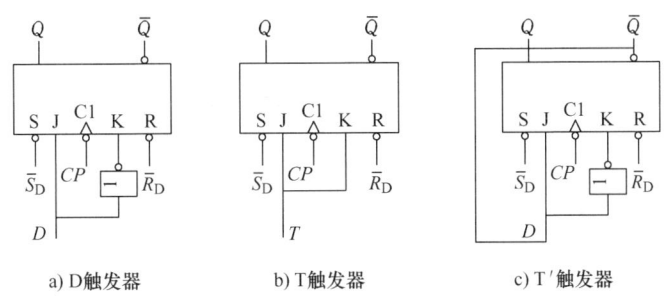

图 18.9 JK 触发器转换为其他类型触发器

18.2 寄存器

寄存器（register）是数字系统常用的逻辑器件，常用于接收、暂存、传递数码和指令等信息。它由触发器和门电路组成。一个触发器只能存放 1 位二进制数，存放 n 位二进制时，需要 n 个触发器。

寄存器按功能分为数码寄存器（digital register）和移位寄存器（shift register），其区别主要是有无移位功能。

18.2.1 数码寄存器

数码寄存器只有寄存数码和清除原有数码的功能。图 18.10 所示为由 4 个 D 触发器组成的 4 位二进制数码寄存器。$\bar{R}_D$ 为寄存器清零端，CP 为数码输入控制端。在 CP 脉冲的上升沿，4 个 D 触发器将数据线上的数码通过 d_0、d_1、d_2、d_3 传送到输出端 Q_0、Q_1、Q_2、Q_3。在 CP 脉冲过去后，输出端所寄存的数码不变。

由于各位数码从对应的 D 触发器输入端同时输入，因此称为并行输入。

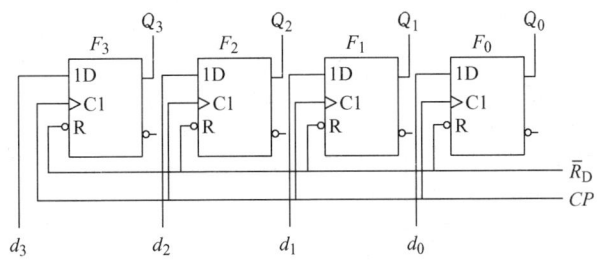

图 18.10 4 位二进制数码寄存器

18.2.2 移位寄存器

移位寄存器是在数码寄存器的基础上发展起来的，它不但有存放数据的功能，而且有数据移位的功能。所谓移位，就是每来一个移位脉冲，寄存器中的数据就向左（或向右）顺序移动一位。

1. 右移寄存器

图 18.11 所示为由 D 触发器组成的 4 位右移寄存器，串行数据 D_{IR} 从触发器 F_3 输入端 1D 加入，触发器 F_0 的输出端 Q_0 为移位寄存器的串行输出端，$\overline{R}_D$ 是直接清零端。

接收数据前，寄存器应该清零。令 $\overline{R}_D = 0$，则各触发器均为"0"态。

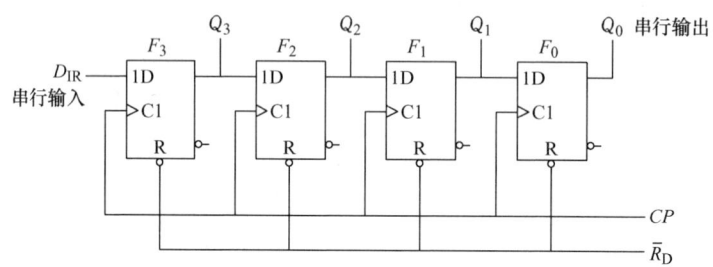

图 18.11 D 触发器组成的 4 位右移寄存器

根据 D 触发器的逻辑功能可知：当 CP 上升沿作用后，F_3 的状态按输入数据 D_{IR} 的状态翻转，F_2 的状态按 Q_3 的原有状态翻转，F_1 的状态按 Q_2 的原有状态翻转，F_0 的状态按 Q_1 的原有状态翻转。随着移位脉冲 CP 依次作用，移位寄存器中原有的 4 位数据依次向右移位。

假设移位寄存器初始状态为 0000，串行输入数据 $D_{IR} = 1011$，从低位到高位依次输入。在 4 个脉冲作用后，输入的 4 位串行数据 1011 全部存入了寄存器，具体过程见表 18.5。

表 18.5 右移寄存器状态表

移位脉冲	异步清零	输入	输出			
CP	$\overline{R}_D$	D_{IR}	Q_3	Q_2	Q_1	Q_0
×	0	×	0	0	0	0
0	1	×	0	0	0	0
1	1	1	1	0	0	0
2	1	1	1	1	0	0
3	1	0	0	1	1	0
4	1	1	1	0	1	1

图 18.12 为右移寄存器的时序图，从时序图可以看出，移位寄存器中的数据可以由 Q_3、Q_2、Q_1、Q_0 并行输出，也可以由 Q_0 串行出。

2. 左移寄存器

图 18.13 所示为由 4 个 D 触发器组成的 4 位左移寄存器。

设移位寄存器的初始状态为 0000，串行输入数据 $D_{IL} = 1011$，从高位到低位依次输入。在

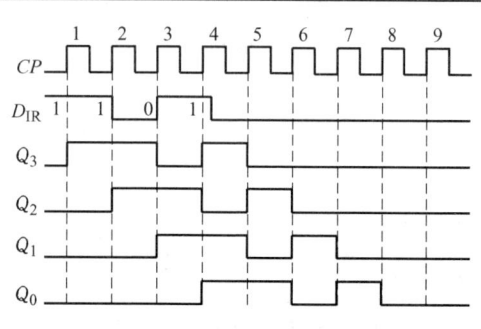

图 18.12 右移寄存器时序图

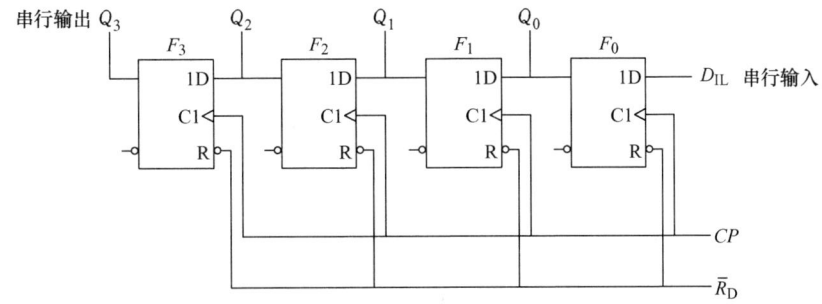

图 18.13 D 触发器组成的 4 位左移寄存器

4 个脉冲作用后，输入的四位串行数据 1011 全部存入了寄存器中。左移移位寄存器里数据的移动过程见表 18.6。

表 18.6 左移寄存器状态表

移位脉冲 CP	异步清零 $\overline{R}_D$	输入 D_{IL}	输出 Q_3	Q_2	Q_1	Q_0
×	0	×	0	0	0	0
0	1	×	0	0	0	0
1	1	1	0	0	0	1
2	1	0	0	0	1	0
3	1	1	0	1	0	1
4	1	1	1	0	1	1

在数字电路中，常需要具有双向移位功能的寄存器。

74LS194（4 位双向移位寄存器）是一种功能很强的通用寄存器，其真值表见表 18.7。从真值表中可见，它具有并行输入、并行输出、左移、右移及保持等功能。这些功能均通过模式控制端 M_0、M_1 来确定。当 $M_0 = M_1 = 0$ 时，寄存器处于保持状态；当 $M_0 = M_1 = 1$ 时，寄存器处于并行输入、并行输出状态，即在 CP 上升沿作用下，加到并行数据输入端（$D_0 \sim D_3$）的数据被送到 $Q_0 \sim Q_3$；当 $M_0 = 0$、$M_1 = 1$ 时，寄存器处于左移操作（Q_3 向 Q_0）状态；当 $M_0 = 1$、$M_1 = 0$ 时，寄存器处于右移操作（Q_0 向 Q_3）状态。

表 18.7 74LS194 的真值表

输入										输出			
清除	模式控制		时钟	串行		并行							
$\overline{CR}$	M_1	M_0	CP	D	D	D_0	D_1	D_2	D_3	Q_0	Q_1	Q_2	Q_3
L	×	×	×	×	×	×	×	×	×	L	L	L	L
H	×	×	L	×	×	×	×	×	×	Q_{00}	Q_{10}	Q_{20}	Q_{30}
H	H	H	↑	×	×	d_0	d_1	d_2	d_3	d_0	d_1	d_2	d_3
H	L	H	↑	×	H	×	×	×	×	H	Q_{0n}	Q_{1n}	Q_{2n}
H	L	H	↑	×	L	×	×	×	×	L	Q_{0n}	Q_{1n}	Q_{2n}

(续)

清除	模式控制		时钟	串行		并行				输出			
$\overline{CR}$	M_1	M_0	CP	D	D	D_0	D_1	D_2	D_3	Q_0	Q_1	Q_2	Q_3
H	H	L	↑	H	×	×	×	×	×	Q_{1n}	Q_{2n}	Q_{3n}	H
H	H	L	↑	L	×	×	×	×	×	Q_{1n}	Q_{2n}	Q_{3n}	L
H	L	L	×	×	×	×	×	×	×	Q_{00}	Q_{10}	Q_{20}	Q_{30}

注：1. H为高电平，L为低电平，×为任意，↑为上升沿。

2. d_0、d_1、d_2、d_3 分别为 D_0、D_1、D_2、D_3端的稳态输入电平。

3. Q_{00}、Q_{10}、Q_{20}、Q_{30} 分别为规定的稳态输入条件建立前 Q_0、Q_1、Q_2、Q_3 的电平。

4. Q_{0n}、Q_{1n}、Q_{2n}、Q_{3n} 分别为时钟最近的上升沿前 Q_0、Q_1、Q_2、Q_3 的电平。

18.3 计数器

在数字逻辑系统中，能够累计数的数字电路称为计数器（counter）。计数器按计数脉冲触发方式可分为同步和异步计数器；按计数制可分为二进制、十进制和其他进制计数器；按计数过程中的数值的增减可分为加法、减法、可逆计数器。计数器不仅可以计数，还具有分频、定时等其他功能。以下主要讨论二进制计数器和十进制加法计数器。

18.3.1 二进制计数器

1. 异步二进制加法计数器

一个触发器可以表示一位二进制数码，用 n 个触发器可以组成 n 位二进制计数器（binary counter）。

加法计数器就是每输入一个脉冲就加1，而异步计数器（asynchronous counter）是在计数时采取从低位到高位逐位进位的方式工作的，图18.14所示为一个异步4位二进制加法计数器。各个触发器不是用同一个时钟信号，而是将低位触发器的 Q 端接到高位触发器的时钟输入端，因为低位 Q 端的下降沿正好可以作为高位的时钟信号 CP。

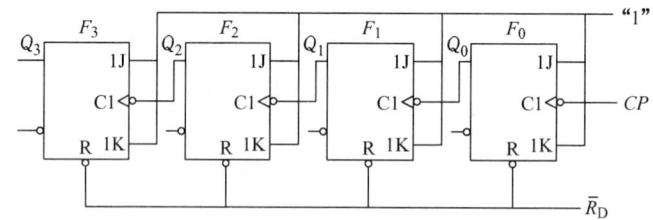

图18.14 异步4位二进制加法计数器

1) J、K 接"1"，即4个触发器均处在计数状态。

2) $\overline{R}_D$ 端给一个负脉冲，可对计数器清零。

3) 低位 Q 端作为高位触发器的时钟信号（进位线）。

4) 工作波形如图18.15所示。

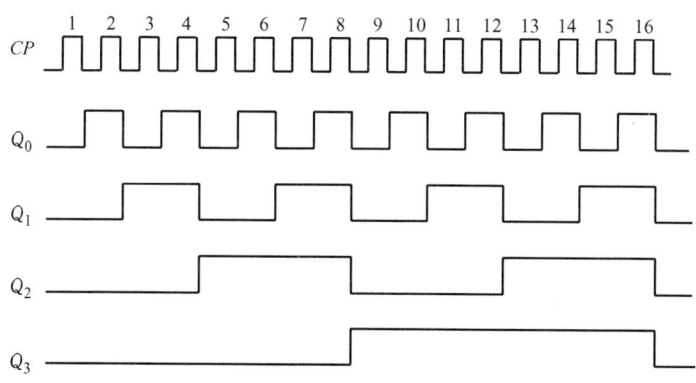

图 18.15　异步 4 位二进制加法计数器的工作波形

从以上分析可以看出，各触发器的翻转是依次进行的，而每个触发器的翻转都需要一定的延时。尤其计数器位数较多时，累计延迟时间就较长，所以异步计数器计数速度低。当计到 1111 后，再来一个脉冲，则回到 0000，4 个输出端 Q_0、Q_1、Q_2、Q_3 均变为 0。

2. 同步二进制加法计数器

同步计数器（synchronous counter）的计数脉冲同时接到各触发器上，各触发器的状态翻转是同步的。

异步二进制加法计数器各触发器逐级翻转，因而工作速度较慢。同步二进制加法计数器由于各触发器同步翻转，因此工作速度快。图 18.16 所示为一个同步 4 位二进制加法计数器。

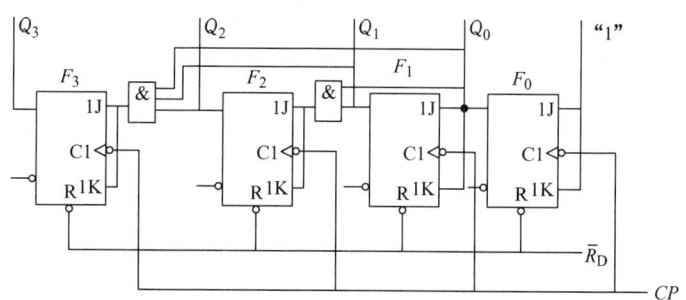

图 18.16　同步 4 位二进制加法计数器

各触发器输入端的逻辑函数表达式（驱动方程）为

$$J_0 = K_0 = 1 \quad J_1 = K_1 = Q_0 \quad J_2 = K_2 = Q_0 Q_1 \quad J_3 = K_3 = Q_0 Q_1 Q_2$$

该计数器的波形图与异步 4 位二进制加法计数器相同。分析可知，n 位二进制加法计数器能计数的最大十进制数为 $2^n - 1$。

3. 异步二进制减法计数器

异步二进制加法计数器在电路上稍做变动，便可组成异步二进制减法计数器，图 18.17 所示为用 4 个主从型 JK 触发器组成的异步减法计数器。

1）4 个 JK 触发器的 J、K 端都接高电位，处于计数状态。

2）低位 $\overline{Q}$ 端作为高位的时钟信号（借位线）。

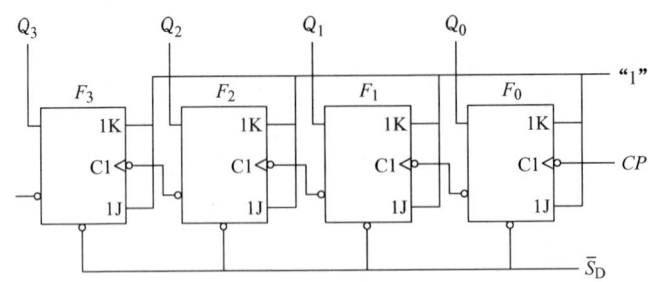

图 18.17 异步 4 位二进制减法计数器

3) $\bar{S}_D$ 端给一个负脉冲，可对计数器置"1"。

4. 同步二进制减法计数器

图 18.18 所示为一个同步 4 位二进制减法计数器，电路由 4 个 JK 触发器构成。

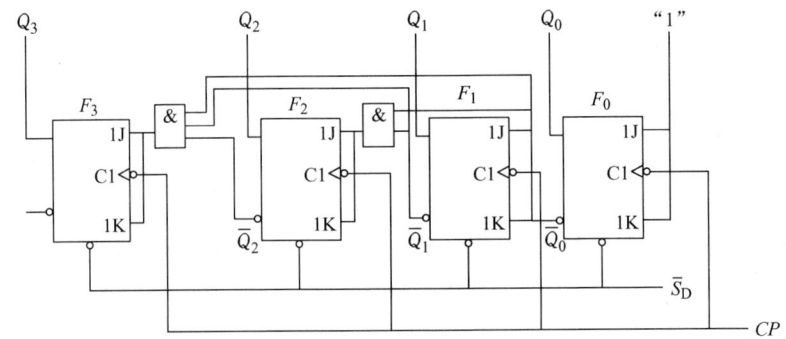

图 18.18 同步 4 位二进制减法计数器

各触发器输入端的逻辑函数表达式（驱动方程）为

$$J_0 = K_0 = 1 \quad J_1 = K_1 = \bar{Q}_0 \quad J_2 = K_2 = \bar{Q}_0 \bar{Q}_1 \quad J_3 = K_3 = \bar{Q}_0 \bar{Q}_1 \bar{Q}_2$$

【例 18.4】 试分析图 18.19 所示电路的逻辑功能。

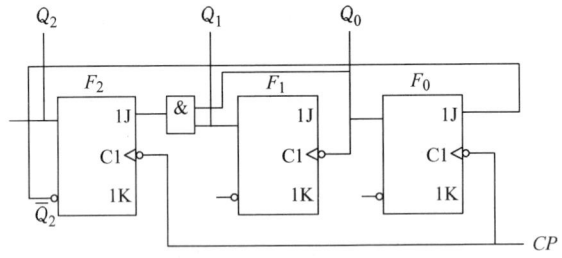

图 18.19 例 18.4 图

【解】 由图 18.19 可知，因为 3 个触发器不是用同一个时钟的，所以这是一个异步电路。没有接任何输入信号的输入端称为悬空，悬空端默认为"1"。

1) 各触发器输入端的逻辑函数表达式为：

$$J_0 = \bar{Q}_2 、K_0 = 1; \ J_1 = 1 、K_1 = 1; \ J_2 = Q_0 Q_1 、K_2 = 1。$$

2) 各触发器时钟脉冲 $CP_0 = CP$、$CP_1 = Q_0$、$CP_2 = CP$。

3) 设计数器初始为 000，这时的触发器 J、K 各电平为：

$J_0 = \overline{Q}_2 = 1$、$K_0 = 1$;$J_1 = 1$,$K_1 = 1$;$J_2 = Q_0 Q_1 = 0$、$K_2 = 1$。

第 1 个 CP 过后,F_0 翻转为 "1",F_1 不变,F_2 不变;

第 2 个 CP 过后,F_0 翻转为 "0",F_1 翻转为 "1",F_2 不变;

第 3 个 CP 过后,F_0 翻转为 "1",F_1、F_2 不变;

第 4 个 CP 过后,F_2、F_1、F_0 都翻转,即 F_2、F_1、F_0 状态为 "100";

第 5 个 CP 过后,F_0、F_1、F_2 都为 "0"。

4) 列出状态表,见表 18.8。

表 18.8 例 18.4 状态表

CP	$J_2\ K_2$	$J_1\ K_1$	$J_0\ K_0$	$Q_2\ Q_1\ Q_0$	对应十进制数
0	0 1	1 1	1 1	0 0 0	0
1	0 1	1 1	1 1	0 0 1	1
2	0 1	1 1	1 1	0 1 0	2
3	1 1	1 1	1 1	0 1 1	3
4	0 1	1 1	0 1	1 0 0	4
5	0 1	1 1	1 1	0 0 0	0

5) 依据状态表可以看出是一个异步五进制加法计数器。

6) 同理,可画出相应的波形,如图 18.20 所示。

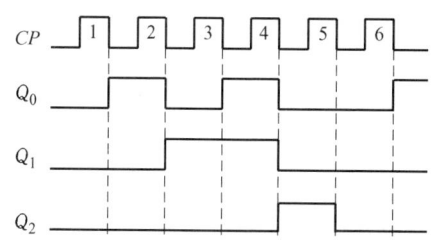

图 18.20 例 18.4 波形图

18.3.2 十进制计数器

二进制计数器虽然结构简单、运算方便,但人们还是比较习惯十进制数,因此,在某些场合十进制计数器应用更广泛。十进制数从 0 到 9 共十个数码,因此表示 1 位十进制数至少需要 4 位二进制数。十进制计数器(decimal counter)是用 4 位二进制数来代表十进制的每 1 位数,所以也称为二-十进制计数器。

1. 8421BCD 码同步十进制加法计数器

由 4 个 JK 触发器组成的同步十进制加法计数器逻辑电路如图 18.21 所示,它是在同步 4 位二进制加法计数器的基础上修改而成的。修改也就是使 4 位二进制计数器计数过程中跳过从 1010 到 1111 这 6 个状态,保证第 10 个脉冲过后,计数器由 "1001" 变为 "0000"。

1) 触发器 F_0 的 J、K 端接 "1",每来 1 个脉冲就翻转一次。

2) 触发器 F_1 的 $J_1 = Q_0 \overline{Q}_3$、$K_1 = Q_0$,第 8 个 CP 过后 F_1 保持 "0" 态,因为此时 $Q_3 = 1$,即 $\overline{Q}_3 = 0$。

3) 触发器 F_2 的 $J_2 = K_2 = Q_1 Q_0$,只有当 $Q_1 = Q_0 = 1$ 时,再来一个脉冲才可以翻转。

4) 触发器 F_3 的 $J_3 = Q_2 Q_1 Q_0$、$K_3 = Q_0$,只有当 $Q_2 = Q_1 = Q_0 = 1$ 时,再来一个脉冲才可以翻转,第 9 个脉冲过后,$J_3 = 0$,$K_3 = 1$,第 10 个脉冲过后翻转为 0。

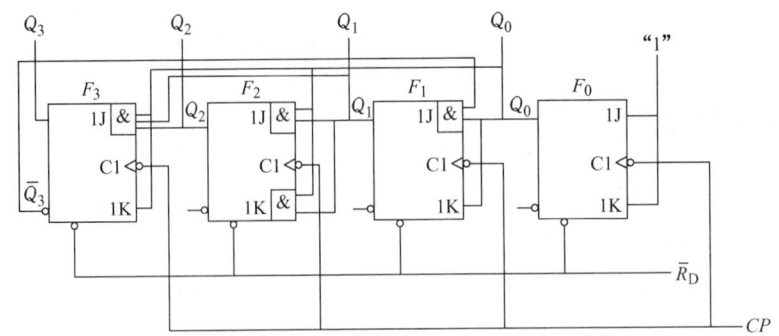

图 18.21 同步十进制加法计数器

根据以上分析可以得到同步十进制加法计数器状态表,见表 18.9。

表 18.9 同步十进制加法计数器状态表

时钟	电路状态				代表的十进制数
	Q_3	Q_2	Q_1	Q_0	
0	0	0	0	0	0
1	0	0	0	1	1
2	0	0	1	0	2
3	0	0	1	1	3
4	0	1	0	0	4
5	0	1	0	1	5
6	0	1	1	0	6
7	0	1	1	1	7
8	1	0	0	0	8
9	1	0	0	1	9
10	0	0	0	0	0

十进制加法计数器的工作波形如图 18.22 所示。

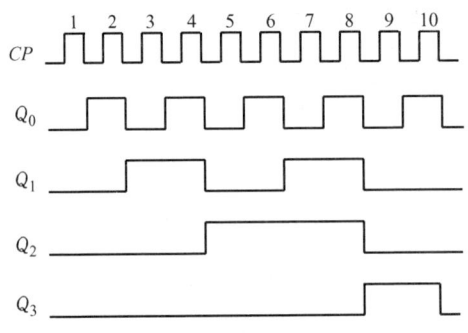

图 18.22 十进制加法计数器的工作波形

五进制计数器

二-五-十进制计数器

2. 二-五-十进制计数器

74LS90 是集成的二-五-十进制计数器,图 18.23 所示为它的引脚图和逻辑功能结构图。

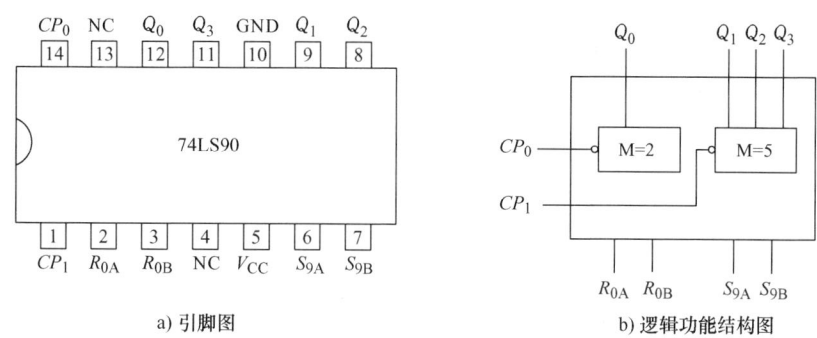

图 18.23 74LS90 的引脚图和逻辑功能结构图

通过不同的连接方式，74LS90 可以实现四种不同的逻辑功能，而且还可借助 R_{0A}、R_{0B} 将计数器清零，借助 S_{9A}、S_{9B} 将计数器置 9。表 18.10 是 74LS90 的真值表，由表还可以得到以下功能：

1）计数脉冲从 CP_0 输入，以 Q_0 作为输出端，则构成二进制计数器。

2）计数脉冲从 CP_1 输入，以 Q_3、Q_2、Q_1 作为输出端，则构成异步五进制加法计数器。

3）若将 CP_1 和 Q_0 相连，计数脉冲从 CP_0 输入，以 Q_3、Q_2、Q_1、Q_0 作为输出端，则构成异步 8421BCD 码十进制加法计数器。

4）若将 CP_0 与 Q_3 相连，计数脉冲从 CP_1 输入，以 Q_0、Q_3、Q_2、Q_1 作为输出端，则构成异步 5421BCD 码十进制加法计数器。

表 18.10 74LS90 真值表

输入			输出	功能
清 零	置 9	时钟	$Q_3 Q_2 Q_1 Q_0$	
R_{0A}、R_{0B}	S_{9A}、S_{9B}	$CP_0\ CP_1$		
1　　1	0　× ×　0	×　×	0　0　0　0	清 0
×　　×	1　1	×　×	1　0　0　1	置 9
0　× ×　0	0　× ×　0	↓　×	Q_0 输出	二进制计数
		×　↓	$Q_3 Q_2 Q_1$ 输出	五进制计数
		↓　Q_0	$Q_3 Q_2 Q_1 Q_0$ 输出 8421BCD 码	十进制计数
		Q_3　↓	$Q_0 Q_3 Q_2 Q_1$ 输出 5421BCD 码	十进制计数

【例 18.5】 试用 74LS90 实现模 64 计数器（六十四进制计数器）。

【解】 构成模 64 计数器，需要两片 74LS90，因为一片 74LS90 最多计数从 0 到 9。把两片 74LS90 各接成十进制计数器，作为低位和高位计数器，再将二者相连。具体来说就是把74LS90的Q_0与CP_1相连接，构成十进制后再把低位的74LS90的Q_3与高位的74LS90的CP_0连接，这样就形成了模100计数器，即从0计数到99，然后加上反馈电路形成模64计数器。过渡态（即该状态在出现瞬间即被消除）为$Q_3'Q_2'Q_1'Q_0'Q_3Q_2Q_1Q_0 = 01100100$，所以只需把$Q_2'$、$Q_1'$、$Q_2$通过与门反馈给74LS90的$R_{0A}$和$R_{0B}$即可。具体电路连接如图18.24所示。

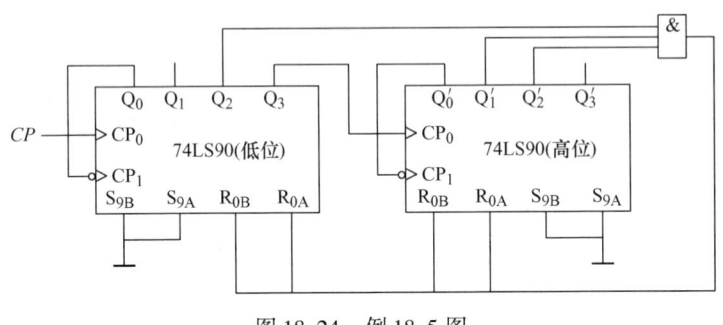

图18.24 例18.5图

18.3.3 集成计数器及其应用

下面介绍一种常用的中规模集成计数器74LS161，它是4位二进制同步计数器。外加适当的反馈电路可以使其构成十六进制以内的任意进制计数器。其引脚如图18.25所示。

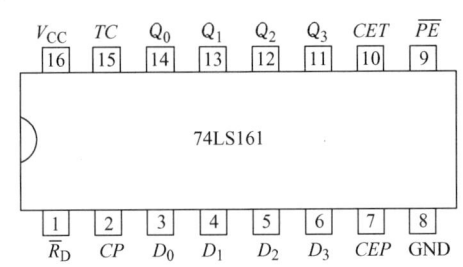

图18.25 74LS161的引脚

图18.25中，$\overline{PE}$是预置数端，D_3、D_2、D_1、D_0是预置数据输入端，$\overline{R_D}$是清零端，CEP、CET是计数器使能控制端，TC是进位信号输出端。74LS161的主要功能有：

（1）异步清零功能 若$\overline{R_D} = 0$，则输出$Q_3Q_2Q_1Q_0 = 0000$，与其他输入信号无关，也不需要CP脉冲的配合，所以称为"直接清零"。

（2）同步并行置数功能 在$\overline{R_D} = 1$，且$\overline{PE} = 0$的条件下，当CP上升沿到来后，Q_3、Q_2、Q_1、Q_0同时接收并置入D_3、D_2、D_1、D_0输入端的并行数据。由于数据进入计数器需要CP脉冲的作用，所以称为"同步置数"，由于4个端同时置入，所以称为"并行"。

（3）进位输出TC 在$\overline{R_D} = 1$、$\overline{LD} = 1$、$EP = 1$、$ET = 1$的条件下，当计数器计数到1111时，$TC = 1$，其余时候$TC = 0$。

（4）保持功能 在$\overline{R_D} = 1$、$\overline{PE} = 1$的条件下，CEP、CET两个使能端只要有一个低电

平，计数器将处于数据保持状态，与 CP 及 D_3、D_2、D_1、D_0 输入无关，CEP、CET 区别为 $CET=0$ 时进位输出 $TC=0$，而 $CEP=0$ 时 TC 不变。

（5）计数功能　在 $\overline{R_D}=1$、$\overline{PE}=1$、$CEP=1$、$CET=1$ 的条件下，计数器对 CP 端输入脉冲进行计数，计数方式为二进制加法。74LS161 的真值表见表 18.11。

表 18.11　74LS161 的真值表

清零	预置	使能		时钟	预置数据				输出			
$\overline{R_D}$	$\overline{LD}$	CEP	CET	CP	D	C	B	A	Q_D	Q_C	Q_B	Q_A
0	×	×	×	×	×	×	×	×	0	0	0	0
1	0	×	×	↑	D	C	B	A	D	C	B	A
1	1	0	×	×	×	×	×	×	保	持		
1	1	×	0	×	×	×	×	×	保	持		
1	1	1	1	↑	×	×	×	×	计	数		

通过对 74LS161 外加适当的反馈电路可构成十六进制以内的各种计数器。用反馈的方法构成其他进制计数器一般有两种形式，即反馈清零法和反馈置数法。以构成十二进制计数器为例，它计数到 1011 后下一个状态为 0000。

1）反馈清零法是利用清零端 $\overline{R_D}$ 实现的，即当 $Q_3Q_2Q_1Q_0=1100$（十二进制数 12）时，通过反馈线强制计数器清零，如图 18.26a 所示。由于该电路会出现瞬间的 1100 状态，会引起译码电路的误动作，因此很少被采用。

2）反馈置数法是利用预置数端 $\overline{PE}$ 实现的，把计数器预置数输入端 D_0、D_1、D_2、D_3 全部接地，当计数器计到 1011（十进制数 11）时，利用 $Q_3Q_1Q_0$ 反馈使预置端 $\overline{PE}=0$，则当第 12 个 CP 到来时，计数器输出端等于输入端电平，即 $Q_3Q_2Q_1Q_0=0000$，这样可以克服反馈清零法的缺点，如图 18.26b 所示。

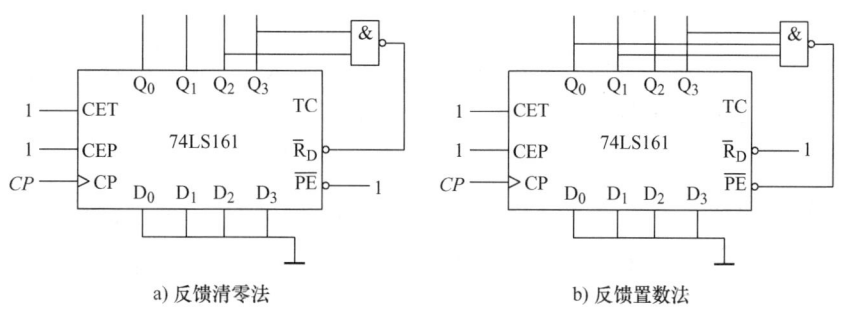

a) 反馈清零法　　　　　　b) 反馈置数法

图 18.26　用 74LS161 构成十二进制计数器

※18.4　555 集成定时器应用电路

555 集成定时器是将模拟电路和数字电路相结合的中规模集成电路。由于它使用灵活方便，带负载能力强，目前应用很广泛。其电路类型有双极型和 CMOS 型两种，二者的结构与工作原理类似。双极型的电源电压为 5~15V，输出的最大电流可达 200mA；CMOS 型的电源电压为 3~18V，输出的最大电流在 4mA 以下。

18.4.1　555 集成定时器

555 集成定时器（integrated timer）的内部结构如图 18.27a 所示。它由以下几部分组成：三个 5kΩ 的电阻串联组成的分压器，"555" 也是由此命名的；两个电平比较器 C_1 和 C_2；一个基本 RS 触发器；一个放电晶体管（或 MOS 管）。整个器件共有八个引脚，引脚图如图 18.27b 所示。

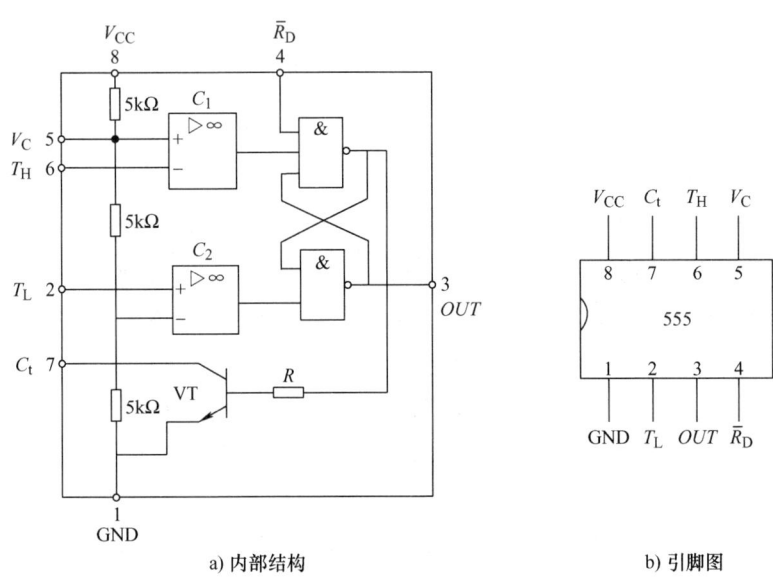

a) 内部结构　　　　　　　　　b) 引脚图

图 18.27　555 集成定时器的内部结构和引脚图

电平比较器的参考电压由三个 5kΩ 的电阻器构成的分压器提供。它们使高电平比较器 C_1 的同相输入端参考电平为 $\frac{2}{3}V_{CC}$，使低电平比较器 C_2 的反相输入端的参考电平为 $\frac{1}{3}V_{CC}$。T_H 是比较器 C_1 的信号输入端，T_L 是比较器 C_2 的信号输入端。由比较器 C_1 和 C_2 的输出端控制 RS 触发器状态和放电管开关状态。如果控制电压端（5 端）外接 V_C，则比较器 C_1、C_2 的基准电压变为 V_C 和 $V_C/2$。

$\overline{R}_D$ 是直接复位端，当 $\overline{R}_D = 0$，555 集成定时器输出低电平。平时 $\overline{R}_D$ 端开路或接 V_{CC}。

当 $T_H > \frac{2}{3}V_{CC}$、$T_L > \frac{1}{3}V_{CC}$ 时，比较器 C_1 输出低电平、C_2 输出高电平，RS 触发器置 "0"，放电管 VT 导通，输出端 OUT 为低电平。

当 $T_H < \frac{2}{3}V_{CC}$、$T_L < \frac{1}{3}V_{CC}$ 时，比较器 C_1 输出高电平、C_2 输出低电平，RS 触发器置 "1"，放电管 VT 截止，输出端 OUT 为高电平。

当 $T_H < \frac{2}{3}V_{CC}$、$T_L > \frac{1}{3}V_{CC}$ 时，比较器 C_1 输出高电平、C_2 输出高电平，RS 触发器处于保持状态。

综上所述，555 集成定时器的状态表见表 18.12。

表 18.12 555 集成定时器的状态表

输入			输出	
T_H	T_L	$\overline{R_D}$	OUT	放电管
×	×	低电平	低电平	导通
$< \frac{2}{3}V_{CC}$	$< \frac{1}{3}V_{CC}$	高电平	高电平	截止
$< \frac{2}{3}V_{CC}$	$> \frac{1}{3}V_{CC}$	高电平	保持	保持
$> \frac{2}{3}V_{CC}$	$> \frac{1}{3}V_{CC}$	高电平	低电平	导通

【例 18.6】 图 18.28 是利用 555 集成定时器组成的温度控制电路，R_1 是具有负温度系数的热敏电阻，试分析该电路的工作原理。

【解】 由于 R_1 有负温度系数，所以当温度升高时，R_1 阻值减小，这样 T_H 和 T_L 两点电压增加，当 $T_H > \frac{2}{3}V_{CC}$、$T_L > \frac{1}{3}V_{CC}$ 时，输出 OUT 等于 0。利用这一电平去控制相应设备停止加热，温度也就停止上升。

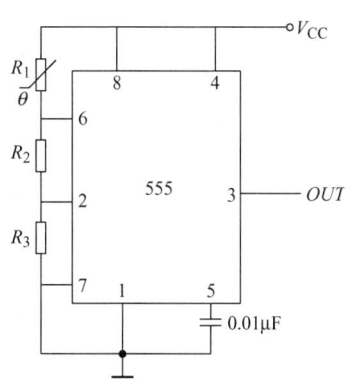

图 18.28 例 18.6 图

当温度下降时，R_1 阻值增加，这样 T_H 和 T_L 两点电压会有所下降，当 $T_H < \frac{2}{3}V_{CC}$、$T_L < \frac{1}{3}V_{CC}$ 时，输出 OUT 等于 1。利用这一电平去控制相应设备进行加热，使温度重新开始上升。

这样就能使温度自动保持在一个范围，而不浪费太多能源。

18.4.2 单稳态触发器

单稳态触发器（monostable flip-flop）是只有一个稳态的触发器。它的特点是：在外来触发信号的作用下，能够由一个稳态转换为一个暂稳态，暂稳态维持一定时间后，又会自动返回到稳态。

图 18.29 所示为单稳态触发器的电路和工作波形。单稳态触发器在数字电路中常用于规整信号的脉冲宽度（t_w），另外，单稳态触发器也常用于定时器电路中，调整 RC 的值可以得到不同的定时值。

单稳态触发器采用电阻、电容组成 RC 定时电路，用于调节输出信号的脉冲宽度 t_w。在图 18.29a 的电路中，V_i 接 555 集成定时器的 T_L 端，其工作原理如下：

（1）稳态（触发前） V_i 为高电平时，$T_L = 1$，输出 OUT 为低电平，放电管 VT 导通，定时电容器 C 上的电压（第 1、7 脚电压）$V_C = T_H = 0$，555 集成定时器工作在"保持"态。

（2）触发 在 V_i 端输入低电平信号，555 集成定时器的 T_L 端为低电平，电路被"低触

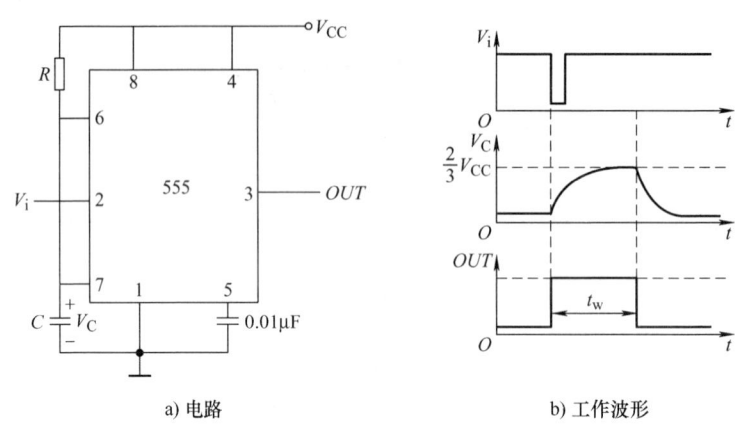

图 18.29 单稳态触发器

发",OUT 端输出高电平信号。同时,放电管 VT 截止,定时电容器 C 经 R 充电,V_C 逐渐升高。电路进入暂稳态。在暂稳态中,如果 V_i 恢复为高电平($T_L = 1$),比较器 C_2 输出为 1,但 V_C 充电尚未达到 $\frac{2}{3}V_{CC}$ 时,比较器 C_1 输出为 1,这时内部 RS 触发器的两个输入端均为 1,555 集成定时器工作在保持状态,OUT 为高电平,VT 截止,电容器继续充电。

(3)恢复稳态 经过一定时间后,电容器充电至 V_C 略大于 $\frac{2}{3}V_{CC}$,因 $T_H > \frac{2}{3}V_{CC}$ 使 555 集成定时器"高触发",OUT 跳转为低电平,放电管 VT 导通,电容器经 VT 放电,V_C 迅速降为 0V,这时,$T_L = 1$、$T_H = 0$,555 集成定时器恢复"保持"态。

(4)高电平脉冲的脉宽 t_w 当 OUT 输出高电平时,放电管 VT 截止,电容器开始充电,在电容器上的电压 $V_C < \frac{2}{3}V_{CC}$ 这段时间,OUT 一直是高电平。因此,脉冲宽度即是由电容器 C 开始充电至 $V_C = \frac{2}{3}V_{CC}$ 的这段暂稳态时间。

脉冲宽度计算公式为

$$t_w = RC\ln 3 \approx 1.1 RC$$

【例 18.7】 由 555 集成定时器组成的单稳态触发器和输入触发信号如图 18.30 所示。(1)画出与其相对应的 V_C 和 OUT 的波形;(2)计算该电路的稳态持续时间。

【解】 (1)由已知得输出脉冲 t_w 为

$$t_w = 1.1RC = 1.1 \times 272 \times 0.1 \times 10^{-6} s \approx 30 \times 10^{-6} s = 30 \mu s$$

其对应的波形如图 18.30b 所示。

(2)由图 18.30b 中的 V_i 可见,它的周期为 60μs,故该电路的稳态持续时间为

$$(60 - 30)\mu s = 30 \mu s$$

18.4.3 多谐振荡器

多谐振荡器(astable multivibrator)又称无稳态触发器(astable flip-flop),是一种产生方波的电路。由于方波包含很多谐波,所以称为多谐振荡器,由于它没有稳定状态,所以又

第18章 时序逻辑电路

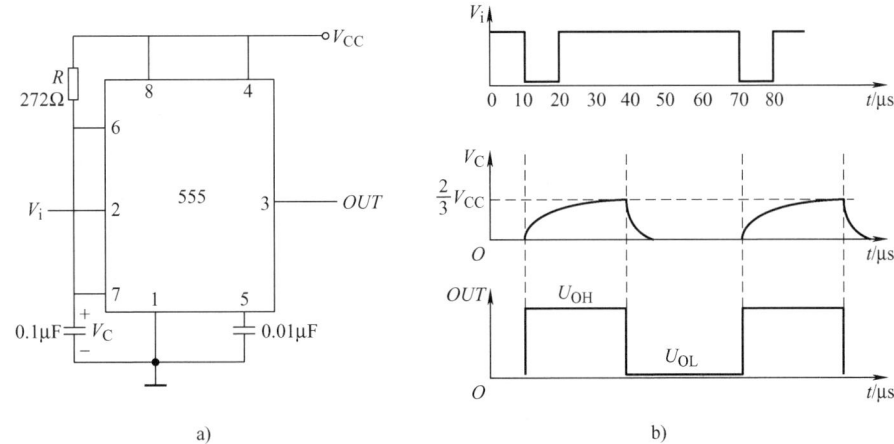

图 18.30 例 18.7 图

称为无稳态触发器。由 555 集成定时器组成的多谐振荡器电路如图 18.31a 所示。R_1、R_2 和 C 是外接元件。第 2 脚和第 6 脚都接到 R_2 与 C 之间。该电路不需要外接信号,接通电源后,即可输出方波。电源接通时,电容 C 被充电,当 V_C 上升到 $\frac{2}{3}V_{CC}$ 时,使 OUT 为低电平,放电管导通,此时电容 C 通过 R_2 和 VT 放电,V_C 开始下降,当 V_C 下降到 $\frac{1}{3}V_{CC}$ 时,OUT 翻转为高电平。电容 C 的放电时间为

$$t_{PL} = R_2 C \ln 2 \approx 0.7 R_2 C$$

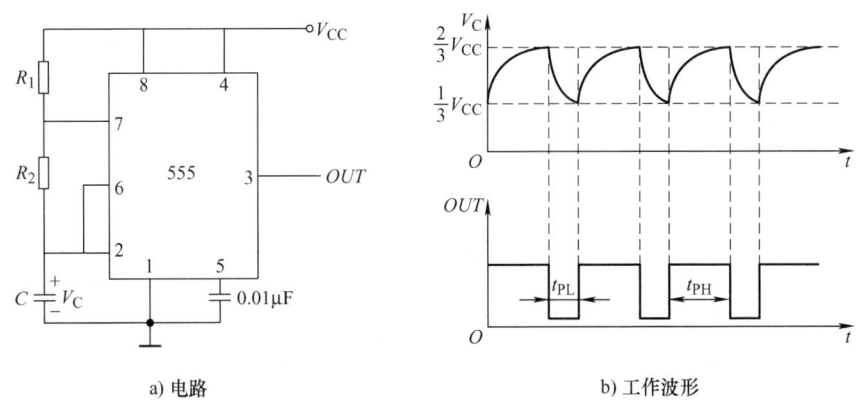

a) 电路 b) 工作波形

图 18.31 多谐振荡器

当放电结束时,放电管就截止,V_{CC} 将通过 R_1、R_2 向电容 C 充电,V_C 将由 $\frac{1}{3}V_{CC}$ 上升到 $\frac{2}{3}V_{CC}$,上升所需要的时间为

$$t_{PH} = (R_1 + R_2) C \ln 2 \approx 0.7 (R_1 + R_2) C$$

当 V_C 上升到 $\frac{2}{3}V_{CC}$ 时,电路又开始翻转为低电平,电路如此周而复始,循环不止,输出连续脉冲信号。工作波形如图 18.31b 所示,其振荡周期为

$$T = t_{PL} + t_{PH} = (R_1 + 2R_2)C\ln 2 \approx 0.7(R_1 + 2R_2)C$$

振荡频率为

$$f = \frac{1}{T} = \frac{1.43}{(R_1 + 2R_2)C}$$

由555定时器组成的振荡器的工作频率可以达到300kHz。

电路输出的波形占空比为

$$q = \frac{t_{PH}}{t_{PL} + t_{PH}} \times 100\% = \frac{R_1 + R_2}{R_1 + 2R_2} \times 100\%$$

如果需要占空比可调，则只需把 R_1 改为可调电阻RP或者在 R_1 处加一个可调电阻RP即可。

【例18.8】 分析图18.32所示简易电子琴电路工作原理。

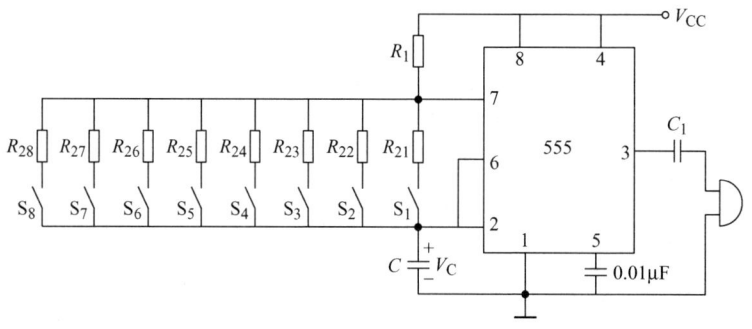

图18.32 例18.8图

【解】 由555集成定时器组成的多谐振荡器的工作原理可知，当按下不同的按键（即图中开关），就可接入不同的阻值。因为阻值不同，这样就改变了输出方波的频率，只要电阻 $R_{21} \sim R_{28}$ 选择合适的阻值，扬声器便可发出不同的声音。

18.4.4 应用举例

1. 防盗系统

图18.33所示电路为555集成定时器构成的防盗系统，图中的虚线是细金属丝，555集成定时器的第4脚为复位端（低电平复位），当第4脚为低电平时，第3脚强制为0，使其输出为低电平。由于复位信号的优先级最高，所以图中电路的接法使555集成定时器停止工作。这是利用复位端组成的防盗系统。

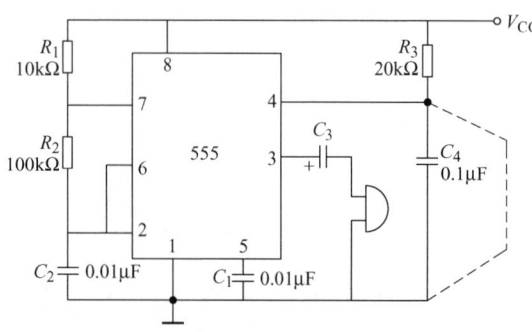

图18.33 555集成定时器构成的防盗系统

因为多谐振荡器工作方式使然，正常情况下由于电容器 C_4 两端被金属丝短路，故复位端接地，555 集成定时器不工作，扬声器也就不发声音。细金属丝置于盗窃者可能的途径路径，当盗窃者作案时，一旦触断金属丝，电容器 C_4 两端马上充电，在很短时间内电容器 C_4 就可以充满电，这时第 4 脚不再是低电平，555 集成定时器构成的多谐振荡器开始工作，扬声器就会发声报警。

2. 水位报警系统

图 18.34 所示电路为 555 集成定时器构成的水位报警系统，其原理基本上和图 18.33 所示的防盗系统类似。当水位未达到警戒线时，第 4 脚处于低电平，555 集成定时器不工作；当水位到达警戒线时，两条金属丝接通，电容 C_4 短路，第 4 脚变为高电平，555 集成定时器开始工作，扬声器发出声音。

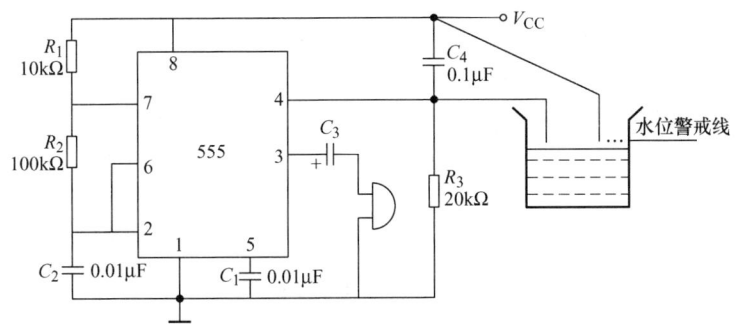

图 18.34　555 集成定时器构成的水位报警系统

3. 555 集成定时器构成的秒时基电路

秒时基电路作为单元模块电路，在很多系统中都会作为脉冲信号电路，比如交通灯计时系统、电子表脉冲等电路。秒时基就是产生的脉冲周期 $T = 1\text{s}$，我们可以利用 555 集成定时器构成的多谐振荡器，选择适当的 RC 值，使得产生的方波周期为 1s 即可。其电路图如图 18.35 所示。

由多谐振荡器产生的波形周期 $T = (R_1 + 2R_2)C\ln 2 \approx 0.7(R_1 + 2R_2)C$，只要适当选择电阻 R_1、R_2、C 的值，使 $T = 1\text{s}$。比如其中一组值为 $C = 47\mu\text{F}$、$R_1 = 200\Omega$、$R_2 = 15\text{k}\Omega$，其占空比为

$$q = \frac{R_1 + R_2}{R_1 + 2R_2} \times 100\%$$

若要改变占空比，只需改变 R_1、R_2 的阻值。

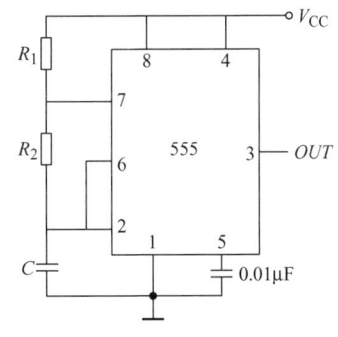

图 18.35　555 集成定时器构成的秒时基电路

习　题

填空题

18-1　维持阻塞型 D 触发器如图 18.36 所示，当新的时钟脉冲过后则 $Q^{n+1} = $ _____。

18-2 在如图 18.37 所示逻辑电路中，已知 $A=1$、$B=0$，D 触发器的初始状态 $Q=0$，当 CP 脉冲上升沿到来后，触发器的新状态为 $Q=$ _____。

18-3 在主从 JK 触发器中，当 $J=1$、$K=1$、$Q^n=1$ 时，下一个时钟脉冲过后，$Q^{n+1}=$ _____。

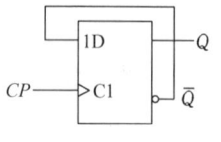
图 18.36 题 18-1 图

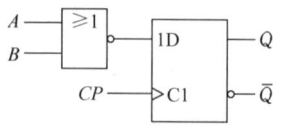
图 18.37 题 18-2 图

18-4 在同步 RS 触发器中，当 $R_D=0$、$S_D=1$、$Q^n=1$ 时，下一个时钟脉冲过后，$Q^{n+1}=$ _____。

18-5 对于主从 JK 触发器，当满足反转条件时，触发器是在_____时刻反转。

18-6 如果把 D 触发器的输出端 $\overline{Q}$ 反馈连接到输入端 D，则输出端 Q 的脉冲频率为 CP 脉冲频率的_____倍。

选择题

18-7 时序逻辑电路如图 18.38 所示，触发器的原始状态 Q_1Q_0 为 10，则在新的 CP 脉冲作用后，Q_1Q_0 的状态为（ ）。

A. 00　　　　　B. 01
C. 11　　　　　D. 10

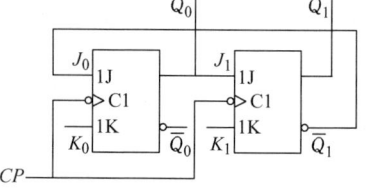
图 18.38 题 18-7 图

18-8 第 n 个时钟脉冲过后，触发器的新状态 Q^{n+1}（ ）。

A. 与输入无关，与其原态无关　　B. 与输入有关，与其原态有关
C. 与输入有关，与其原态无关　　D. 与输入无关，与其原态有关

18-9 触发器的逻辑符号如图 18.39 所示，哪一个触发器的状态是在 CP 脉冲的下降沿发生变化，它的电路符号应为（ ）。

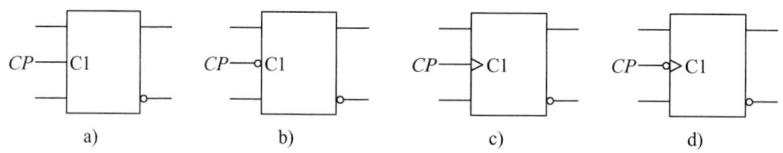
图 18.39 题 18-9 图

18-10 在相同的时钟脉冲作用下，与异步计数器比较，同步计数器的工作速度（ ）。
A. 一样　　　　B. 较快　　　　C. 不确定　　　　D. 较慢

18-11 具有记忆功能的逻辑电路是（ ）。
A. 显示器　　　B. 加法器　　　C. 计数器　　　　D. 译码器

18-12 若用 JK 触发器组成一个十二进制加法计数器，需要多少个触发器？有多少个无效状态？（ ）。
A. 4、5　　　　B. 5、4　　　　C. 4、4　　　　D. 5、5

18-13 能实现脉冲延迟的电路是（　　）。
A. 多谐振荡器　　　B. 单稳态触发器　　　C. 计数器　　　D. 译码器

18-14 若要产生周期性的脉冲信号，应采用的电路是（　　）。
A. 双稳态触发器　　B. 单稳态触发器　　　C. 多谐振荡器　　D. B 和 C 都可

分析题

18-15 如图 18.40 所示逻辑电路是由或非门组成的基本 RS 触发器，试分析其输出与输入的逻辑关系，列出状态表，并根据 R_D 和 S_D 端的输入的波形，画出 Q 端的输出波形。设初始状态为"0"。

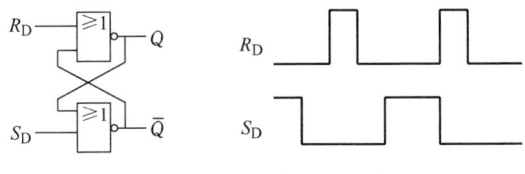

图 18.40　题 18-15 图

18-16 逻辑电路与输入信号波形如图 18.41 所示，设触发器初始状态为"0"，试画出输出端 Q 及 $\overline{Q}$ 的波形图。

18-17 当可控 RS 触发器的 CP、S 和 R 端加上如图 18.42 所示的信号时，试画出 Q 端的输出波形，分析初始状态为"0"和"1"两种情况。

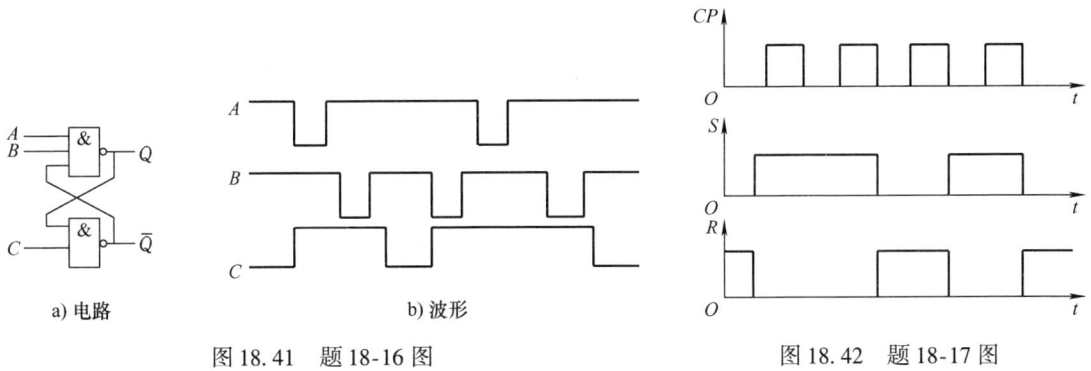

图 18.41　题 18-16 图　　　　　　图 18.42　题 18-17 图

18-18 主从 JK 触发器和其 CP、J、K 端的信号波形如图 18.43 所示。设 Q 端的初始状态为"0"，试画出输出端 Q 及 $\overline{Q}$ 的波形图。

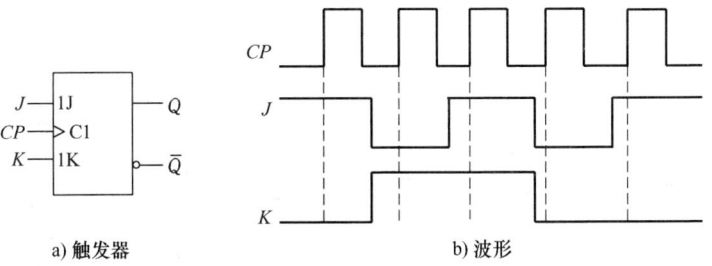

图 18.43　题 18-18 图

18-19 维持阻塞型 D 触发器的 CP 和 D 端所加信号波形如图 18.44 所示。设 Q 端的初始状态为"0",画出输出端 Q 及 $\overline{Q}$ 的波形图。

18-20 逻辑电路如图 18.45 所示,试写出触发器的输入端 D 的逻辑表达式。在 $A=0$、$B=1$ 和 $A=1$、$B=0$ 两种情况下,CP 脉冲来后 D 触发器各处于什么状态?

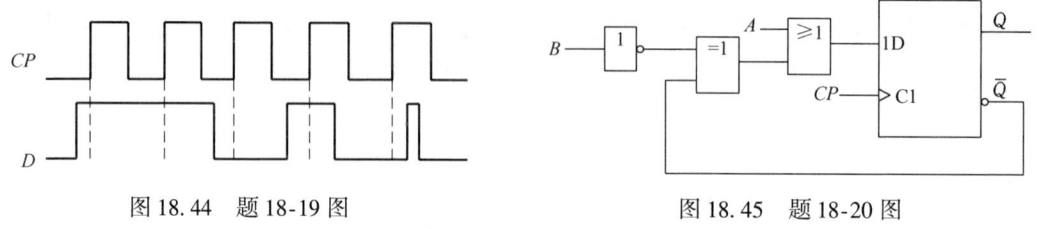

图 18.44 题 18-19 图   图 18.45 题 18-20 图

18-21 逻辑电路如图 18.46 所示,写出触发器的输入端 D 的逻辑表达式,分析该电路具有什么逻辑功能。

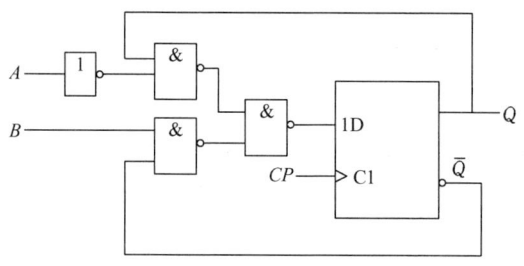

图 18.46 题 18-21 图

18-22 逻辑电路如图 18.47 所示,根据 CP 的波形,画出 Q_0、Q_1 的波形。设 Q_0、Q_1 的初始状态均为"0"。

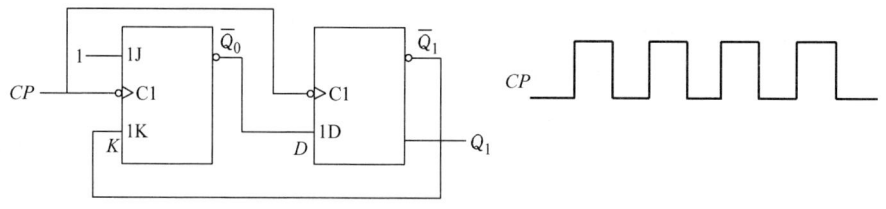

图 18.47 题 18-22 图

18-23 逻辑电路如图 18.48 所示,根据 CP 的波形,画出的 Q 的波形。设 Q 的初始状态为"0"。

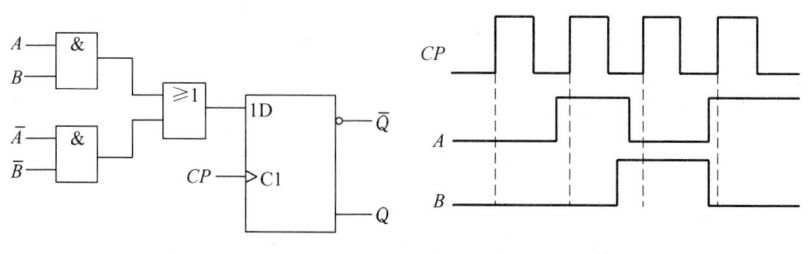

图 18.48 题 18-23 图

18-24 图 18.49 为由 JK 触发器组成的移位寄存器。在给定的 CP 和输入信号作用下，画出 Q_1、Q_2、Q_3 的输出波形。设各触发器的初始状态为 "0"。

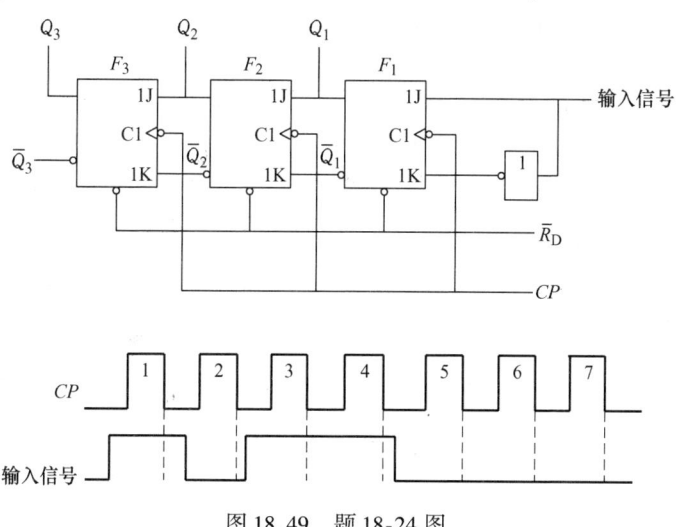

图 18.49 题 18-24 图

18-25 同步计数器逻辑电路如图 18.50 所示，列出状态表，说明计数器的模，并分析该计数器是否具有自动启动功能。

18-26 由主从 JK 触发器组成的计数器如图 18.51 所示，说明这是几进制计数器，同步还是异步。

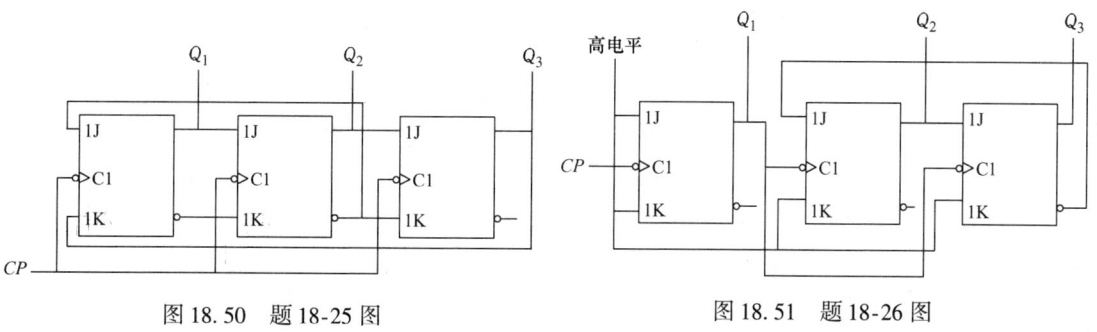

图 18.50 题 18-25 图　　　　　　　图 18.51 题 18-26 图

18-27 如图 18.52 所示，分析由 JK 触发器组成的计数器，说明是几进制计数器，并说明该电路能否自启动。

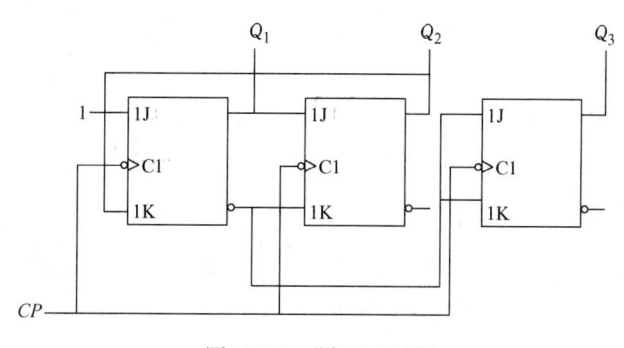

图 18.52 题 18-27 图

18-28 装饰用的红黄蓝小彩灯，其逻辑控制电路如图18.53所示，其中Q_0、Q_1、Q_2的初始状态均为"0"，试分析小彩灯亮的顺序。

18-29 分析如图18.54所示电路的逻辑功能，写出状态表，指出是几进制计数器。

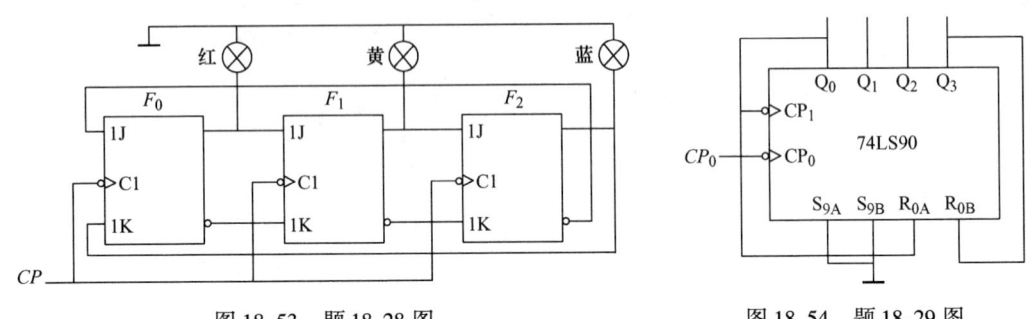

图18.53 题18-28图　　　　　图18.54 题18-29图

18-30 分析如图18.55所示电路的逻辑功能，写出状态表，指出是几进制计数器。

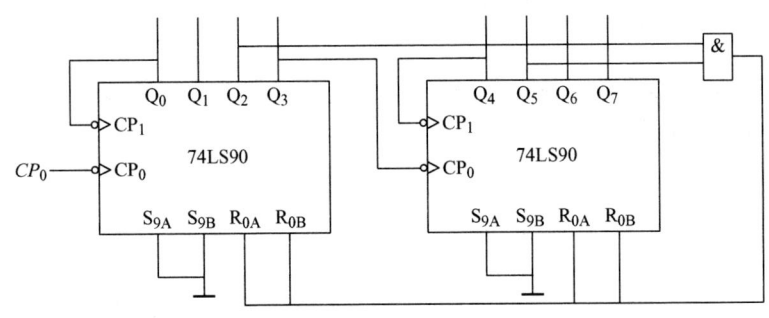

图18.55 题18-30图

18-31 图18.56所示为用555集成定时器构成的多谐振荡器，要求输出信号频率为4kHz，占空比为60%，其中已知电容$C=0.01\mu F$，求R_1、R_2的值。

18-32 分析图18.57所示由555集成定时器构成的逻辑电路的工作原理和功能。

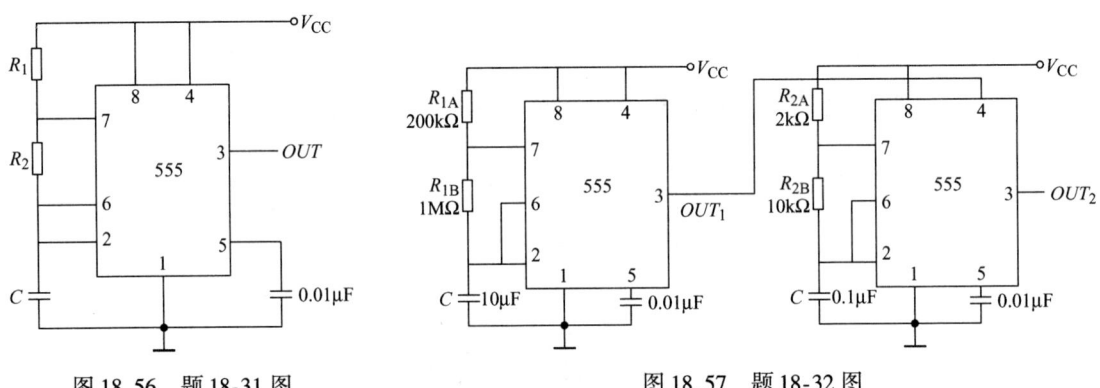

图18.56 题18-31图　　　　　图18.57 题18-32图

18-33 图18.58所示为由555集成定时器构成的小灯自动控制电路，当用手触摸金属片M时，小灯L就能亮10s，分析其工作原理。

18-34　由 555 集成定时器构成的电子门铃电路如图 18.59 所示。SB 为门铃按钮，分析其工作原理。

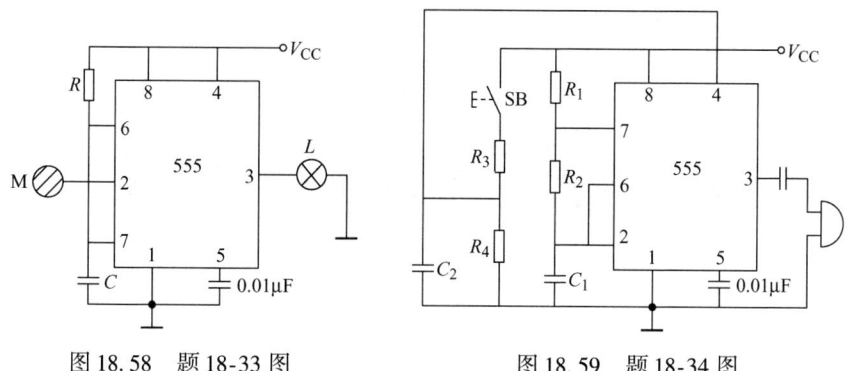

图 18.58　题 18-33 图　　　图 18.59　题 18-34 图

第19章 模拟量与数字量转换

19.1 数/模、模/数转换概述

随着信息技术的广泛应用,将各种传感器输出的模拟信号转换为数字信号,进而进行逻辑运算处理,再将处理结果的数字量转换为各种模拟信号去驱动控制电路,是现代控制系统中需要解决的实际问题。自然界中存在的物理量,一般在时间和数值上是连续变化的模拟量,如温度、速度、流量、压力、液位等,而在信息技术中处理的都是数字量,在时间和数值上是离散的。

将模拟信号转换为数字量的过程,称为模/数转换(analog to digital,A/D),实现模/数转换的电路称为模/数转换器(analog to digital converter,ADC)。将数字量变换为模拟信号称为数/模转换(Digital to Analog,D/A),实现数/模转换的电路称为数/模转换器(digital to analog converter,DAC)。图19.1是一般测控系统框图。

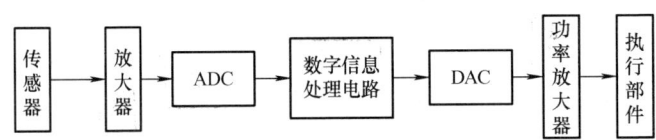

图19.1 一般测控系统框图

为了保证处理结果的准确度,ADC和DAC必须具有足够的转换精度。同时,为了适应快速过程的检测控制需要,ADC和DAC还必须有足够快的转换速度。因此,转换精度和转换速度是衡量ADC和DAC性能优劣的主要技术指标。

近年来A/D、D/A转换技术发展迅速,特别是为适应制作单片集成ADC、DAC的需要,涌现出了许多新的转换方法和转换电路,因此,ADC和DAC的类型较多。

19.2 数/模转换器(DAC)

DAC是将输入的数字量转换成与之成比例的相应的模拟量(电压或电流)的电路。例如,当采用电压输出时,N_B是输入的数字量,其输入输出关系可表示为

$$u_o = KN_B V_{REF} \tag{19.1}$$

式中，u_o 为输出电压；V_{REF} 为基准电压；K 为系数。

不同类型的 DAC 具有不同的 K 值。

已知二进制数 N_B 可以用多项式表达为

$$N_B = D_{n-1}2^{n-1} + D_{n-2}2^{n-2} + \cdots + D_0 2^0 = \sum_{i=0}^{n-1} D_i 2^i \tag{19.2}$$

所以式（19.1）可转换为

$$u_o = KV_{REF} \sum_{i=0}^{n-1} D_i 2^i \tag{19.3}$$

式（19.3）表明了输入的数字量与输出的模拟量存在线性的正比关系。

DAC 是由寄存器、模拟开关、解码网络、求和电路及基准电压等部分组成。其结构框图如图 19.2 所示。进行 D/A 转换时，先将数字量存于寄存器中，由寄存器输出的数码驱动对应数位的模拟开关，使解码网络获得相应数位的权值，再送入求和电路，将各位的权值叠加，从而得到与数字量对应的模拟量。

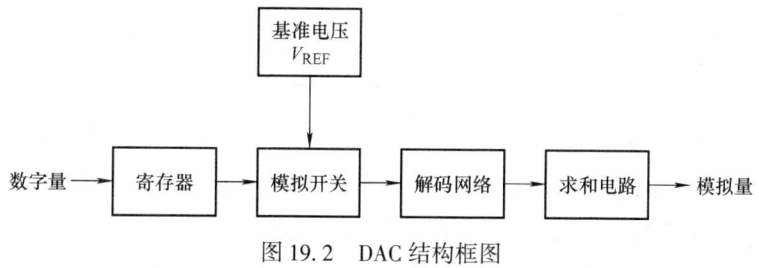

图 19.2　DAC 结构框图

DAC 的种类较多。常见的 DAC 有二进制权电阻网络 DAC、倒 T 形电阻网络 DAC、权电流型 DAC、权电容网络 DAC 以及开关树形 DAC 等。

19.2.1　二进制权电阻网络 DAC

1. 电路结构

图 19.3 是 4 位二进制权电阻网络 DAC 电路。模拟开关 $S_0 \sim S_3$ 的位置，由输入数字量 N_B（二进制数）相应位的数值来决定，当 $D_i = 0$，S_i 接地；当 $D_i = 1$，S_i 接基准电压 V_{REF}。这样流过每个电阻的电流就和对应位的权值成正比，根据集成运算放大器的原理，可知输出电压就与这些电流的和成正比，也就是与输入的数字量成正比。

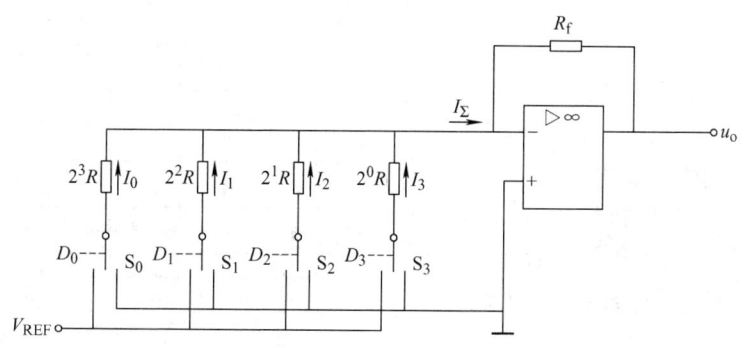

图 19.3　4 位二进制权电阻网络 DAC 电路

2. 工作原理

各支路电流 $I_0 \sim I_3$ 为

$$I_0 = \frac{V_{REF}}{2^3 R}D_0, \quad I_1 = \frac{V_{REF}}{2^2 R}D_1, \quad I_2 = \frac{V_{REF}}{2^1 R}D_2, \quad I_3 = \frac{V_{REF}}{2^0 R}D_3$$

总电流 I_Σ 为

$$\begin{aligned} I_\Sigma &= I_0 + I_1 + I_2 + I_3 \\ &= \frac{V_{REF}}{2^3 R}D_0 + \frac{V_{REF}}{2^2 R}D_1 + \frac{V_{REF}}{2^1 R}D_2 + \frac{V_{REF}}{2^0 R}D_3 \\ &= \frac{V_{REF}}{2^3 R}(2^3 D_3 + 2^2 D_2 + 2^1 D_1 + 2^0 D_0) \end{aligned} \tag{19.4}$$

设 $R_f = R/2$，由式（19.4）可得

$$u_o = -R_f I_\Sigma = \frac{V_{REF}}{2^4}(2^3 D_3 + 2^2 D_2 + 2^1 D_1 + 2^0 D_0) \tag{19.5}$$

由此可类推出 n 位二进制权电阻网络 DAC 的输出电压为

$$u_o = -\frac{V_{REF}}{2^n} \sum_{i=0}^{n-1} D_i 2^i = -\frac{V_{REF}}{2^n} N_B \tag{19.6}$$

由式（19.6）可知，输出的模拟电压 u_o 正比于输入的二进制数 N_B，从而实现了从数字量到模拟量的转换。输入数字量为 n 位时，输出电压 u_o 的变化范围是 $[-(2^n-1) \sim 0]V_{REF}/2^n$。

二进制权电阻网络 DAC 电路结构比较简单，所用的电阻元件较少，但缺点在于各个电阻元件的阻值范围较大，当输入数字量的位数较多时，这个问题就尤其突出。如一个 8 位二进制权电阻网络 DAC，如果最高位权电阻 R 为 10kΩ，则最低位权电阻应达到 $1.28M\Omega (2^7 R)$。由于权电阻阻值越高，权电流越小，因此这种电路有可能受到噪声电流的干扰而产生较大误差，而且很难保证每个电阻都有很高的精度。

【例 19.1】 有一个 4 位二进制权电阻网络 DAC，如图 19.3 所示，设基准电压 $V_{REF} = -8V$、$R_f = R/2$，试求输入二进制数 1101 时的输出电压值。

【解】 将 $D_3 D_2 D_1 D_0 = 1101$ 代入式（19.5），得

$$\begin{aligned} u_o &= -\frac{V_{REF}}{2^4}(2^3 D_3 + 2^2 D_2 + 2^1 D_1 + 2^0 D_0) \\ &= -\frac{-8}{2^4}(2^3 \times 1 + 2^2 \times 1 + 2^1 \times 0 + 2^0 \times 1)V \\ &= 6.5V \end{aligned}$$

【例 19.2】 同例 19.1，求出输入二进制数为 0000 ~ 1111 时的输出电压值，并绘制输出与输入之间的关系曲线。

【解】 输入二进制数 $D_3 D_2 D_1 D_0$ 为 0000 ~ 1111 时的输出电压值见表 19.1，其输出与输入之间的关系曲线如图 19.4 所示。

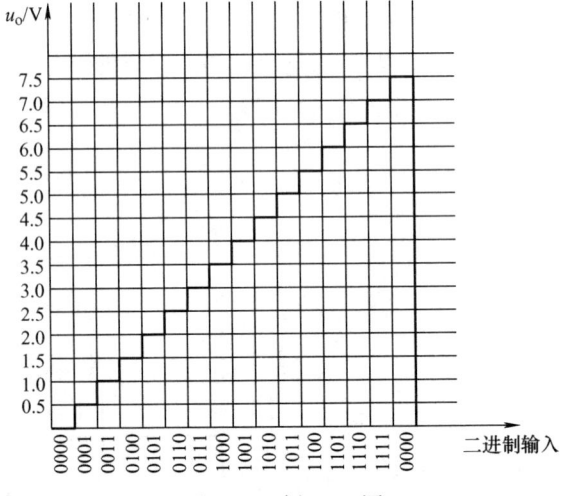

图 19.4 例 19.2 图

表 19.1　例 19.2 表

D_3	D_2	D_1	D_0	u_o/V	D_3	D_2	D_1	D_0	u_o/V
0	0	0	0	0.0	1	0	0	0	4.0
0	0	0	1	0.5	1	0	0	1	4.5
0	0	1	0	1.0	1	0	1	0	5.0
0	0	1	1	1.5	1	0	1	1	5.5
0	1	0	0	2.0	1	1	0	0	6.0
0	1	0	1	2.5	1	1	0	1	6.5
0	1	1	0	3.0	1	1	1	0	7.0
0	1	1	1	3.5	1	1	1	1	7.5

19.2.2　倒 T 形电阻网络 DAC

如前所述，二进制权电阻网络 DAC 的电路简单，但具有明显的缺点，大电阻的精度很难保证。为克服这一缺点，人们设计出了倒 T 形电阻网络 DAC。

1. 电路结构

倒 T 形电阻网络 DAC 是目前常用的一种 DAC。图 19.5 是 4 位倒 T 形电阻网络 DAC 电路。它由参考电压、倒 T 形电阻网络、模拟开关及集成运算放大器组成。模拟开关 $S_0 \sim S_3$ 的位置由输入数字量 N_B 不同位上的数值决定，当 $D_i = 0$ 时，S_i 接地；当 $D_i = 1$ 时，S_i 接集成运算放大器的反相输入端。

因为集成运算放大器的反相输入端有"虚地"特性，所以无论 D_i 是 0 还是 1，倒 T 形电阻网络支路电流 I_{REF} 始终不变。

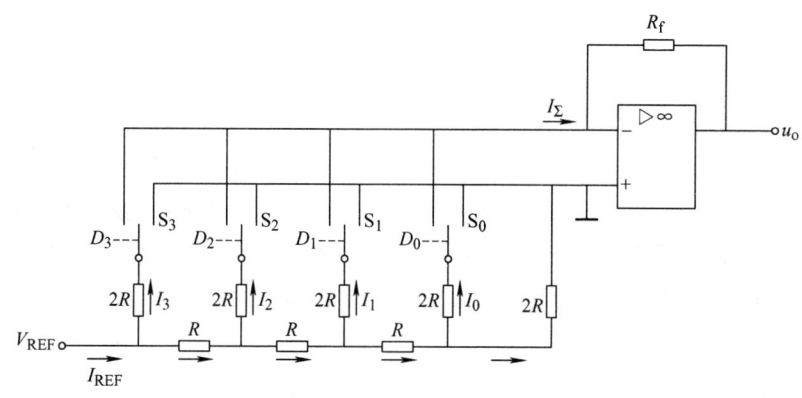

图 19.5　4 位倒 T 形电阻网络 DAC 电路

2. 工作原理

倒 T 形电阻网络由 R、$2R$ 两种电阻构成，基准电流 I_{REF} 每向右流过一个电阻 $2R$ 就被分流一半，这样每级电流都是前一级的 1/2，依次可得各支路电流 $I_3 \sim I_0$ 分别为 $I_{REF}/2$、$I_{REF}/4$、$I_{REF}/8$、$I_{REF}/16$。

根据图 19.5，已知基准电流为

$$I_{REF} = \frac{V_{REF}}{R}$$

且有

$$I_3 = \frac{1}{2}I_{\text{REF}} = \frac{V_{\text{REF}}}{2R}, \quad I_2 = \frac{1}{4}I_{\text{REF}} = \frac{V_{\text{REF}}}{4R}, \quad I_1 = \frac{1}{8}I_{\text{REF}} = \frac{V_{\text{REF}}}{8R}, \quad I_0 = \frac{1}{16}I_{\text{REF}} = \frac{V_{\text{REF}}}{16R}$$

集成运算放大器的输出电压为

$$u_o = -R_f I_\Sigma = -\frac{V_{\text{REF}} R_f}{2^4 R}(2^3 D_3 + 2^2 D_2 + 2^1 D_1 + 2^0 D_0) \tag{19.7}$$

设 $R_f = R$

$$u_o = -\frac{V_{\text{REF}}}{2^4}(2^3 D_3 + 2^2 D_2 + 2^1 D_1 + 2^0 D_0) \tag{19.8}$$

由此可类推出 n 位倒 T 形电阻网络 DAC 的输出电压为

$$u_o = -\frac{V_{\text{REF}}}{2^n}\sum_{i=0}^{n-1}D_i 2^i = -\frac{V_{\text{REF}}}{2^n}N_B \tag{19.9}$$

很显然，式(19.9) 与式(19.6) 是一样的，说明输出的模拟电压正比于输入的二进制数，实现了数字量与模拟量的转换。

【例 19.3】 4 位倒 T 形电阻网络 DAC 如图 19.5 所示，设基准电压 $V_{\text{REF}} = -6\text{V}$，$R_f = R$，试求其输出电压的范围。

【解】 当输入为 0000 时，输出电压为 0V，再将 $D_3 D_2 D_1 D_0 = 1111$ 代入式(19.8)，得

$$u_o = -\frac{V_{\text{REF}}}{2^4}(2^3 D_3 + 2^2 D_2 + 2^1 D_1 + 2^0 D_0)$$

$$= -\frac{-6}{2^4}(2^3 \times 1 + 2^2 \times 1 + 2^1 \times 1 + 2^0 \times 1)\text{V}$$

$$= 5.625\text{V}$$

故其输出电压范围为 0 ~ 5.625V。

19.2.3 权电流型 DAC

二进制权电阻网络 DAC 和倒 T 形电阻网络 DAC 都利用了模拟开关，在计算支路电流时都把其视为理想开关，未考虑模拟开关存在的导通电阻和导通压降，而且各个模拟开关的导通电阻和导通压降又不可能完全相同，因此不可避免地会引起转换误差，影响转换精度。权电流型 DAC 用恒流源来实现支路电流的恒定，如图 19.6 所示。

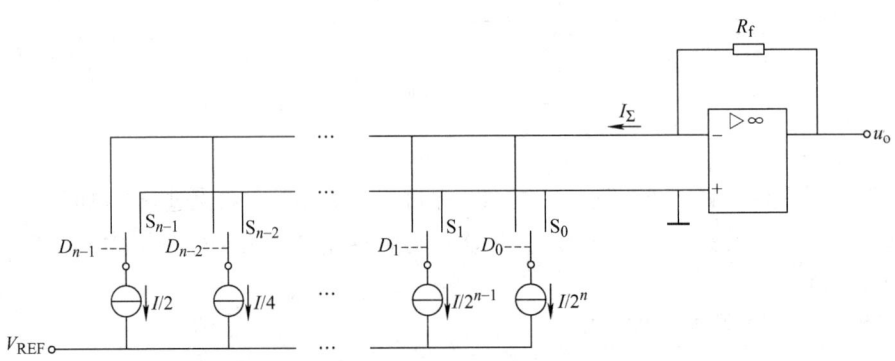

图 19.6 权电流型 DAC 电路

在 n 位权电流型 DAC 中，集成运算放大器反相输入端的总电流 I_Σ 为

$$I_\Sigma = \frac{I}{2}D_{n-1} + \frac{I}{2^2}D_{n-2} + \cdots + \frac{I}{2^n}D_0 = \frac{I}{2^n}\sum_{i=0}^{n-1}2^i D_i \qquad (19.10)$$

输出电压为

$$u_o = R_f I_\Sigma = \frac{IR_f}{2^n}\sum_{i=0}^{n-1}2^i D_i = \frac{IR_f}{2^n}N_B \qquad (19.11)$$

由于采用了恒流源，权电流型 DAC 的各支路电流不受开关导通电阻和压降的影响，从而降低了对开关电路的要求，提高了转换精度。

19.2.4 DAC 的技术参数

DAC 的技术参数为转换精度、转换速度和温度灵敏度。转换精度包括分辨率和转换误差两个技术指标；转换速度通常用建立时间和转换速率来描述。

1. 分辨率

分辨率主要描述 DAC 对输入微小数字量变化的敏感程度，一般用输入数字量的位数 n 来表示。输入数字量的位数越多，输出模拟量分成的等级数越多，分辨率也就越高。另外，分辨率也可以用 DAC 能分辨的最小输出电压与最大输出电压之比来表示，即

$$n \text{ 位 DAC 分辨率} = \frac{U_{\text{LSB}}}{U_m} = \frac{-\dfrac{V_{\text{REF}}}{2^n}}{-\dfrac{V_{\text{REF}}}{2^n}(2^n-1)} = \frac{1}{2^n-1}$$

显然，输入数字量位数越多，分辨率越高，例如，10 位 DAC 的分辨率为

$$\frac{1}{2^{10}-1} = \frac{1}{1023} \approx 0.000978$$

2. 转换误差

DAC 在理想情况下，输入数字量的二进制代码全为 0 时，其模拟电压输出值为 0V；当输入数字量的二进制代码全为 1 时，其模拟电压输出值为满量程值（FSR）。但在实际应用中，DAC 电路各部分参数不可避免地存在误差，这些误差使输出的模拟电压产生偏差。所以 DAC 实际能够达到的转换精度，由转换误差来决定。转换误差是指 DAC 实际输出的模拟电压与理想值之间的最大偏差。

转换误差一般用最大偏差与 FSR 之比的百分数或最低有效位（LSB）的倍数表示，例如某 DAC 的转换误差为 $\dfrac{1}{2}$LSB，就表示模拟电压输出值与理论值之间的绝对误差等于输入变量只有最低位为 1 时的模拟电压输出值的一半。

3. 建立时间 t_{set}

建立时间是在输入数字量各位由全 0 变为全 1 或由全 1 变为全 0，输出电压达到某一规定值（例如最小值取 1/2LSB 或 FSR 的 0.01%）所需要的时间。目前，在内部只含有解码网络和模拟开关的单片集成 DAC 中，$t_{\text{set}} \leq 0.1\ \mu s$；在内部还包含有基准电源和求和运算放大器的集成 DAC 中，最短的 t_{set} 在 1.5 μs 左右。

4. 转换速率

转换速率是在大信号工作时，即输入数字量的各位由全 0 变为全 1，或由全 1 变为全 0

时，输出电压 u_o 的变化速率。

5. 温度灵敏度

温度灵敏度是指数字信号输入不变的情况下，模拟信号输出随温度的变化。一般 DAC 的温度灵敏度为 $\pm 50 \times 10^{-6}$ ℃。

除上述各技术参数外，在使用 DAC 时还应注意它的输出电压特性。由于输出电压事实上是一串离散的瞬时信号，要恢复信号原来的时域连续波形，还必须采用保持电路对离散输出进行波形复原。

此外还应注意 DAC 的工作电压、输出方式、输出范围和逻辑电平等。

19.2.5 DAC0832 工作原理

1. DAC0832 的内部结构与引脚图

DAC0832 是带有双缓冲输入的 8 位倒 T 形电阻网络 DAC，它采用 CMOS 工艺，为 20 脚双列直插式封装。

DAC0832 具有以下主要特性：

1) 满足 TTL 电平规范的逻辑输入。
2) 分辨率为 8 位。
3) 建立时间为 $1\mu s$。
4) 功耗为 20mW。
5) 电流输出型。

图 19.7 给出了 DAC0832 的内部结构和引脚图。DAC0832 具有双缓冲功能，输入数据可分别经过两个寄存器保存。第一个是输入寄存器，第二个 DAC 寄存器与 DAC 相连。DAC0832 中寄存器的门控输入为逻辑 1 时，数据进入寄存器；门控输入为逻辑 0 时，数据被锁存。

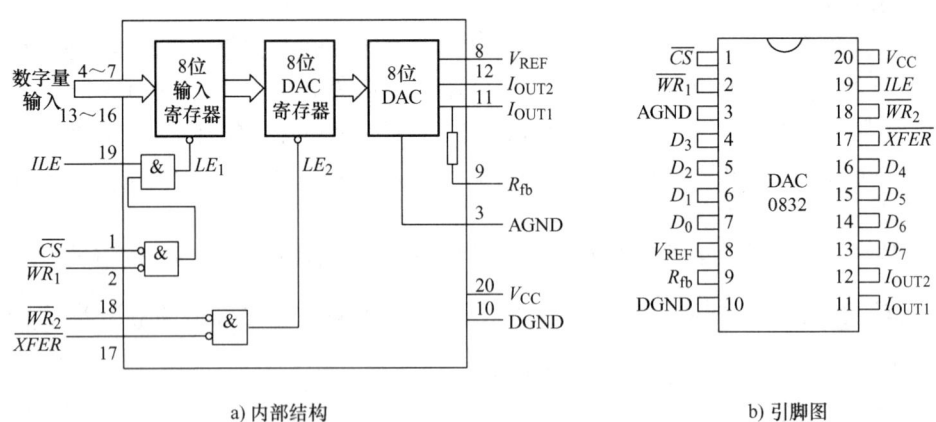

图 19.7 DAC0832 的内部结构和引脚图

DAC0832 具有一组 8 位数据输入端 $D_0 \sim D_7$，用于输入数字量。一对互补的模拟电流输出端 I_{OUT_1} 和 I_{OUT_2} 用于输出与输入数字量成正比的电流信号，一般外部连接由集成运算放大器组成的电流/电压转换电路，基准电压 V_{REF} 在 $-10 \sim 10V$ 范围内。

各引脚的功能见表 19.2。

表 19.2　引脚功能表

名称	功能
$D_0 \sim D_7$	8 位数据输入端
$\overline{CS}$	片选信号输入端，低电平有效
$\overline{WR_1}$、$\overline{WR_2}$	两个写入命令输入端，低电平有效
$\overline{XFER}$	传送控制信号，低电平有效
I_{OUT1} 和 I_{OUT2}	互补的模拟电流输出端
R_{fb}	反馈电阻（在芯片内），与外接的集成运算放大器配合构成电流/电压转换电路
V_{REF}	DAC 的基准电压
V_{CC}	工作电源输入端
AGND	模拟地（模拟电路接地点）
DGND	数字地（数字电路接地点）
ILE	输入锁存允许信号，输入高电平有效

2. DAC0832 的工作模式

DAC0832 有三种工作模式。

（1）直通模式　当 ILE 接高电平，$\overline{CS}$、$\overline{WR_1}$、$\overline{WR_2}$ 和 $\overline{XFER}$ 都接数字地时，DAC 处于直通模式，8 位数字量一旦到达 $D_0 \sim D_7$ 输入端，就立即加到 DAC，被转换成模拟量。在实际连接中，要注意区分"模拟地"和"数字地"。

（2）单缓冲模式　单缓冲模式是让一个寄存器处于缓冲模式，另一个寄存器处于直通模式，输入数据经过一级缓冲送入 DAC。如把 $\overline{WR_2}$ 和 $\overline{XFER}$ 都接地，使 DAC 寄存器处于直通状态，ILE 接 5V，$\overline{WR_1}$ 接 CPU 系统总线的 $\overline{IOW}$、$\overline{CS}$ 接端口地址译码信号，这样 CPU 可执行一条 OUT 指令，使 $\overline{CS}$ 和 $\overline{WR_1}$ 有效，写入数据并立即启动 D/A 转换。

（3）双缓冲模式　这种模式即数据通过两个寄存器锁存后再开始 D/A 转换，或者说执行两次写操作才能完成一次 D/A 转换。这种模式可在 D/A 转换的同时进行下一个数据的输入，以提高转换速度。更为重要的是，这种模式特别适用于系统中含有 2 片及以上的 DAC0832，且要求同时输出多个模拟量的场合。

19.3　模/数转换器（ADC）

ADC 可将输入的模拟量转换为数字量输出。由于模拟量在时间和幅值上都是连续的，而数字量在时间和幅值上都是离散的，所以在进行 A/D 转换时，需要先按一定时间间隔对模拟量进行采样，使之变为时间上离散的信号，再将采样后的模拟量保持一段时间，将采样值进行量化，使之变为幅值上离散的信号，最后通过编码，将量化后的离散幅值转换为数字量输出。可见 A/D 转换一般要经过采样、保持、量化及编码四个过程。

19.3.1　A/D 转换的一般过程

1. 采样和保持

采样（也称取样）是将时间上连续变化的模拟量转换为时间上离散的模拟量，其过程如图 19.8 所示，图中 u_i 为输入模拟信号，$s(t)$ 为采样脉冲，u_o 为采样输出信号，T_s 是采样脉冲的周期。

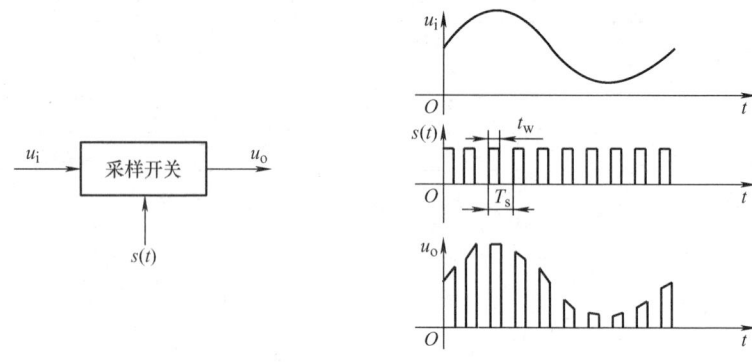

图 19.8 A/D 转换的采样过程

由图 19.8 可知，采样就是在采样周期内采集模拟信号的值，采样值的大小由采样时间内模拟信号大小所决定。为了正确反映模拟量的变化，采样脉冲信号要有足够高的频率。其频率越高，采样值就越多，其输出信号的包络线就越接近输入模拟信号的曲线。为保证能用采样输出信号很好地还原输入模拟信号，采样脉冲信号频率 f_s 与输入模拟信号最高频率 $f_{i,max}$ 要满足 $f_s \geq 2f_{i,max}$。

由于输入信号又是连续变化的，因此在每次采样后，采样结果还要保持一定时间，以便转换电路将采样值转换成数字量输出。

2. 量化和编码

将采样后的样值电平归化到与之接近的离散电平上，这个过程称为量化。

量化后，还需要将量化结果转换为对应的二进制或十进制数码等。这种用数码来表示量化值的过程称为编码。量化和编码电路是 ADC 的核心组成部分。

19.3.2 逐次逼近式 ADC 原理

实现 A/D 转换的方式很多，常用的有逐次逼近式、双积分式及电压频率转换式等。

逐次逼近式 ADC 的速度快、分辨率高、成本低，在计算机系统得到广泛应用。其原理类同天平称重，在节拍时钟控制下逐次比较，最后留下的数字砝码即为转换结果。

逐次逼近式 ADC 由比较器、DAC、缓冲寄存器、逐次逼近寄存器及逻辑控制电路组成，如图 19.9 所示。它的基本原理是从高位到低位逐位试探比较。

逐次逼近式的转换过程是：初始化时将逐次逼近寄存器各位清零，转换开始时，先将逐次逼近寄存器最高位置"1"，送入 DAC，经 D/A 转换后生成的模拟量送入比较器，称为 V_o。V_o 与送入比较器的待转换的模拟量 V_i 进行比较，若 $V_o < V_i$，该位 1 被保留，否则被清除。然后再置逐次逼近寄存器次高位为"1"，将寄存器中新的数字量送 DAC，输出的 V_o 再与 V_i 比较，若 $V_o < V_i$，该位"1"被保留，否则被清除。重复

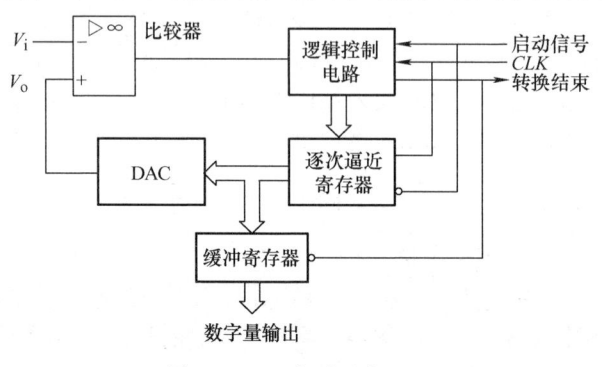

图 19.9 逐次逼近式 ADC

此过程，直至逼近寄存器最低位。转换结束后，将逐次逼近寄存器中的数字量送入缓冲寄存器，就得到数字量的输出。

19.3.3 双积分式 ADC 原理

双积分式 ADC 属于间接型 ADC，它是把待转换的输入模拟电压先转换为一个中间变量，例如时间 T，然后再对中间变量量化编码，得出转换结果。这种 ADC 多称为电压-时间变换型（简称 VT 型）。图 19.10 给出的是 VT 型双积分式 ADC 的原理图。

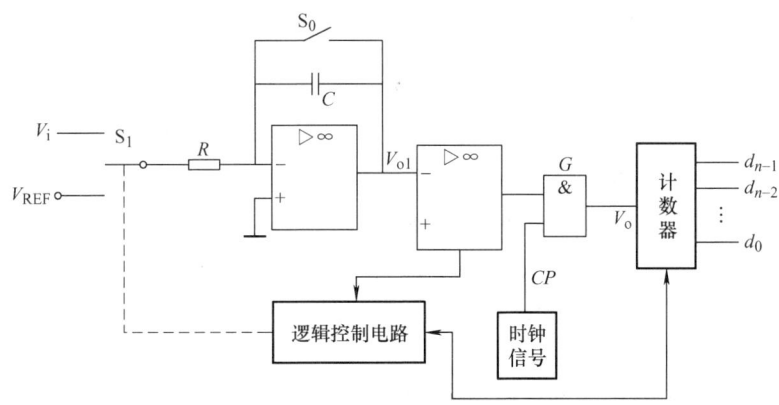

图 19.10　VT 型双积分式 ADC 原理

转换开始前，先将计数器清零，并接通 S_0，使电容 C 完全放电。转换开始，断开 S_0。整个转换过程分两阶段进行。

第一阶段，令开关 S_1 置于输入信号 V_i 一侧。电路对 V_i 进行固定时间 T_1 的积分。积分结束时积分器的输出电压为

$$V_{o1} = \frac{1}{C}\int_0^{T_1}\left(-\frac{V_i}{R}\right)dt = -\frac{V_i}{RC}T_1 \tag{19.12}$$

可见积分器的输出 V_{o1} 与 V_i 成正比。这是对输入模拟电压的采样过程。在采样开始时，逻辑控制电路将计数门打开，计数器计数。当计数器达到满量程 N 时，计数器由全"1"复位全"0"，这个时间正好等于固定的积分时间 T_1。计数器复位全"0"时，同时给出一个溢出脉冲（即进位脉冲）使控制逻辑电路发出信号，令开关 S_1 转换至参考电压 V_{REF} 一侧，采样阶段结束。

第二阶段称为定速率积分过程。将 V_{o1} 转换为成比例的时间间隔。采样阶段结束时，一方面因参考电压 V_{REF} 的极性与 V_i 相反，积分器向相反方向积分，计数器由"0"开始计数，经过 T_2 时间，积分器输出电压回升为零，过零比较器输出低电平，关闭计数门 G，计数器停止计数。同时，通过逻辑控制电路使开关 S_1 与 V_i 相接，重复第一步，如图 19.10 所示，因此得到

$$\frac{T_2}{RC}V_{REF} = \frac{T_1}{RC}V_i$$

即

$$T_2 = \frac{T_1}{V_{REF}}V_i \tag{19.13}$$

式(19.13) 表明，反向积分时间 T_2 与输入模拟电压成正比。

在 T_2 期间计数门 G 打开，标准周期为 T_{CP} 的时钟通过 G，计数器对 V_o 计数，计数结果为 D，由于 $T_1 = N_1 T_{CP}$，有

$$T_2 = D T_{CP}$$

则计数的脉冲数为

$$D = \frac{T_1}{T_{CP} V_{REF}} V_i = \frac{T_1}{T_{CP} V_{REF}} V_i \tag{19.14}$$

计数器中的数值就是 ADC 转换后的数字量，至此即完成了电压-时间变换。若输入电压 $V_{i1} < V_i$，$V'_{o1} < V_{o1}$，则 $T'_2 < T_2$，它们之间也都满足固定的比例关系，如图 19.11 所示。

双积分式 ADC 若与逐次逼近式 ADC 相比较，因有积分器的存在，积分器的输出只对输入信号的平均值响应，所以它的突出优点是工作性能比较稳定，且抗干扰能力强。由以上分析可以看出，只要两次积分过程中积分器的时间常数相等，计数器的计数结果与 RC 无关。所以，该电路对 RC 精度的要求不高，而且电路的结构也比较简单。双积分式 ADC 属于低速型

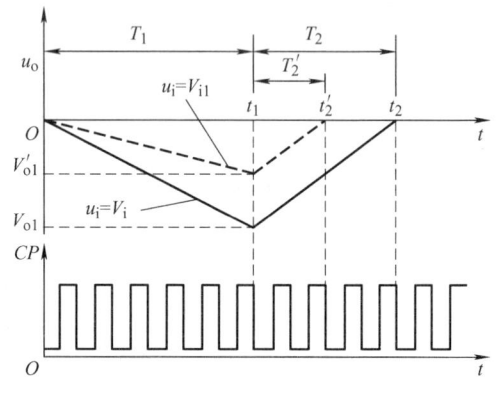

图 19.11 双积分式 ADC 工作波形

ADC，一次转换需要数十毫秒，而逐次逼近式 ADC 仅需要一百多微秒。不过，在工业控制系统中的许多场合，毫秒级的转换速度已经足够了，因此双积分式 ADC 有很广阔的用武之地。

19.3.4 ADC 的技术指标

1. 分辨力

分辨力为 ADC 能够分辨的输入信号的最小变化量，即 ADC 对输入信号的分辨能力，通常以输出二进制数码的位数表示。从理论上讲，n 位二进制输出的 ADC 共有 2^n 个不同状态，应能分辨出输入模拟电压的 2^n 个不同等级，即能分辨输入电压的最小差异为满量程输入的 $1/2^n$，例如当 $n = 10$ 时，ADC 应能分辨出的输入电压的最小差异为 $V_{i,max}/2^{10}$。

2. 转换时间和转换速度

转换时间是从模拟信号输入开始，到输出端得到稳定的数字量所经历的时间。转换时间越短，说明转换速度越快。不同类型的 ADC 转换速度相差甚远。并联式 ADC 的转换速度最高，约为几十纳秒；逐次逼近式 ADC 转换速度次之；双积分式 ADC 的转换速度最慢。在实际应用中，应从系统数据总的位数、精度要求、输入模拟信号的范围及输入信号极性等方面综合考虑 ADC 的选用。

3. 转换误差

ADC 实际输出的数字量和理论上输出的数字量之间的差别称为转换误差。常用最低有效位（LSB）的倍数表示。例如给出相对误差≤LSB/2，这就表明实际输出的数字量和理论上应得到的输出数字量之间的误差小于最低位的半个字。

【例 19.4】 某信号采集系统要求用一片 A/D 转换集成芯片在 1s 内对 16 个热电偶的输出电压分时进行 A/D 转换。已知热电偶输出电压范围为 0～0.025V（对应于 0～200℃温度范

围），需要分辨的最小温度变化为 0.1℃，试问应选择多少位的 ADC？其转换方式是怎样的？

【解】 对于从 0~200℃ 温度范围，信号电压范围为 0~0.025V，分辨的温度为 0.1℃，这相当于 $\frac{0.1}{200} = \frac{1}{2000}$ 的分辨率。11 位 ADC 的分辨率为 $\frac{1}{2^{11}} = \frac{1}{2048}$，所以可以选用 11 位的 ADC。

系统的采样速度为每秒 16 次，采样时间为 62.5ms。对于这样慢的取样，任何一种 ADC 都可以达到，因此选用带有采样-保持（S/H）的逐次逼近式 ADC 或不带 S/H 的双积分式 ADC 均可。

19.3.5 ADC0809 工作原理及应用

1. ADC0809 简介

ADC0809 是 8 位 CMOS 逐次逼近式 ADC，具有 8 个输入通道，可直接选通 8 路模拟量进行转换。输出设有三态 TTL 锁存器，便于和各种微处理器连接。

2. 主要特性

1) 8 路输入通道，8 位 ADC，即分辨率为 8 位。
2) 具有转换启停控制端。
3) 转换时间为 100μs（时钟为 640kHz 时）或 130μs（时钟为 500kHz 时）。
4) 5V 单电源供电。
5) 输入模拟电压范围 0~5V，不需要零点和满刻度校准。
6) 工作温度范围为 -40~85℃。
7) 低功耗，约 15mW。

3. 内部结构

ADC0809 的内部结构如图 19.12 所示，它由 8 路模拟开关、地址锁存与译码器、三态输出锁存缓冲器、8 位 ADC 等组成。

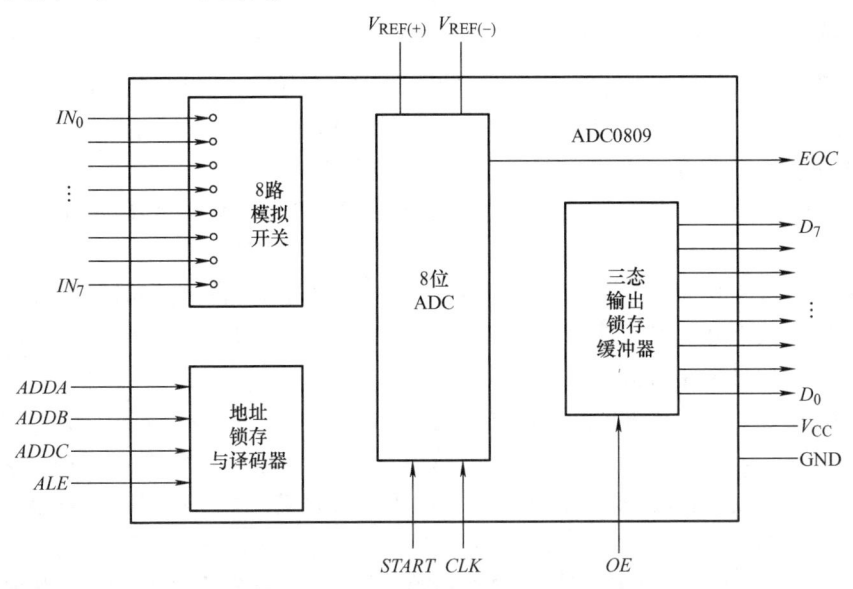

图 19.12 ADC0809 的内部结构

图 19.12 中 8 路模拟开关可选通 8 路模拟量通道，允许 8 路模拟量分时输入，它们共用

一个 ADC 进行转换，这是一种经济的多路数据采集方法。地址锁存与译码器完成对 ADDA、ADDB、ADDC 这 3 个地址位的锁存和译码。其译码输出用于通道选择，转换结果通过三态输出锁存缓冲器存放、输出，因此可以直接与系统数据总线相连。

4. 外部特性（引脚功能）

ADC0809 的引脚如图 19.13 所示，对 ADC0809 主要信号引脚的功能说明如下：

（1）$IN_7 \sim IN_0$　这是 8 路模拟量通道，用于输入被转换的模拟电压。一次只能选通其中的某一路进行转换，选通的通道由 ALE 上升沿时送入的 ADDA、ADDB、ADDC 引脚信号决定。

（2）ALE　这是地址锁存允许端，高电平有效。高电平时把三个地址信号 ADDA、ADDB、ADDC 送入地址锁存器，并经过译码器得到地址输出，以选择相应的模拟输入通道。通道选择见表 19.3。

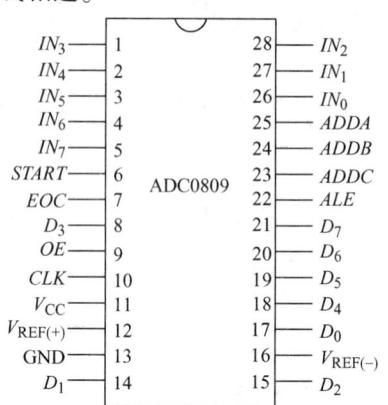

图 19.13　ADC0809 的引脚

表 19.3　通道选择

ADDC	ADDB	ADDA	选择的通道
0	0	0	IN_0
0	0	1	IN_1
0	1	0	IN_2
0	1	1	IN_3
1	0	0	IN_4
1	0	1	IN_5
1	1	0	IN_6
1	1	1	IN_7

（3）START　这是转换的启动信号输入端，正脉冲有效，此信号要求保持在 200ns 以上。加上正脉冲后，A/D 转换才开始进行。在正脉冲的上升沿，所有内部寄存器清零；在正脉冲的下降沿，开始进行 A/D 转换，在此期间 START 应保持低电平。

（4）ADDA、ADDB、ADDC　这是地址线，即通道端口选择线，ADDA 为低地址，ADDC 为高地址。

（5）CLK　这是时钟信号输入端，为 ADC0809 提供逐次比较所需时钟脉冲。ADC 内部没有时钟电路，故需外加时钟信号。要求时钟频率范围在 10kHz ~ 1.2MHz。在实际使用中，需将主机的脉冲信号降频后接入。

（6）EOC　这是转换结束信号输出端。在 START 下降沿后 10μs 左右，EOC = 0，表示正在进行转换，EOC = 1 则转换结束。EOC 常用于 A/D 转换状态的查询或作为中断请求信号。

（7）$D_7 \sim D_0$　这是数据输出线。为三态缓冲输出形式，可以和数据处理器的数据线直接相连。

（8）OE　这是允许输出控制信号，输入高电平有效。当转换结束后，如果从该引脚输入高电平，则打开输出三态门，允许转换后结果从 $D_0 \sim D_7$ 送出；若输入低电平，则 $D_0 \sim D_7$ 均为高电平。

(9) V_{CC}　这是 5V 电源。

(10) V_{REF}　这是参考电压，用来与输入的模拟信号进行比较，作为逐次逼近的基准，其中通常有 $V_{REF(+)}=5V$，$V_{REF(-)}=-5V$。

5. ADC0809 工作方式

ADDA、*ADDB*、*ADDC* 输入的通道地址在 *ALE* 有效时被锁存，经地址锁存与译码器译码后从 8 路模拟量通道中选通一路；启动信号 *START* 的上升沿使在 ADC 内部的逐次逼近寄存器复位，下降沿启动 A/D 转换，并使 *EOC* 信号在 *START* 的下降沿到来 $10\mu s$ 后变为无效的低电平，这要求查询程序等 *EOC* 无效后再开始查询；当转换结束时，转换结果送入到三态输出锁存缓冲器中，并使 *EOC* 信号为高电平，通知数据处理器转换已经结束。当数据处理器执行一条读取读数据指令后，使 *OE* 为高电平，从 $D_0 \sim D_7$ 读出数据。

A/D 转换后得到的数据应及时传送给数据处理器进行处理。数据传送的关键问题是如何确认转换的完成，因为只有确认完成后，才能进行传送。为此可采用下述三种方式。

（1）定时传送方式　对于一种 ADC 来说，转换速度是固定的，可据此设计一个延时子程序，A/D 转换启动后即调用此子程序，延迟时间一到，转换肯定已经完成了，接着就可进行数据传送。

（2）查询方式　A/D 转换芯片有表明转换完成的状态信号，例如 ADC0809 的 *EOC* 端。因此可以用查询方式，检验 *EOC* 的状态，即可得知转换是否完成，并进行数据传送。

（3）中断方式　把表明转换完成的状态信号（*EOC*）作为中断请求信号，以中断方式进行数据传送。

不管使用上述哪种方式，一旦确定转换完成，即可通过指令进行数据传送。

6. ADC0809 的典型应用电路

ADC0809 由 3 个地址输入端选通 8 路模拟量输入通道的任意一路进行 A/D 转换。

ADC0809 的输入模拟量必须是单极性的信号，电压范围要求在 0~5V，若信号太小，则需要放大；当在 ADC0809 的 *START* 端加启动脉冲（正脉冲）时，A/D 转换即开始。若将启动信号输入端 *START* 与结束信号输出端 *EOC* 直接相连，则转换将连续进行。在用这种转换方式时，首先应在启动端加一个正单次脉冲作为起始启动脉冲。

图 19.14 所示为 ADC0809 的一个典型应用电路。输入模拟信号 V_i 经放大后送入 ADC0809 的输入端 IN_0，转换结果

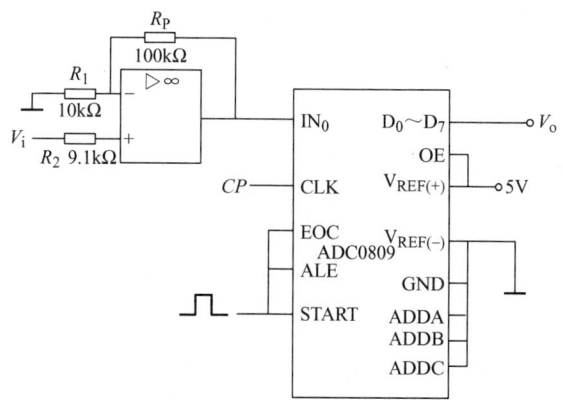

图 19.14　ADC0809 的一个典型应用电路

由 $D_0 \sim D_7$ 输出，*CP* 时钟脉冲由计数脉冲源提供，*ADDA*、*ADDB*、*ADDC* 地址端为 000。接通电源后，在启动端 *START* 加一个正单次脉冲，即开始 A/D 转换。

理想情况下，当 IN_0 端输入模拟信号为 0~5V 时，其转换后的数字输出为 00000000~11111111。

【**例 19.5**】　某 8 位 ADC 的输入模拟电压满量程为 5V，当输入电压为 2V 时，求对应的

输出数字量。

【解】 输入模拟电压与输出数字量对应的十进制数成正比，即 $V_i = KD_{10}$，且 $(11111111)_2 = (255)_{10}$。

所以有
$$\frac{5}{(255)_{10}} = \frac{2}{D_{10}}$$
$$D_{10} = 102$$

故输出数字量 $D = 01100110$。

习 题

填空题

19-1 模拟信号转为数字信号，转换程序是_____、_____、_____和_____。

19-2 一个 8 位 DAC 的分辨率为_____。

19-3 12 位 ADC 最大输入模拟电压为 10V，其分辨力为_____ mV。

19-4 已知 8 位 DAC 的最大输出电压是 9.945V，当输入为 10100101 时输出的电压为_____。

选择题

19-5 一个 8 位 DAC 最小分辨电压为 10mV，当输入二进制数码为 10101010 时，其输出电压为（　　）V。

A. 1.7　　　　B. 3.4　　　　C. 10　　　　D. 8

19-6 已知倒 T 形电阻网络 DAC 中的反馈电阻 $R_f = R$、$V_{REF} = 16V$，则 4 位 DAC 输出最小电压为（　　）V。

A. −2　　　　B. 4　　　　C. 3　　　　D. −1

19-7 某 DAC 有 8 位数据输入线，输出满量程电压为 10V，输入数字量的最低有效位变化时输出端产生的电压变化为（　　）mV。

A. 10　　　　B. 78　　　　C. 39　　　　D. 2

19-8 已知倒 T 形电阻网络 DAC 中的反馈电阻 $R_f = R$、$V_{REF} = 16V$，则 8 位 DAC 输出最大电压为（　　）V。

A. 18.75　　　B. −15.94　　C. −9.96　　　D. −29.43

分析题

19-9 在倒 T 形电阻网络 DAC 中，$n = 10$、$R = 10k\Omega$、$R_f = 5k\Omega$、$V_{REF} = -10V$。试求当数字量为 0110111001 时的输出模拟电压。

19-10 倒 T 形电阻网络 DAC 中（1）已知 $n = 8$、$R = 25k\Omega$、$R_f = 30k\Omega$、$V_{REF} = 12V$，试确定输出电压的范围；（2）上题条件下，若测得输出电压为 $-10.01V$，求 $d_7 \cdots d_0$ 的状态。

19-11 倒 T 形电阻网络 DAC 的最小输出电压为 1V，最大输出电压为 15V，试求该 DAC 的分辨率及位数。

19-12 逐次逼近式 ADC 中的 8 位 DAC 输出最大电压为 10.2V，当输入电压为 4.4V 时，转换器的输出数字量为多少？

# 第20章

存储器与可编程逻辑器件

半导体存储器具有集成度高、容量大、体积小、功耗低、存储速度快、可靠性高、使用寿命长等特点，在信息系统中广泛应用。

按制造工艺不同，半导体存储器可分为双极型和 MOS 型两大类。双极型半导体存储器工作速度快、功耗较大、价格高，它以双极型触发器为基本存储单元，主要用于对速度要求较高的场合。MOS 型半导体存储器集成度高、功耗低、价格低，它以 MOS 型触发器或电荷存储结构为基本存储单元，主要用于存储容量较大的信息系统中。

存储器按功能分为只读存储器（read only memory，ROM）和随机存储器（random access memory，RAM）。只读存储器用来存放固定信息，需要专用的装置写入数据。数据一旦写入，便不能随意更改。正常工作时，随机存储器可以随机地向存储单元写入数据，或从存储单元读出数据。在断电后随机存储器中的信息会丢失。

可编程逻辑器件（PLD）是20世纪80年代发展起来的新型集成电路芯片，随后相继出现了可编程只读存储器（PROM）、可擦除可编程只读存储器（EPROM）、可编程逻辑阵列（programmable logic array，PLA）、可编程阵列逻辑（programmable array logic，PAL）、通用阵列逻辑（generic array logic，GAL）、复杂可编程逻辑器件（complex programmable logic device，CPLD）和现场可编程门阵列（field programmable gate array，FPGA）等。

20.1 只读存储器

20.1.1 ROM 的结构

图 20.1 是 ROM 的原理结构框图。它主要由地址译码器、存储矩阵和输出缓冲电路组成。

在图 20.1 中 $A_0 \sim A_{n-1}$ 是地址码，经地址译码器译码后，输出 $W_0 \sim W_{2^n-1}$ 作为存储阵列的控制线，共有 2^n 条，分别与存储阵列中的字相对应，简称字线。对应地址码的

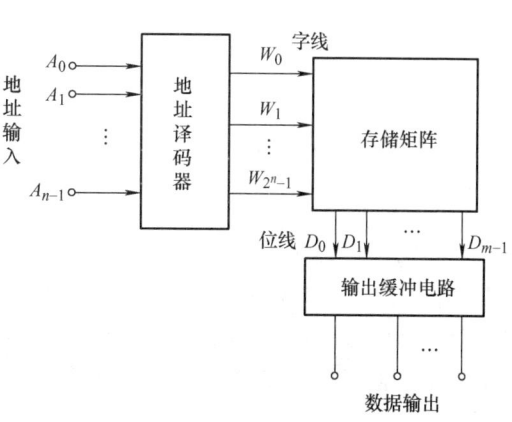

图 20.1 ROM 的原理结构框图

每一种组合，每次只有一条字线 W_i 被选中（与 W_i 相对应的字也被选中），字中的 m 位信息被输出。$D_0 \sim D_{m-1}$ 为数据线，也称位线。字线和位线的交叉点就是存储单元，存储器的存储容量 = 字线数 × 位线数。图 20.1 所示的 ROM 存储容量为 $2^n \times m$。

20.1.2 ROM 的工作原理

1. 电路组成

ROM 在出厂时数据已经固化在里面了，只能读出，不能写入。存储单元可以用二极管、晶体管或 MOS 管构成。

图 20.2 是由二极管组成的具有 2 位地址输入和 4 位数据输出的 ROM 电路。

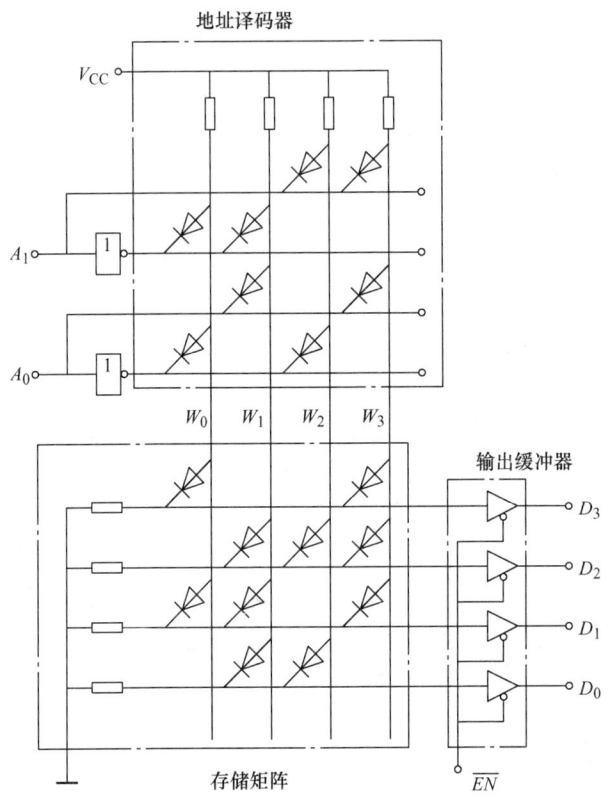

图 20.2 二极管构成的 ROM 电路

输入地址码是 A_1A_0，输出数据是 $D_3D_2D_1D_0$。输出缓冲是三态门，可提高带负载能力。地址译码器中含有 4 个与逻辑门。以 W_0 为例，可以画出图 20.3a 所示的与门电路。那么，存储矩阵是什么性质的矩阵呢？以 D_0 为例，可以画出图 20.3b 所示的或门电路。在图 20.2 存储矩阵中含有 4 个或逻辑门。

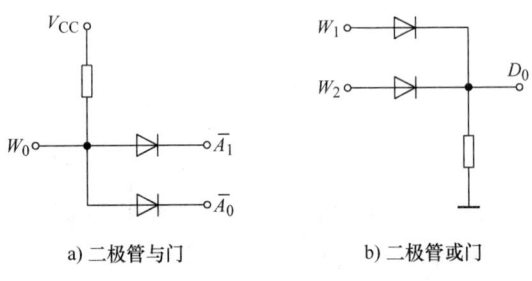

a) 二极管与门 b) 二极管或门

图 20.3 地址译码和存储矩阵的基本结构

2. 地址译码器与存储矩阵输出信号表达式

两位地址代码 A_1A_0 可以给出 4 个不同的地址，即 00、01、10、11。A_1A_0 每一种组合经译码器译码后，可以选中 $W_0 \sim W_3$ 中的一条字线，被选中的字线为高电平。当 $W_0 \sim W_3$ 任意一条字线上给出高电平时，都会在 $D_0 \sim D_3$ 线上输出一个 4 位二进制代码。根据译码电路的逻辑关系，可知 4 个地址的逻辑关系式为

$$W_0 = \overline{A_1}\overline{A_0} \quad W_1 = \overline{A_1}A_0 \quad W_2 = A_1\overline{A_0} \quad W_3 = A_1A_0$$

在读取数据时，只要输入指定的地址码，并令输出缓冲器的使能端 $\overline{EN}$ 为零，则指定地址内各存储单元所存的数据就会出现在输出线上。字线和位线交叉处无二极管时相当于存储一个 0，交叉处有二极管时相当于存储一个 1。输出数据 $D_0 \sim D_3$ 与字线 $W_0 \sim W_3$ 的逻辑为

$$D_0 = W_1 + W_2 = \overline{A_1}A_0 + A_1\overline{A_0} = A_1 \oplus A_0$$

$$D_1 = W_0 + W_1 + W_3 = \overline{A_1}\overline{A_0} + \overline{A_1}A_0 + A_1A_0 = A_0 + \overline{A_1}$$

$$D_2 = W_1 + W_2 + W_3 = \overline{A_1}A_0 + A_1\overline{A_0} + A_1A_0 = A_0 + A_1$$

$$D_3 = W_0 + W_3 = \overline{A_1}\overline{A_0} + A_1A_0 = A_0 \odot A_1$$

3. 输出信号真值表

图 20.2 所示 ROM 电路的真值表见表 20.1。

表 20.1　ROM 电路的真值表

A_1	A_0	W_3	W_2	W_1	W_0	D_3	D_2	D_1	D_0
0	0	0	0	0	1	1	0	1	0
0	1	0	0	1	0	0	1	1	1
1	0	0	1	0	0	0	1	0	1
1	1	1	0	0	0	1	1	1	0

4. 功能分析

从存储器的角度来看，A_1A_0 为地址码，$D_3D_2D_1D_0$ 是数据。在地址 00 中存储的数据为 1010，在地址 01 中存储的数据为 0111，在地址 10 中存储的数据为 0101，在地址 11 中存储的数据为 1110。

从编译码的角度去看，与阵列先对输入的代码 A_1A_0 进行译码，译码输出 W_3、W_2、W_1、W_0 4 个信号（某时只有一个信号有效）。再由存储矩阵中的或阵列对 W_3、W_2、W_1、W_0 的状态进行编码，W_0 的编码为 1010、W_1 的编码为 0111、W_2 的编码为 0101、W_3 的编码为 1110。

20.1.3　ROM 的应用

从 ROM 的结构框图可知，ROM 的基本部分由与阵列和或阵列组成。与阵列实现对输入变量的译码，产生输入变量的全部最小项；或阵列完成有关最小项的或运算。由于组合逻辑函数可变换为标准与-或式，即最小项之和的形式，所以利用 ROM 可以实现组合逻辑运算。

综上所述，可以把 ROM 看成是由与-或阵列组成的，如图 20.4 所示。

【例20.1】 用ROM实现下列逻辑函数。

$$Y_0 = \bar{A}\bar{B} + AB \quad Y_1 = \bar{B}\bar{C} + AC \quad Y_2 = \bar{A}B\bar{C} + C$$

【解】 首先写出各函数的标准与-或表达式，即

$$Y_0 = \bar{A}\bar{B} + AB = \bar{A}\bar{B}\bar{C} + \bar{A}\bar{B}C + AB\bar{C} + ABC = \sum m(0,1,6,7)$$

$$Y_1 = \bar{B}\bar{C} + AC = \bar{A}\bar{B}\bar{C} + A\bar{B}\bar{C} + \bar{A}BC + ABC = \sum m(0,1,3,4)$$

$$Y_2 = \bar{A}B\bar{C} + C = \bar{A}\bar{B}C + \bar{A}B\bar{C} + \bar{A}BC + A\bar{B}C + ABC = \sum m(1,2,3,5,7)$$

画出ROM矩阵连线图如图20.5所示。

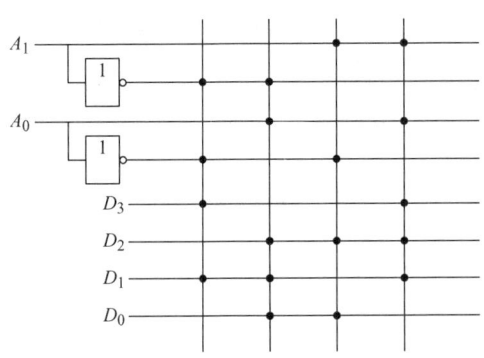

图20.4 用与-或阵列表示的ROM

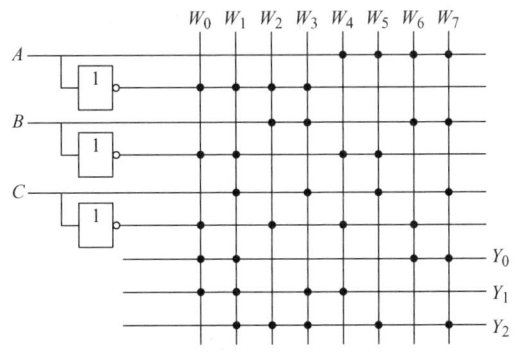

图20.5 ROM矩阵连线图

20.2 随机存取存储器

随机存取存储器也叫随机读写存储器，简称RAM。RAM可以在工作时，随时从任何一个指定的地址写入（存入）或读出（取出）信息。RAM最大的优点是读写方便，但一旦电源关断，存储的信息就会随之消失。

根据存储单元的不同，RAM可以分为静态RAM和动态RAM。

静态RAM是利用MOS管触发器来存储代码的，所用MOS管较多、集成度低，功耗也较大，多用在微型计算机中。动态RAM是用栅极分布电容保存信息的，它的存储单元所需要的MOS管较少，因此集成度高，功耗也小。静态RAM每个存储单元功耗是0.1mW，而动态RAM每个存储单元功耗仅为0.01mW。

20.2.1 RAM的结构与工作原理

RAM由地址译码器、存储矩阵、读/写及片选控制电路、数据输入/输出电路等组成，如图20.6所示。

1. 存储矩阵

存储矩阵是RAM的存储单元组成的矩阵。每个存储单元存放的数据不是预先设计好的，而是由外部的信息决定的。

2. 地址译码器

地址译码器是最小项译码器，一个地址码对应一条字线。当某条字线被选中时，与该字

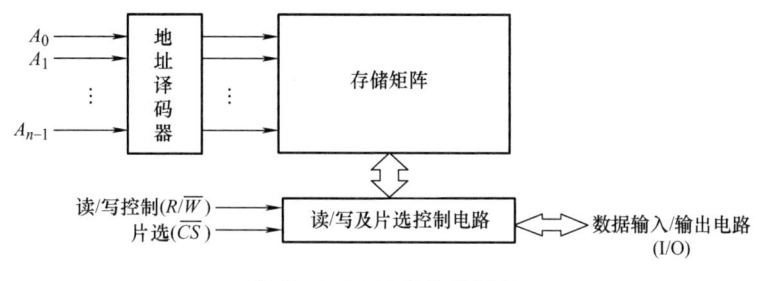

图 20.6 RAM 的结构框图

线相联系的存储单元就与数据线相通,以便读取数据或写入数据。

3. 读/写控制电路

当一个地址码选中相应的存储单元时,是读还是写,由读写控制信号来决定。当读/写控制信号 $R/\overline{W}=1$ 时,执行读操作;当 $R/\overline{W}=0$ 时,执行写操作。

4. 片选控制电路

一片 RAM 芯片所能存储的信息量是一定的,当所要存储的信息量大于一片 RAM 的存储容量时,往往把多片 RAM 组成一个容量更大的存储器。访问存储器时,每次只与其中的一片或几片交换信息,这种信息的交换就是通过片选控制端 $\overline{CS}$ 控制的。$\overline{CS}$ 表示片选信号低电平有效。当多片 RAM 组合在一起时,只有 $\overline{CS}=0$ 的那一片才能工作,其余的各片因 $\overline{CS}=1$ 而不工作。

20.2.2 RAM 存储容量的扩展

一个 RAM 的存储容量是一定的,在信息系统或计算机中,单片存储器芯片往往不能满足存储容量的需求,可以将若干片存储器芯片组合起来,扩展成大容量的存储器。存储器的扩展有位扩展和字扩展两种,也可以将位和字同时扩展。

1. 位扩展

当实际需要的存储系统的数据位数超过每一片存储器的数据位数,但每一片存储器的字数又够用时,则需要进行位数扩展。

位扩展可以利用芯片的并联实现,即将 RAM 的地址线、读/写控制线和片选信号对应地并联在一起,而各个芯片的数据输入/输出端作为字的位线。例如,用 3 个 4K×4 位 RAM 芯片可以扩展成 4K×12 位的存储器系统,如图 20.7 所示。

2. 字扩展

若每一片存储器位数够用而字数不够时,则需要采用字数扩展方式。字数的扩展可以利用外加译码器控制存储器芯片的片选输入端 $\overline{CS}$ 来实现。例如,利用 2 线-4 线译码器将 4 片 8K×8 位的 RAM 芯片扩展为 32K×8 位的存储器系统。扩展方式如图 20.8 所示。

将 4 片 8K×8 位 RAM 的地址线($A_0 \sim A_{12}$)、读/写控制线对应地并联,数据端($D_0 \sim D_7$)并联输出。图 20.8 中,增加的两条地址线 A_{13}、A_{14},通过译码器来控制 4 片 RAM 的片选端。因此可以由字扩展的倍数来决定增加的地址线条数,如字数扩展 2 倍,需要增加一条地址线,可以通过一个非门来实现;字数扩展 4 倍,就需要两条地址线,可以用 2 线-4 线译码器;字数扩展 8 倍,可以用 3 线-8 线译码器,以此可以类推。本例中地址分配见表 20.2。

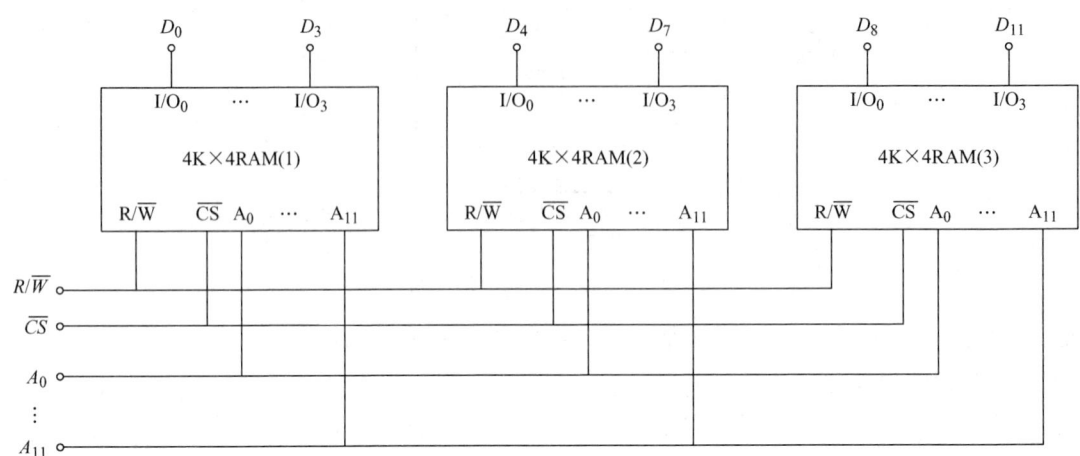

图 20.7 用 4K×4 位 RAM 芯片构成 4K×12 位的存储器系统

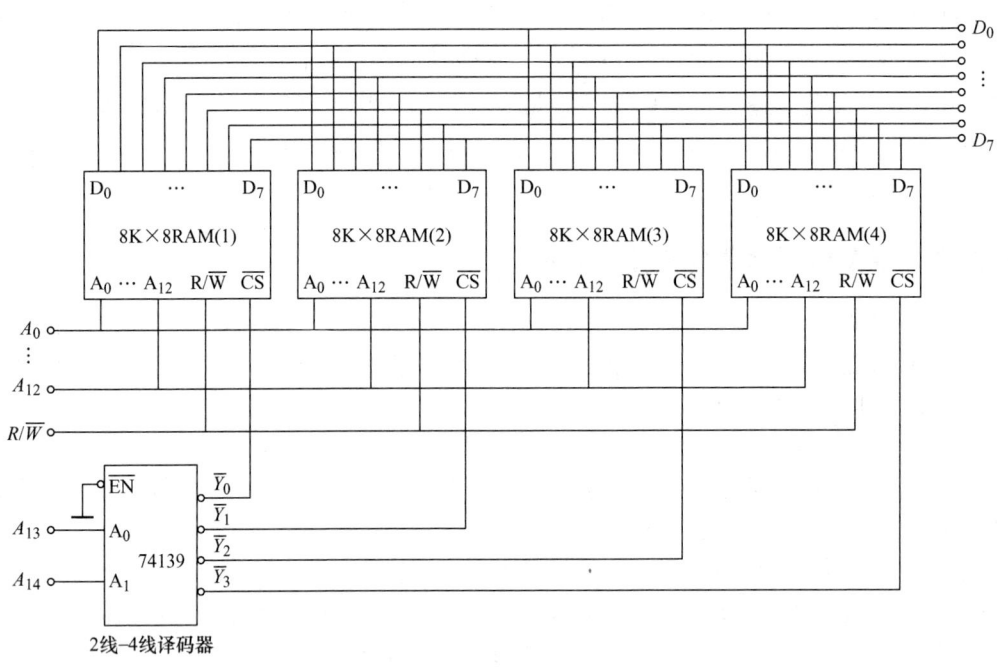

图 20.8 将 4 片 8K×8 位 RAM 芯片扩展为 32K×8 位的存储器系统

表 20.2 地址分配表

扩展地址输入端 $A_{14}A_{13}$	译码器有效输出	被选中芯片	对应 16 位地址
00	$\overline{Y_0}$	1	00000H ~ 1FFFFH
01	$\overline{Y_1}$	2	20000H ~ 3FFFFH
10	$\overline{Y_2}$	3	40000H ~ 5FFFFH
11	$\overline{Y_3}$	4	60000H ~ 7FFFFH

20.3 可编程逻辑器件（PLD）

20.3.1 可编程逻辑器件概述

1. PLD 的发展历程

早期的可编程逻辑器件只有可编程只读存储器（PROM）、紫外线可擦除只读存储器（EPROM）和电可擦除只读存储器（EEPROM）三种。由于结构的限制，它们只能完成简单的数字逻辑功能。其后，出现了一类结构上稍复杂的可编程芯片，即可编程逻辑器件（PLD），它能够完成各种逻辑功能。典型的 PLD 由一个与阵列和一个或阵列组成，而组合逻辑可以用与-或表达式来描述，所以，PLD 能以与-或的形式完成大量的组合逻辑功能。

这一阶段的产品主要有可编程阵列逻辑（PAL）和通用阵列逻辑（GAL）。PAL 由一个可编程的与平面和一个固定的或平面构成，或门的输出可以通过触发器有选择地被置为寄存状态。PAL 器件是现场可编程的，它的实现工艺有反熔丝技术、EPROM 技术和 EEPROM 技术。还有一类结构更为灵活的逻辑器件是可编程逻辑阵列（PLA），它也由一个与平面和一个或平面构成，但是这两个平面的连接关系是可编程的。PLA 器件既有现场可编程的，也有掩膜可编程的。在 PAL 的基础上，又发展了一种通用阵列逻辑（GAL），如 GAL16V8、GAL22V10 等。它采用了 EEPROM 工艺，实现了电可擦除、电可改写，其输出结构是可编程的逻辑宏单元，因而它的设计具有很强的灵活性，至今仍有许多人使用。

20 世纪 80 年代中期，Altera 和 Xilinx 分别推出了类似于 PAL 结构的扩展型复杂可编程逻辑器件（complex programmable logic device，CPLD）、与标准门阵列类似的现场可编程门阵列（field programmable gate array，FPGA），它们都具有体系结构和逻辑单元灵活、集成度高以及适用范围宽等特点。这两种器件兼容了 PLD 和通用门阵列的优点，可实现较大规模的逻辑电路，编程也很灵活。几乎所有应用门阵列、PLD 和中小规模通用数字集成电路的场合均可应用 FPGA 和 CPLD。

2. PLD 的基本结构

PLD 的基本结构如图 20.9 所示，它由输入缓冲电路、与阵列、或阵列、输出缓冲电路等组成。

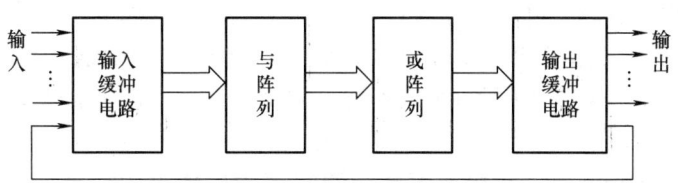

图 20.9　PLD 的基本结构

与阵列和或阵列是 PLD 的核心，通过用户编程可实现与-或逻辑。

输入缓冲电路主要对输入变量进行预处理，为与阵列提供互补的输入变量——原变量和反变量。

输出缓冲电路主要用来对输出的信号进行处理。对于不同的 PLD，其输出缓冲电路的结构有很大的差别，通常含有三态门、寄存器、逻辑宏单元等。用户可根据需要进行编程，实现不同类型的输出结构，既能输出组合逻辑信号，也能输出时序逻辑信号，并能决定输出信号的极性。输出缓冲电路还可以把某些输出端经反馈通路引回到与阵列，使其具有反馈功能。

3. PLD 的逻辑表示

用来描述 PLD 内部电路结构的一些表示方法，与通常逻辑电路的表示方法有所不同。所以在分析可编程器件之前，先介绍被制造商和用户广泛采用的逻辑表示法。

（1）PLD 阵列连线的表示法

PLD 阵列交叉点有 3 种连接方式：固定硬件连接、可编程接通连接、可编程断开连接，如图 20.10 所示。

a) 固定硬件连接　　b) 可编程接通连接　　c) 可编程断开连接

图 20.10　PLD 阵列交叉点的 3 种连接

（2）输入/输出缓冲器表示法

输入/输出缓冲器常用的结构有互补输出和三态输出两种形式，如图 20.11 所示。

（3）PLD 与门、或门表示法　　与阵列、或阵列是 PLD 中的基本逻辑单元，它们由若干个与门和或门组成，每个门都是多输入、多输出形式。以三输入门电路为例，其 PLD 表示法如图 20.12 所示。

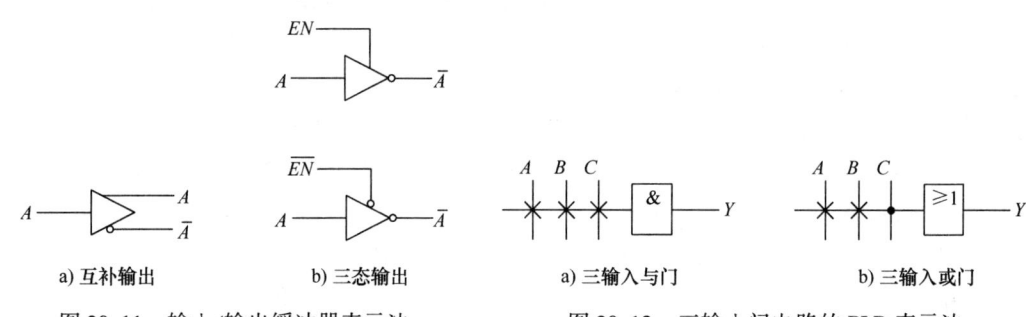

a) 互补输出　　　　b) 三态输出　　　　　　a) 三输入与门　　　　　b) 三输入或门

图 20.11　输入/输出缓冲器表示法　　　　图 20.12　三输入门电路的 PLD 表示法

20.3.2　可编程只读存储器

1. PROM 的一次可编程性

在开发数字电路新产品的研制工作中，设计人员经常需要按照自己的设想迅速地得到存有所需内容的 ROM。这时，可以通过将所需内容自行写入 PROM 而得到所需的 ROM。

PROM 的结构特点是在整个逻辑阵列的交点上都制作一个存储器件并通过熔丝与位线相连，如图 20.13 所示。出厂时在所有字线和位线的交叉点都制作了晶体管（或二极管），相当于存储内容全部为 1。

每个晶体管的发射极都接有快速熔丝，通常使用低熔点的合金或很细的多晶硅导线制成。在写数据时，只要设法把要存入的那些存储单元的熔丝切断就可以了。因为熔丝熔断后，就无法再接通，所以 PROM 只能一次性写入。

PROM 的阵列图如图 20.14 所示。PROM 是由固定的与阵列和可编程的或阵列构成。图中与阵列的黑点是固定的，或阵列中的叉是可编程的。

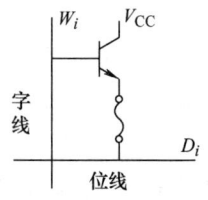

图 20.13　熔丝型 PROM 存储单元

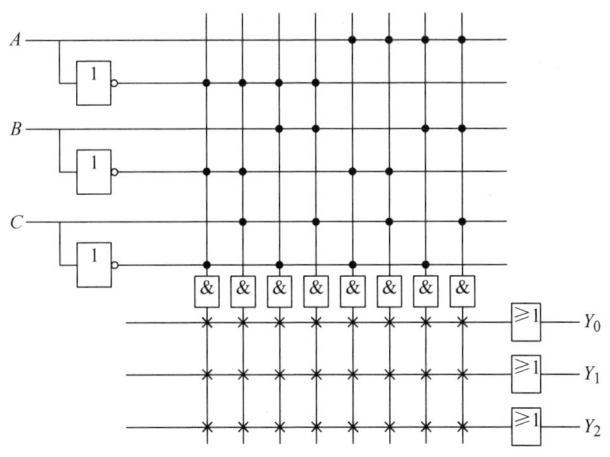

图 20.14　PROM 的阵列图

【例 20.2】 已知函数 $Y_1 = \bar{A}\,\bar{B}C + \bar{A}B\bar{C} + A\bar{B}\,\bar{C} + ABC$
$$Y_2(ABC) = \sum m(0,2,3,6)$$
试用 PROM 实现，画出相应的电路。

【解】 Y_1 和 Y_2 用 PROM 阵列实现如图 20.15 所示。

注意：PROM 和 ROM 不同的是，PROM 的与、或阵列输出端各接有一个与门和或门的逻辑符号。

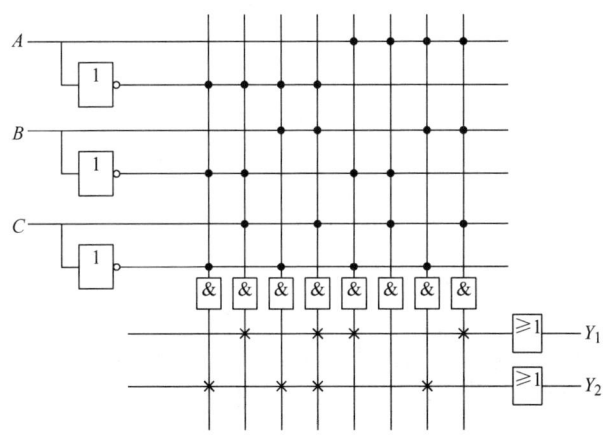

图 20.15　PROM 实现组合逻辑电路

2. 紫外线擦除可编程 EPROM（Erasable PROM）

EPROM 需要用紫外线照射擦除，为一次性全部擦除，全部擦除后，可根据需要进行编程。EPROM 的编程是在编程器上进行的，编程器通常与微机联用。

3. 电擦除可编程 EEPROM（Electrically EPROM）

EEPROM 的编程和擦除都是用电信号完成，而且所需电流很小，故可用普通电源供给。EEPROM 可进行一次性全部擦除，也可以进行字擦除。在系统正常工作状态下，EEPROM 仍然只能工作在它的读出状态，作为 ROM 使用。

4. 快闪存储器（Flash Memory）

快闪存储器（Flash Memory）是新一代快速 EEPROM，俗称 U 盘。快闪存储器具有高集成度、大容量、低成本、高速在线擦写和使用方便等优点，已经广泛使用。快闪存储器以供电电压的不同，大体可分为两大类：一类需要12V编程，通常需要双电源供电；另一类需要5V编程，它只需要单一电源供电。

20.3.3 可编程逻辑阵列（PLA）

1. PLA的基本结构

PLA的基本结构如图20.16所示，它由与和或两级阵列组成，且都可编程。因此，用户通过编程控制的程度很高，使用灵活方便，但一般集成度较低。

由于与阵列可以编程，因此用PLA实现组合逻辑电路设计时，为更好、更有效地利用资源，可先把组合逻辑函数化为最简与-或表达式，式中的每一个乘积项用与阵列中的一个与门来实现。

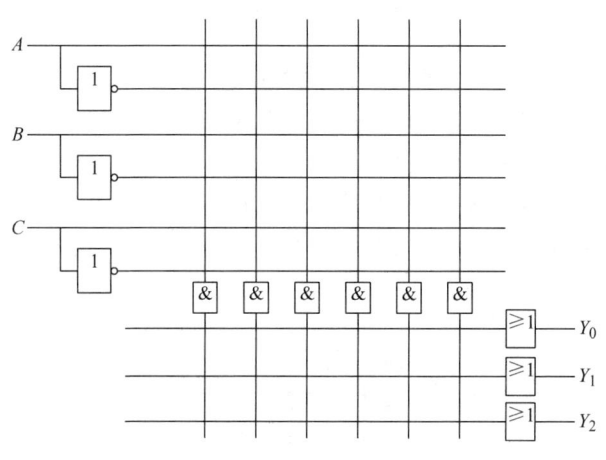

图20.16 PLA阵列图

2. PLA应用举例

【例20.3】 用PLA实现三变量函数：

$Y_0(ABC) = \sum m(2,3,4,5)$　　$Y_1(ABC) = \sum m(0,1,3,5,6,7)$　　$Y_2(ABC) = \sum m(1,2,3,4,5,7)$

【解】 由于与阵列可以编程，因此用PLA实现组合逻辑设计时，为更加有效地利用资源，先把组合逻辑函数化为最简与-或表达式，式中的每一个乘积项用与阵列中的一个与门来实现，因此有

$$Y_0 = A\bar{B} + \bar{A}B \quad Y_1 = \bar{A}\bar{B} + AB + C \quad Y_2 = A\bar{B} + \bar{A}B + C$$

Y_0、Y_1、Y_2用PLA实现如图20.17所示。

20.3.4 通用阵列逻辑

可编程通用阵列逻辑（GAL）器件是在PLD上采用了EEPROM工艺，使得GAL具有电可擦除重复编程的特点，彻底解决了熔丝型可编程器件只能一次可编程问题。

按门阵列的可编程结构，GAL可分成两大类：一类是与PAL基本结构相似的普通型GAL器件，其与阵列是可编程的，或阵列是固定连接的，如GAL16V8；另一类是与FPLA器件相类似的新一代GAL器件，其与阵列及或阵列都是可编程的，如GAL39V18。GAL对

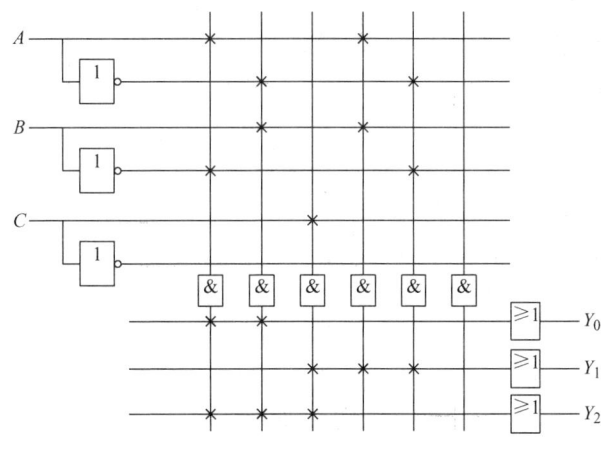

图 20.17　PLA 实现三变量函数图

PAL 的输出结构进行了较大的改进，在 GAL 的输出部分增加了输出逻辑宏单元（output logic macro cell，OLMC），它具有功能很强的可编程输出级，能灵活地改变工作模式。GAL 既能用于组合逻辑器件，也能用于时序逻辑器件；其输出引脚既能用作输出端，也能配置成输入端。此外，它还可以设置加密位。由于 GAL 芯片内部电路结构复杂，具体分析从略。

20.3.5　CPLD 与 FPGA 介绍

1. CPLD 与 FPGA 的简介

随着电子信息技术的发展，数字集成电路在不断地更新换代。它由早期的晶体管分立器件、小中规模集成电路，发展到超大规模集成电路（VLSIC，几万门以上）以及许多具有特定功能的专用集成电路。但是设计与制造集成电路的任务已不完全由半导体厂商来独立承担。系统设计师们更愿意自己设计专用集成电路（ASIC）芯片，而且希望 ASIC 的设计周期尽可能短，最好是在实验室里就能设计出合适的 ASIC 芯片，并且立即投入实际应用中，因而出现了现场可编程逻辑器件（FPLD），其中应用最广泛的当属现场可编程门阵列（FPGA）和复杂可编程逻辑器件（CPLD）。

复杂可编程逻辑器件（complex programmable logic device，CPLD），是从 PAL 和 GAL 器件发展而来的，其规模大、结构复杂，属于大规模集成电路范围，是一种用户根据各自需要可自行构造逻辑功能的数字集成电路。其基本设计方法是借助集成开发软件平台，用原理图、硬件描述语言等方法，生成相应的目标文件，通过下载电缆（"在系统"编程）将代码传送到目标芯片中，实现数字系统的设计。

CPLD 主要是由宏单元（macro cell，MC）围绕中心的可编程互连矩阵单元组成。其中 MC 结构较复杂，并具有复杂的 I/O 单元互连结构，可由用户根据需要生成特定的电路结构，完成一定的功能。由于 CPLD 内部采用固定长度的金属线进行各逻辑块的互连，所以设计的逻辑电路具有时间可预测性，避免了分段式互连结构时序不完全预测的缺点。

现场可编程门阵列（field-programmable gate array，FPGA）是在 PAL、GAL、CPLD 等的基础上进一步发展的产物。它是作为专用集成电路（ASIC）领域中的一种半定制电路而出现的，既解决了定制电路的不足，又克服了原有可编程器件门电路数有限的缺点。

前面提到的 CPLD 和简单 PLD 都是基于乘积项的可编程结构，即由可编程的与阵列和固定的或阵列组成，而 FPGA 使用可编程的查找表（look up table，LUT）结构，用静态随机存储器（SRAM）构成逻辑函数发生器，它的集成度高于 CPLD。

2. CPLD 与 FPGA 的比较

CPLD、FPGA 不仅继承了 ASIC 大规模、高集成度、高可靠性的优点，而且克服了 ASIC 设计周期长、投资大、灵活性差的缺点，从而逐步成为复杂数字硬件电路设计的常用器件。从以下五个方面将 CPLD 与 FPGA 进行比较。

（1）结构工艺　采用 EEPROM 或 Flash 工艺的 CPLD，是以乘积项结构方式构成逻辑行为的器件，更适合于触发器有限而乘积项丰富的结构，CPLD 多用于实现组合逻辑电路；FPGA 大多数为 SRAM 工艺实现，该器件适合触发器丰富的结构，有利于时序逻辑电路的实现。

（2）规模和逻辑复杂度　FPGA 可以达到比 CPLD 更高的集成度，同时也具有更复杂的布线结构和逻辑实现。自从 Xilinx 公司 1985 年推出第一片 FPGA 以来，FPGA 的集成度和性能提高很快，其集成度可以达千万门/片以上，系统性能可达到 250MHz 以上。现在的 FPGA 可以嵌入 CPU 或 DSP 内核以及其他 IP 核中，支持软硬件协同设计，可以作为可编程片上系统 SOPC 的硬件平台。

（3）编程和配置　向 CPLD 存放所设计电路的结构信息称为编程，通常允许数据擦除改写 1 万次以上。目前使用的 CPLD 编程时不需要专用的编程器，只需将由计算机产生的编程数据经编程电缆直接载入到指定的 CPLD，这一技术又叫"在系统"可编程技术。

FPGA 大多数为 SRAM 工艺，断电后电路设计信息会丢失，因此每次上电需重新对器件装载编程信息，这一编程过程称为配置（configure）。对于 SRAM 工艺的 FPGA 来说，配置的次数是无限的。为了使用上的方便，FPGA 的编程数据通常存放在 EEPROM 中，每次开始工作时可自动装载设计信息。

（4）功耗　一般情况下，CPLD 的功耗要比 FPGA 大，并且集成度越高越明显。

（5）使用和保密性　CPLD 的编程工艺采用 EEPROM 或 Flash 技术，无需外部存储器芯片，使用简单、保密性好；而基于 SRAM 编程的 FPGA，其编程信息需存放在外部存储器上，并且使用方法相对较复杂、保密性差。

习　题

填空题

20-1　在可编程器件 EPROM、PAL 和普通型 GAL 中，或阵列可编程的为_____。

20-2　一个 10 位地址码、8 位输出的 ROM，其存储矩阵的容量为_____。

20-3　半导体存储器 PROM、EPROM、EEPROM、Flash RAM，掉电后编程数据会丢失的是_____。

20-4　ROM 电路的结构一般包括地址译码器、_____和输出缓冲器三部分。

选择题

20-5　使用 512×4 位的 RAM 构成 4096×16 位存储器，共需（　　）片 RAM 芯片。

A. 16　　　　B. 32　　　　C. 4　　　　D. 64

20-6　使用 2K×4 位的 RAM 构成 8K×8 位存储器，共需要增加（　　）条地址线。

A. 8　　　　B. 16　　　　C. 2　　　　D. 4

20-7　Intel2114 是容量为 1K×4 位的 MOS 静态 RAM，它的地址线数量为（　　）。
A. 10　　　　B. 8　　　　C. 12　　　　D. 4

20-8　在 PLA 的与-或阵列中，可编程的是（　　）。
A. 或阵列　　　　　　　　　　　　B. 与阵列
C. 与阵列和或阵列　　　　　　　　D. 与阵列和或阵列均不可

分析题

20-9　试用 ROM 实现组合逻辑函数 $Y_0 = AB + \overline{A}C$、$Y_1 = AB + \overline{B}C$。

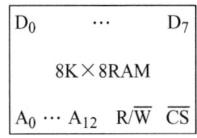

20-10　如图 20.18 所示的 8K×8 位的芯片，试用该芯片扩展成 16K×8 位的 RAM。

图 20.18　题 20-10 图

20-11　用 PROM 实现的组合逻辑电路如图 20.19 所示，写出函数 Y_1 和 Y_2 的表达式。

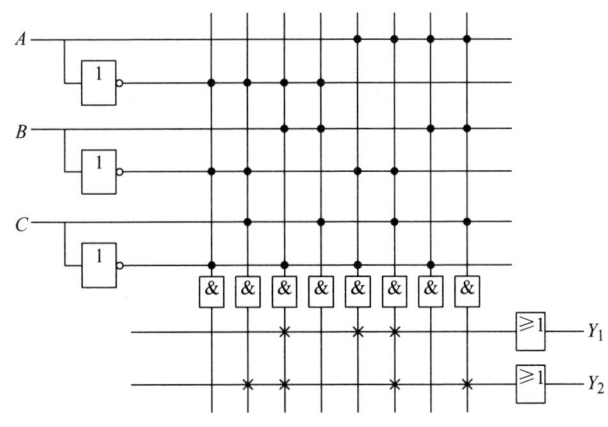

图 20.19　题 20-11 图

20-12　PLA 实现的逻辑电路如图 20.20 所示。
（1）写出 Y_1 和 Y_2 的表达式。
（2）分析变量 ABC 为何种取值时，$Y_1 = Y_2$。

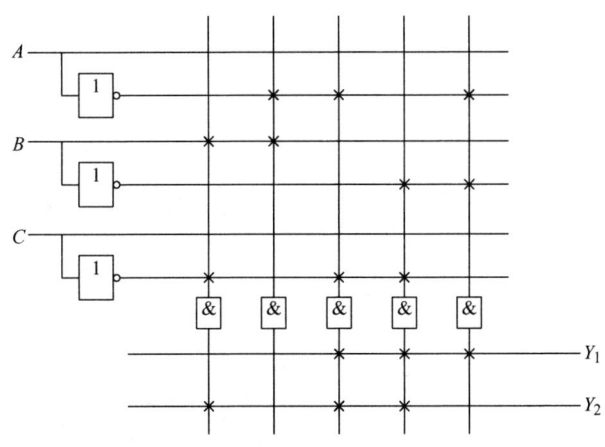

图 20.20　题 20-12 图

参 考 文 献

[1]　王鸿明. 电工与电子技术 [M]. 北京：高等教育出版社，2005.
[2]　邱关源，罗先觉. 电路 [M]. 北京：高等教育出版社，2006.
[3]　康华光，陈大钦，张林. 电子技术基础：模拟部分 [M]. 5版. 北京：高等教育出版社，2006.
[4]　秦曾煌，姜三勇. 电工学简明教程 [M]. 北京：高等教育出版社，2007.
[5]　秦曾煌，姜三勇. 电工学：上册 [M]. 7版. 北京：高等教育出版社，2009.
[6]　秦曾煌，姜三勇. 电工学：下册 [M]. 7版. 北京：高等教育出版社，2009.
[7]　唐介. 电工学：少学时 [M]. 3版. 北京：高等教育出版社，2009.
[8]　李雪飞. 电子技术基础 [M]. 北京：清华大学出版社，2014.
[9]　王楠，沈倪勇，莫正康. 电力电子应用技术 [M]. 4版. 北京：机械工业出版社，2013.
[10]　汤蕴璆. 电机学 [M]. 5版. 北京：机械工业出版社，2014.
[11]　张继和，邵力耕. 电路与电子技术 [M]. 北京：高等教育出版社，2015.
[12]　张继和，邵力耕，武峭山. 电工技术 [M]. 北京：高等教育出版社，2017.